发酵面食实用加工技术

张 煌 马永帅 赵书勤 著

化学工业出版社
·北京·

内容简介

本书系统梳理了发酵面食加工的核心理论与现代工艺，旨在传承中华传统饮食文化精髓，同时融合现代食品科学技术的最新成果。全书共分为8章，涵盖主要小麦原料概论、小麦贮藏、小麦粉品质改良、面团调制、面制品发酵技术、面食加工技术、小麦制品的仓储与配送等内容，特别对传统发酵主食生产进行深度解析，为传统美食的产业化升级提供科学依据。

本书适用于食品加工企业技术人员、餐饮连锁机构研发人员、高等院校食品专业师生及面食创业从业者，既可作为现代面点工艺课程的配套教材，也可作为食品工厂技术升级的指导手册，同时对家庭烘焙爱好者提升专业技艺具有重要参考价值。

图书在版编目（CIP）数据

发酵面食实用加工技术 / 张煌，马永帅，赵书勤著. 北京：化学工业出版社，2025. 8. -- ISBN 978-7-122-48209-9

Ⅰ. TS972. 116

中国国家版本馆 CIP 数据核字第 2025VN5934 号

责任编辑：毕仕林　刘　军　　　装帧设计：刘丽华

责任校对：李雨函

出版发行：化学工业出版社

（北京市东城区青年湖南街 13 号　邮政编码 100011）

印　　装：北京科印技术咨询服务有限公司数码印刷分部

710mm×1000mm　1/16　印张 15　字数 300 千字

2025 年 9 月北京第 1 版第 1 次印刷

购书咨询：010-64518888　　　售后服务：010-64518899

网　　址：http://www.cip.com.cn

凡购买本书，如有缺损质量问题，本社销售中心负责调换。

定　　价：68.00 元

前言

在人类漫长的饮食文明史中，发酵技术始终是一把打开食物奥秘的钥匙。它让平淡无奇的小麦与水，在微生物的魔法下幻化成蓬松柔软的面包、筋道弹牙的馒头、香气四溢的包子，甚至是跨越地域与文化的中东皮塔饼、意大利佛卡夏……这些形态各异、风味万千的发酵面食，不仅是人类智慧的结晶，更承载着不同民族对食物的理解与生活的仪式感。若追溯发酵面食的源头，考古学家在五千年前的古埃及壁画中发现了面团膨胀的痕迹；中国《周礼》中记载的“酏食”则印证了商周时期先民对发酵面食的探索。从最初的自然发酵到人工培育酵母菌种，从家庭作坊到工业化生产线，发酵技术始终是连接传统与现代的纽带。它既是一门古老的手艺，又是一项不断进化的科学——微生物的代谢活动如何影响面团结构？温度与湿度的微妙变化怎样决定成品的风味？这些问题的答案背后，是无数代匠人的经验积累与现代食品科技的深度解析。

发酵面食的品质，始于一粒小麦的基因，终于消费者手中的温度。这一链条中，每一个环节的细微偏差都可能引发“蝴蝶效应”：小麦品种的蛋白质含量决定面团的延展性，储藏环境的温湿度影响小麦粉的酶活性，发酵菌种的代谢路径塑造成品的风味层次，而仓储与配送中的科学管控，则关乎产品最终的口感与安全。传统面食加工技术书籍存在着“重工艺、轻原料”“重生产、轻流通”的局限。

在此背景下，我们精心编撰了这本《发酵面食实用加工技术》，旨在为专业师傅、发酵面食生产企业技术人员提供一本集理论性、实践性和前瞻性于一体的专业指南。本书试图从原料的基础认知出发，逐步深入到加工技术的核心环节，最终延伸至产品的仓储与配送管理，全方位、多层次地解析发酵面食生产的全链条过程，以全产业链视角重构发酵面食的技术图谱，以期为读者构建一个系统而全面的知识体系。

本书第 1 章由刘维撰写，第 2 章由赵书勤和刘维撰写，第 3 章由马永帅和张煌撰写，第 4 章由张煌和马永帅撰写，第 5 章由张煌和索婷撰写，第 6 章由马永帅和王锐撰写，第 7 章和第 8 章由赵书勤撰写，撰写过程中得到了行业专家和合作企业的大力支持，在此一并感谢。

谨以此书，致敬所有在面粉尘埃中坚守匠心的师傅，在发酵箱前记录数据的工程师，在实验室培育菌种的科研者。愿这些凝结众人智慧的文字，能化作行业进步的一粒种曲，在未来的某天，酿出更醇厚的时代之味。

作者

2025年4月

目录

1

概论

001

1
概论

1.1
小麦籽粒结构与特性

1.1.1 籽粒结构

小麦籽粒为不带内外稃的颖果，粒形为卵圆或椭圆，顶端生有茸毛，背面隆起，背面基部有一尖起的胚：腹部较平，中间有一道凹陷的沟叫腹沟。籽粒横断面呈心脏形或三角形（图 1-1）。

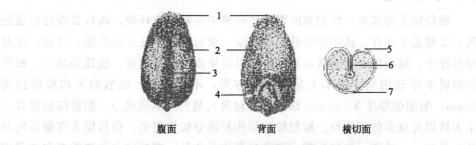

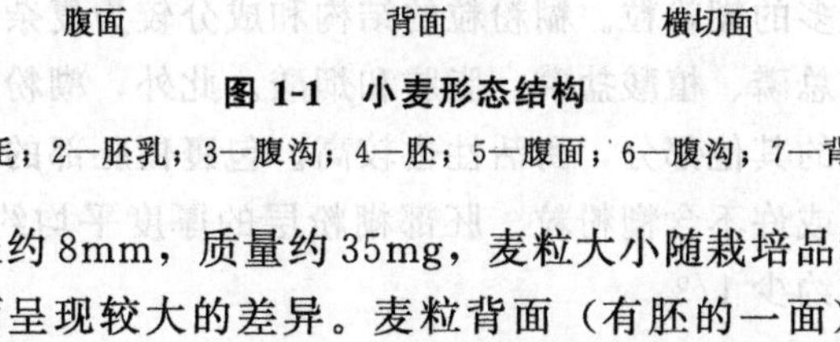

图 1-1 小麦形态结构

1—麦毛；2—胚乳；3—腹沟；4—胚；5—腹面；6—腹沟；7—背面

麦粒平均长约 8mm，质量约 35mg，麦粒大小随栽培品种及其在麦穗上的位置不同而呈现较大的差异。麦粒背面（有胚的一面）呈圆形，腹面（与胚相对的一面）有一条纵向腹沟，腹沟几乎和整个麦粒一样长，深度接近麦粒中心。腹沟不仅对制粉者从胚乳中分离麸皮以得到高的出粉率造成了困难，而且也为微生物和灰尘提供了潜藏的场所。

小麦籽粒的质地（硬度）和颜色差异较大。质地的变化主要与胚乳中颗粒的黏合力相关。籽粒的颜色通常为白色或红色（或紫红色），这一特征由种皮中的色素决定。色素的种类和分布受遗传因素的控制，通过育种技术，可以调整这些遗传因子，培育出所需颜色的小麦品种。

1.1.1.1 果皮

果皮包住整个种子。外果皮称为表皮，其最内层由薄壁细胞的残余所组成，由于它们缺乏连续的细胞结构，从而形成一个分割的自然面。当它们裂解的时候，表面即可脱掉，除去这几层，有利于水分进入果皮之内。

内果皮由中间细胞、横细胞和管状细胞组成，中间细胞和管状细胞都不完全覆盖整个籽粒。横细胞呈长柱形（约 125mm×20mm），其长轴垂直于麦粒的长轴，横细胞之间很板结，胞间隙小或无。管状细胞的大小和形状与横细胞相同，但它们的长轴平行于麦粒的长轴，管状细胞之间不是板结相连，因此有较大胞间隙。据研究，整个果皮大约占籽粒的 5%，约含蛋白质 6%、灰分 2%、纤维素 20%、脂肪 0.5%，其余几乎全是戊聚糖。

1.1.1.2 种皮和珠心层

种皮的外侧与管状细胞相接，而内侧则和珠心层相连。种皮由三层构成：相对较厚的外表皮、决定小麦颜色的色素层以及相对较薄的内表皮。白皮小麦的种皮仅有两层压扁的纤维细胞层，所含色素较少或者不含色素。种皮的厚度为 5～8μm。珠心层（或者称为透明层）的厚度约为 7μm，紧紧夹在种皮和糊粉层之间。

1.1.1.3 糊粉层

糊粉层通常仅有一层细胞的厚度，将整个麦粒完全环绕，既覆盖着淀粉质胚乳，又覆盖着胚芽。从植物学的视角来看，糊粉层属于胚乳的外层。然而，在制粉过程中，糊粉层会连同珠心层、种皮以及果皮一起被去除，也就是麸皮。糊粉细胞属于厚壁细胞，基本上呈现出立方形，不含淀粉。细胞的平均厚度约为 50μm，细胞壁厚度 3～4μm，细胞壁中包含大量的纤维质成分。糊粉细胞包含一个大核以及众多的糊粉粒。糊粉粒的结构和成分较为复杂。糊粉层含有颇高的灰分、蛋白质、总磷、植酸盐磷、脂肪和烟酸。此外，糊粉层中的硫胺素和核黄素含量高于皮层的其他部分，酶活性也较高。包裹住胚部的糊粉细胞有所不同，属于薄壁细胞，或许不含糊粉粒。胚部糊粉层的厚度平均约 13μm，比其他部位糊粉层的厚度大约少 1/3。

1.1.1.4 胚芽或胚胎

小麦胚芽在籽粒中所占比例为 2.5%～3.5%。胚芽由两个主要部分构成：胚轴（不育根和茎）以及盾片。盾片的作用是作为储备器官。胚芽含有颇高的蛋白质（25%）、糖类（18%）、油脂（胚轴含油 16%，盾片含油 32%）和灰分（5%）。胚芽不含淀粉，还富含较高的 B 族维生素以及多种酶类。胚芽中的维生素 E（总生育酚）含量极高，可达 500μg/g；糖类主要为蔗糖和籽糖。

1.1.1.5 胚乳

淀粉胚乳不包括糊粉层，由 3 类细胞组成：边缘细胞、柱形细胞和中心细胞。淀粉细胞的大小、形状及在籽粒中的位置各异。边缘细胞是糊粉层下面的第一层细胞，一般较小，各方向的直径相等，或者朝向籽粒中心稍稍伸长。在边缘细胞下面有几层伸长的棱柱形细胞，它们向内延伸几乎接近籽粒中心，大小为 150μm×50pm。中心细胞在柱形细胞里面，它们的大小和形状都较其他细胞不规律得多。

胚乳细胞壁由戊聚糖、半纤维素和 β-葡聚糖组成，但没有纤维素，细胞壁的厚度因在籽粒中的位置不同而异，靠近糊粉层的细胞壁较厚，栽培品种不同及硬麦和软麦之间细胞壁的厚度也呈现出显著差异。硬麦和软麦之间的不同可能导致一种可选择性，即需要高的吸水率可选择硬麦（制面包的小麦），因为硬麦中的半纤维素能吸收大量的水分，所以，我们实际是在选择厚细胞壁。与此相反，我们不需要软麦去吸收大量的水分，因此，我们就要选择低吸水率的薄细胞壁。

硬麦和软麦的另一个不同点是籽粒破碎时破裂点的不同。硬麦的最先破裂点产生在细胞壁而不是通过细胞内含物，刚好处于糊粉层下面的细胞，这一特点十分明显；软麦的裂纹穿过细胞内含物。这一现象表明，在硬麦中细胞内含物之间相互结合是很牢固的，从而使薄弱点在细胞壁。当然，如果将籽粒制成面粉，硬老细胞内含物也就破裂了。

胚乳细胞的内含物和细胞壁构成面粉。这些细胞中挤满了充填在蛋白质间质中的淀粉粒。小麦蛋白质的绝大部分是贮藏蛋白质——面筋。小麦成熟时，在蛋白质体中合成面筋。但是，随着麦粒的成熟，蛋白质体被压在一起而成为一种像泥浆或黏土状的间质，蛋白质体不再能辨别得出。淀粉粒有大小两种，大的淀粉颗粒呈小扁豆状，扁平面的直径可达 40μm；小的颗粒为球形淀粉粒，直径为 2～8μm。实际上，人们还发现尺寸和形状介于这两种之间的各种淀粉粒，不过，前两种尺寸和形状占优势。

1.1.2 籽粒加工品质

磨粉工业、食品工业对小麦及其面粉提出各种品质要求，称之为加工品质。小麦籽粒经碾磨、筛理变成面粉的过程，称为小麦的一次加工；由面粉制成各类面食品过程，称为小麦的二次加工。所以小麦加工品质主要包括磨粉品质、面粉品质、面团品质、食品烘烤和蒸煮品质等。

小麦制粉工业是面食品工业的先导，世界各国都将其放在重要位置。粉品质好的小麦应出粉率高，碾磨简便，耗能低，粉色洁白，灰分含量低。磨粉特性是一个复合性状，与籽粒许多性状直接有关，尤以籽粒形态结构性状关系最为明显，如与小麦籽粒大小、形状、整齐度、腹沟深浅、粒色、皮层厚度、胚乳质地、容重等有关。其中容重与出粉率关系较为重要。

小麦品种磨粉品质的优劣，对提高粮食加工企业的经济效益具有重要作用。磨粉品质还直接影响面包、面条等食品的加工品质。小麦的粉品质取决于两个因素，一是磨粉的难易和粗粉量的多少；二是粗粉中所含非胚乳物质的多少。出粉率、面粉白度、灰分和淀粉破损程度是衡量磨粉品质优劣的主要指标。

1.1.2.1 小麦面粉颜色

面粉颜色是衡量磨粉品质又一个重要指标。小麦中杂质、不良小麦的含量（发霉小麦、穗发芽小麦等）、面粉颗粒大小及面粉中水分含量、面粉中的黄色素（yellowpigment）及氧化酶类都影响面粉色泽。一般出粉率低、麸皮少的小麦面粉洁白而有光泽，反之则呈暗灰色。不同食品对色素含量要求有所不同，加盐面条、饺子和馒头等要求面粉白度高，中国白面条要求黄色素含量较低。面粉白度对面条品质有正向影响，低色素含量呈部分显性或超显性，粉色由一个或两个基因控制。粉色基因定位在3A和7A染色体上，遗传力为0.67。黄色素含量主要采用分光光度计比色测定。

小麦面粉的白度与小麦品种（红、白、软、硬）、面粉粗细度、含水量有关。通常软麦的粉色比硬粒麦的粉色浅，面粉过粗或含水量过高都会使面粉白度下降。根据粉色还可判断面粉的新鲜程度，新鲜面粉因有胡萝卜素而常呈微黄色，贮藏时间长因胡萝卜素被氧化而使面粉变白。在制粉过程中，高质量的心在制粉前路提出，粉色较白，灰分也较低：后路出粉的粉色深，灰分也较高。由于面粉颜色深浅反映了面粉灰分的高低和出粉率的多少，国外常根据面粉的白度值的大小来确定面粉的等级。面粉白度的测定，面粉厂长期以来使用干法、湿法等方法与标准样品相比较的感官评定进行粉色鉴定。此类方法简单易行，缺点是没有数量概念，对粉色差异较小的面粉难以分辨，常常造成人为的误差。用来测定面粉的白度计及类似白度计的仪器已被国外广泛采用，如日本常用的5E型光电比色计和C-1型号白度计进行面粉白度测定。我国小麦面粉（70粉）的白度为70％～84％。

1.1.2.2 小麦出粉率

小麦出粉率是衡量小麦制粉品质的一项重要指标。小麦出粉率是单位重量小麦所磨出的面粉与小麦重量之比，即小麦粉重量占供小麦重量的百分比。小麦理论出粉率在82％～83％，实验（Buhler磨）统粉出粉率在72％～75％。在比较同类小麦出粉率时，应制成相似灰分含量的面粉来比较。用于实验的小型磨粉机主要有Brabender Quadrumat Junior实验磨（德国Brabender公司）、Brabender Quadrumat Senior实验磨（德国Brabender公司）、BUHLER磨（瑞典BUHLER公司）肖邦CD-1（法国肖邦公司）。出粉率的计算方法也有多种，实验室常用的计算方法主要有两种：

出粉率＝面粉重/(面粉重＋麸皮重)×100％；

出粉率＝面粉重/(面粉重＋麸皮重＋筛出物)×100％。

出粉率的高低与小麦的容重角质率、籽粒硬度、降落数值、籽粒饱满程度、种皮厚度等品质因素有关，同时还与小麦粉的加工精度、小麦制粉工艺、加工设备的性能、工艺操作、生产管理等因素有关，因而出粉率还是评价小麦制粉厂生产效率、计算生产成本，并与生产管理、经济管理密切相关的一项重要指标。小麦出粉率虽与小麦制粉品质极其相关，但因受生产各因素的制约，小麦的实际生产出粉率与小麦的制粉品质并非完全都呈现正相关。

1.1.2.3 小麦面粉灰分

灰分是小麦子粒中各种矿质元素的氧化物，常用来衡量面粉的精度，是评价磨粉品质的一项重要指标。一般灰分与出粉率呈正相关，与粉色及食品加工品质呈负相关，制作优质面条要求面粉灰分含量愈低愈好。灰分在小麦子粒内部分布不均衡，皮层与胚乳的灰分差异较大，如小麦籽粒灰分含量为2.18％，小麦胚乳灰分一般在0.3％～0.6％，麦胚灰分在5.0％～6.7％，而皮层可达8％～11.0％。小麦子粒的外层（果皮和种皮）灰分含量很高，同时又是纤维素和半纤维素集聚部位，是制粉时应去掉的部分。因此小麦粉加工精度愈高，去皮程度应愈大，麦粉中含麦皮量应愈少，纤维素含量应愈少，灰分值应愈低。灰分可以间接反映出小麦及其研磨在制品以及产品中所含麦皮的多少。一般前路粉灰分较低；后路粉灰分较高，越靠近皮层灰分越高。由于不同用途的专用小麦粉对其麸星含量要求不同，同一类专用小麦粉又有不同的精度等级，因此，专用小麦粉生产过程中，当采用配粉仓配粉时，多将生产线中的几十个面粉流按灰分高低汇成3种基础面粉存入不同的面粉散装仓中，成品发放时再按产品精度要求进行配置。因此各国都以灰分含量作为鉴别小麦粉精度或确定等级的一项重要指标。小麦的清理过程中小麦表面及沟内的灰土清理得越彻底，小麦粉的灰分越低。

另外需注意的是，小麦子粒中灰分最高的部位并不是纤维素和半纤维素最多的果皮和种皮，而是糊粉层。因此当加工高出粉率（85％及以上）的小麦粉时，应当加强对皮层的剥刮，使得较多的糊粉层混入面粉中，因而小麦粉的灰分较高，此时灰分含量与纤维素和半纤维素含量不是正相关。在这种情况下必须和其他检验项目结合起来才能比较准确地评定小麦粉品质的优劣。

虽然世界各国都以灰分含量作为鉴别小麦粉精度的重要指标，但灰分的计算方法不统一。我国计算的是干基灰分（即除去水分后的灰分值），而一些国家采用湿基灰分（一般小麦水分含量为12％时的灰分值，或小麦粉水分含量为14％的灰分值），所以比较不同国家麦粉灰分值时要注意干、湿基的区别，二者关系式为：干基灰分值＝湿基灰分值/(1－样品水分含量)。

直接评价小麦粉加工精度的仪器有英国的Branscan2000Mk2型麸星仪，河南工业大学开发研制的小麦粉加工精度测定仪。这两种仪器都是检测小麦粉中的麸星含量。面粉灰分是各种矿质元素、氧化物占籽粒或面粉的百分含量，它是衡量面粉精度的重要指标。一般发达国家规定面粉的灰分含量在0.5％以下，我国富强粉的灰分含量为0.75％，标准粉为1.2％。新制定的有关小麦专用粉标准规定：面包用小麦灰分≤0.6％，面条和饺子粉≤0.55％等。一些国家还规定用于制作食品的面粉灰分必须在0.5％以下，可见面粉中的灰分指标在制粉业中是很重要的。

一般来说，出粉率为70％～75％、76％～85％、86％～100％时，灰分含量分别为0.4％～0.6％、0.7％～0.19％、大于1.0％。同时在小麦清理后仍混有少量泥土、沙石和其他杂质，也将会提高灰分含量。此外不同品种或同一品种在不同栽培环境条件影响下其灰分含量也有一定的差异，籽粒饱满、容重高的小麦一般灰分含量较低。国外制粉业的经验指出，在提取率为75％的情况下，容重为800 g/L的小麦磨成的面粉，其灰分含量为0.30％～0.40％。无论从食用角度还是从加工优质面粉的角度，都希望面粉中的灰分尽量低。

1.1.3 小麦品质指标

小麦品质是一个综合概念，从不同角度来看有不同的评价标准。从面粉生产厂家角度考虑，小麦籽粒颜色较白、千粒重较重、容重较高者为好；从提供人体所需的各种营养成分角度考虑，营养丰富、全面且比例平衡者品质为佳；从食品加工角度考虑，制作面包、饼干、蛋糕等焙烤类食品，具有良好的烘焙性能，制作馒头、面条、水饺等蒸煮类食品具有良好的蒸煮性能，且食品质量优良、风味独特者为上乘。因此，小麦品质，主要包括小麦籽粒品质、营养品质和加工品质。

1.1.3.1 籽粒整齐度

籽粒整齐度是指籽粒形状和大小的均匀一致性，可用一定大小筛孔的分级筛进行鉴定。小麦籽粒整齐度可分为3级：同样形状和大小籽粒占总粒数90％以上为整齐（1级）；低于70％为不整齐（3级）；介于二者之间为中等2级。籽粒整齐的品种，磨粉时去皮损失少，出粉率高。否则加工前需要先分级，造成耗能多，浪费时间，或出粉率低。

1.1.3.2 千粒重

千粒重是指1000粒小麦的重量，以克（g）为单位。按计算方法不同，千粒重可分为自然水分千粒重、标准水分千粒重和干态千粒重几种。自然水分千粒重是指测定小麦实际水分下的重量，不需进行换算，方法简单，被广泛采用。

小麦的品种和生长条件不同，其千粒重有较大差异。千粒重的大小取决于小麦籽粒的饱满程度、粒度、成熟度和胚乳的结构。同一品种千粒重越大，说明籽粒饱满度越高，质量越好。一般情况下，籽粒饱满、颗粒大、成熟且结构紧密的小麦千粒重较大。我国小麦的千粒重一般为 30～60g。

1.1.3.3 容重

容重是指单位容积内小麦籽粒的重量，以克/升（g/L）为容重单位。同一地区生产的相同品种和相同类型的小麦，其容重与出粉率存在线性相关。容重与小麦的粒度、形状、表面状态、整齐度、水分、含杂种类及含杂量等因素有关。表面粗糙、有皱褶的小麦容重较低；水分增高，小麦容重减小；含轻杂越多，相应容重越小。一般情况下，小麦容重越高，表示籽粒越饱满，胚乳含量越高，出粉率亦越高。故目前世界各国普遍将容重作为确定小麦等级的一项重要指标。我国小麦的容重一般为 680～820g/L。

1.1.3.4 籽粒颜色

小麦籽粒颜色主要分为红色、白色、琥珀色。籽粒颜色主要由种皮色素层沉淀的色素决定，对小麦品质影响不大。只是红皮籽粒和白皮籽粒在出粉率及面粉色泽方面稍有差异。

白色小麦如果在收获季节遇到持续阴雨天气，很容易产生穗发芽现象，影响其产量和质量。而红麦的休眠期相对较长，不易穗上发芽，种皮相对稍厚，吸湿性和呼吸强度比白麦弱，储存期间品质性状相对稳定，所以红麦的分布比白麦广泛。我国种植的小麦中，红粒小麦品种资源极其丰富，红色小麦约为白色小麦的 2.5 倍。美国和加拿大种植的大多数优质小麦品种是红麦。

面粉的加工精度越高，粒度就越细，面粉中的麸星含量就越少，而加工精度越低，相应混入面粉中的麸星就越多。红麦麦皮与胚乳色差较大，混入面粉中呈现出星星斑点非常明显，因此，面粉加工精度越低，对面粉的色泽影响就越大；白色小麦皮色较浅，对粉色影响相对较小。我国小麦面粉加工企业一般愿意加工白粒小麦。国外制粉企业一般喜欢选用深色的硬红小麦加工面包专用粉，因为该类小麦具有良好面包粉品质特性。

1.1.3.5 籽粒角质率

小麦籽粒胚乳由角质胚乳和粉质胚乳组成，籽粒角质率是根据角质胚乳在小麦籽粒中所占的比例，与子粒胚乳质地有关。

角质亦称“玻璃质”，通常是根据透明部分的多少来判断麦粒的角质与粉质，一般采用感官目测方法：从麦粒中部横向切断，玻璃状透明体占本粒 1/2 以上的为角质麦粒；等于或小于 1/2 的为粉质麦粒。只有角质含量为 70%以上的小麦籽粒才为角质小麦。角质率是指具有角质胚乳的麦粒在小麦子粒中所占的比例，即从小麦堆中随机取出 100 粒，角质麦粒占所取样品粒数的百分比。粉质率则是指具有粉质胚乳的麦粒在小麦子粒中所占的百分比。

通常情况下，角质率高的小麦在适当的工艺条件下可以得到较多的麦心和麦渣，且皮层容易与胚乳分离，其在制品中的流动性较好，便于筛理，磨出的面粉面筋含量高、筋力强、色泽好，但其能耗较高；角质率低的小麦的皮层与胚乳结合紧密，在研磨过程中一般麦心和麦渣的得率低于硬麦，其在制品中的流动性较差，不易筛理，其磨出的面粉细腻、易黏成团，其面筋的含量低、筋力弱。但是应该指出的是，小麦的角质率高低并不是决定小麦品质的唯一指标，事实上，有些角质率不高的小麦的制粉质量与焙烤品质良好。

由于多数情况下，麦粒的角质与粉质能够间接地反映籽粒硬度的强弱和蛋白质含量的高低，在目前蛋白质、硬度及粉质测定的仪器还没有普及的情况下，用角质率来间接反映小麦籽粒胚乳的质地，虽不很准确，但检验方法便捷、实用。所以许多国家仍将角质率作为划分小麦软硬的一个指标。

我国现行小麦收购标准中规定：硬麦的角质率应达 70%及以上，软麦的粉质率应在 70%及以上。

1.1.3.6 籽粒硬度

小麦硬度是指破籽粒时所受到的阻力，即破籽粒时所需要的力。籽粒硬度是反映籽粒的软硬程度，籽粒硬度与胚乳质地关系密切，角质率高的质地结构紧密的籽粒通常硬度较大。

硬度反映的是籽粒蛋白质与淀粉结合的紧密程度，这种结合程度是遗传控制的。硬度大的小麦在麦粒破碎时，淀粉粒易于破裂，故破损淀粉粒较多。

面粉品质与籽粒硬度密切相关。因为小麦硬度的变化可使小麦制粉流程中各系统的在制品数量和质量、各设备工作效率、出粉率和面粉质量、加工动力消耗等方面产生很大变化。硬质麦胚乳中淀粉粒与蛋白质基质紧密结合，硬质小麦胚乳粒（渣）在心磨系统中较难被研细，研磨耗能较多；但其胚乳易与麸皮分离，出粉率高，小麦麸星少、色泽好、灰分低，而且压碎时大多沿着胚乳细胞壁的方向破裂，形成的颗粒小而不规则，表面粗糙，粒度分布均匀且有较多的小粒存在。软麦粉及其制粉中间物料较为蓬松，密实度小，流动性差，容易造成粉路堵塞，筛理效率也较差，综合表现为加工软麦时总出粉率下降，产量降低，总能耗增加，操作管理难度增大。

最近国内研究表明，小麦硬度（研磨时间法）与千粒重、容重、灰分、降落值无显著相关性，而与角质率、出粉率、小麦粉白度、蛋白质和面筋含量、沉降值以及用粉质仪测定的面团流变学特性呈显著或极显著相关性。

小麦籽粒硬度鉴定方法有角质率法、压力法、研磨法、近红外仪测试法等。

1.1.3.7 质量指标

① 各类小麦分为五等，低于五等的小麦为等外小麦。等级指标及其他指标如表 1-1 所示。

表 1-1 小麦质量指标

等级	容量/(g/L)	不完善粒/%	杂质		水分/%	色泽、气味
			总量	矿物质/%		
1	≥790	≤6.0	≤1.0	≤0.5	≤	正常
2	≥770	≤6.0				
3	≥750	≤6.0				
4	≥730	≤8.0				
5	≥710	≤10.0				

② 小麦赤霉病粒最大允许含量为 4.0%，单粒有赤霉病，则属于不完善粒。小麦赤霉病粒率超过 4.0%的，是否收购，由省、自治区、直辖市规定。收购超过规定的赤霉病麦，要就地妥善处理。

③ 黑胚小麦由省、自治区、直辖市规定是否收购或收购限量。收购的黑胚小麦就地处理。

④ 卫生检验和植物检疫按照国家有关规定执行。

1.1.3.8 中国优质小麦的质量等级标准

国家颁布的优质小麦质量新标准为 GB/T 17892—2024。强筋小麦硬度指数不低于 60，面筋含量高且筋力强，适合于制作面包等食品，或用于搭配生产高筋小麦粉的小麦；中筋小麦面筋含量适中，适合于制作馒头、面条等蒸煮类食品的小麦；低筋小麦硬度指数不高于 45，面筋含量低，适合于制作蛋糕和饼干等食品的小麦。强筋小麦、中筋小麦和弱筋小麦的品质指标见表 1-2。

表 1-2 优质小麦品质指标

项目		强筋小麦		中筋小麦		弱筋小麦	
等级		一等	二等	一等	二等	一等	二等
籽粒	硬度指数	≥60		—		≤45	
	一致性 ≥	80					
	降落数值/s ≥	200					
	容量/(g/L) ≥	750					
	不完善粒含量/% ≤	8.0					
	杂质含量/%：	≤1.0					
	其中： 无机杂志含量/%	≤0.5					
	水分含量/% ≤	12.5					
	色泽气味	正常					

续表

项目			强筋小麦		中筋小麦		弱筋小麦	
小麦粉	食品评分值/分	≥	90	80	90	80	90	80
	湿面筋含量/%		≥30.0		>25.0		≤22.0	≤25.0
	面筋指数	≥	90	80	70	60	—	
	粉质稳定性/min	≥	12.0	8.0	6.0	3.0	—	
	最大拉伸阻力/EU	≥	450	350	300	200	—	
	面团延伸性/mm	≥	150		—		—	

1.2 小麦中的主要组分概述

1.2.1 蛋白质

小麦是当今世界上人类重要的食粮之一。小麦面粉一般含有9%～14%的蛋白质，所以它是人们日常食物蛋白质的主要来源。但是蛋白质在小麦粒中的分布并不均匀，外周部高而中心部低。早在1907年Osborne根据小麦籽粒中蛋白质的溶解特性，将它分成麦醇溶蛋白（溶于70%乙醇）、麦谷蛋白（溶于稀酸溶液）、麦清蛋白、麦球蛋白（溶于10%的NaCl溶液）四种蛋白质。

麦醇溶蛋白是粮食中最重要的蛋白质之一。它与麦谷蛋白一起构成面粉中的面筋，其分子量为27000～28000，是一种多聚物。它溶解于中等浓度的乙醇之中（在60%～70%的乙醇中溶解度最大），在无水乙醇中不溶解。麦醇溶蛋白微溶于水，在稀的甲醇、丙醇、苯、醇溶液和酚、对甲苯、冰醋酸溶液中都能溶解，也能溶解在弱酸和碱的溶液中。麦醇溶蛋白含有17.7%的氮素，水解时生成多量的氨，谷氨酸、脯氨酸和少量的组氨酸和精氨酸。麦醇溶蛋白的氨基酸组成相当完全，其中谷氨酸的含量高达38.87%，因此，常用小麦面筋制取味精（谷氨酸钠）。一般认为，麦醇溶蛋白的等电点为pH 6.41～7.1。

麦谷蛋白是一种分子量很大的蛋白质。如果切断麦谷蛋白的二硫键，即离解为多肽，从中可清楚地看出，麦谷蛋白是多肽由二硫键聚合的聚合体。麦谷蛋白是聚合程度不同的各种大小分子的混合物，最大的有数百万的分子量。麦谷蛋白由于呈溶液状态时的黏性大，沉淀速度慢，估计其结构接近交联较少的线状结构。麦谷蛋白不溶水和酒精，与麦醇溶蛋白结合在一起很难分离，稍溶于热的稀乙醇中，但冷却后便成絮状而沉淀；只有新制得的尚未干燥的麦谷蛋白才非常容易溶解于弱碱和弱酸中，并在中和时又沉淀出来。麦谷蛋白与麦醇溶蛋白的氨基酸组成非常相似，麦谷蛋白含较多的赖氨酸、甘氨酸、色氨酸和精氨酸，酪氨酸、苏氨酸、天门冬氨酸、丝氨酸和丙氨酸的含量也略高些。麦醇溶蛋白的脯氨酸、胱氨酸、苯丙氨酸、异亮氨酸、谷氨酸含量都比麦谷蛋白高，蛋氨酸、缬氨酸、亮氨酸及组氨酸的含量无太大差异。此外，在麦谷蛋白中还发现有1.8%的羧基氨基酸。

麦清蛋白占小麦蛋白总量的3%～5%，虽然麦清蛋白在整个籽粒中的含量不多，但它在胚里的含量则占全干物的10%以上。麦清蛋白能溶于水和稀盐溶液，但热稳定性较差，大约在60℃时会发生变性。它们可以被强碱、金属盐类或有机溶剂沉淀，也能被饱和硫酸铵盐析。麦清蛋白含有较多的赖氨酸、色氨酸和蛋氨酸，其物理性质和水解产物有些类似于动物性蛋白质。麦清蛋白的等电点为pH 4.5～4.6。

麦球蛋白，也称为球蛋白，是小麦中的一种蛋白质，其含量占小麦种子蛋白的6%～10%。这种蛋白质不溶于水，但可以溶于中性稀盐溶液，在加热时会凝固。麦球蛋白在小麦加工过程中，如制作馒头时，虽然含量没有明显变化，但对食品的比容、硬度、高径比等特性有显著影响。此外，麦球蛋白在小麦胚中的含量最高，主要含有谷氨酸、精氨酸、天冬酰胺和亮氨酸，其二级结构以β-折叠为主，同时存在一定的α-螺旋和无规则卷曲结构。这些特性使得麦球蛋白在食品加工和营养方面具有重要作用。

1.2.2 淀粉

小麦淀粉颗粒一般为圆形或圆形，少量为不规则的形状。按照淀粉颗粒大小来分，小麦淀粉可以分为大颗粒淀粉和小颗粒淀粉。大颗粒直径为25～35μm，称为A淀粉，约占小麦淀粉干重的93%；小颗粒直径仅有2～8μm，称为B淀粉，约占小麦淀粉干重的7%。也有人将小麦淀粉颗粒按其直径大小分为3个模型结构：A型（10～40μm）、B型（1～10μm）和C型（<1μm），但通常将C型归入B型。从结晶结构来说，淀粉颗粒由结晶区和非结晶区（无定形区）构成，结晶区由支链淀粉构成，结构整齐有序，直链淀粉和支链淀粉共同构成了非结晶区，分子链间排列紊乱。淀粉颗粒在偏光显微镜下呈现特有的偏光“十”字现象，这是由于淀粉的各个分子链之间趋向平行排列，邻近的羟基间以氢键的形式结合，形成“结晶束”结构。颗粒的结晶结构一旦被破坏，“十”字会出现变化甚至消失。淀粉颗粒因存在半结晶性，还可在偏光显微镜下看到双折射现象（birefringence），当体系混乱度增大到一定程度时，双折射现象就会消失。

1.2.3 可溶性糖类

小麦中的糖类包含有三糖（如棉子糖）、双糖（如蔗糖、麦芽糖），以及单糖

(如葡萄糖、果糖)。而小麦中的单糖和双糖能溶于水，一般称为可溶性糖或总糖。

葡萄糖是小麦中重要的单糖之一，它在小麦的生长、发育和代谢过程中起着关键作用。天然存在的葡萄糖为D型。在葡萄糖的链状结构式中，2、3、4、5位碳原子是不对称碳原子，有4个不对称碳原子，就可以有$2^4=16$个立体异构体。8个是D型糖，另8个是L型糖，它们分别是8个D型糖的对映体，葡萄糖是8对异构体中的一对。葡萄糖不仅以链状结构式存在，还以环状结构式存在。这是因为葡萄糖的某些物理性质和化学性质不能用糖的链状结构来解释。小麦籽粒中的葡萄糖含量相对较低，但它是小麦淀粉合成的重要前体物质。在小麦籽粒的发育过程中，葡萄糖通过一系列酶促反应转化为淀粉，积累在籽粒中。根据研究，小麦籽粒中的葡萄糖含量在不同品种和生长条件下存在差异。在干旱、低温等逆境条件下，葡萄糖还可以调节细胞内的渗透压，帮助植物保持水分平衡，增强抗逆性。果糖是己酮糖，属于主要的可溶性糖之一。果糖分子中离羰基最远的不对称原子C5上羟基在右边，属于D型糖，且其具有左旋性。果糖分子中有三个不对称碳原子，因此有$2^3=8$个立体异构体，果糖是其中之一。果糖含量在不同品种中存在差异。同时果糖是小麦进行光合作用和呼吸作用的重要能源物质，为植物的生长和发育提供必要的能量。

1.2.4 脂质

脂肪主要分布在胚和糊粉层中，尤以胚部最多，约14%。胚乳内含脂肪很少，约为0.6%。小麦籽粒中的脂质虽然含量相对较低，但对小麦的营养价值和加工特性有着重要影响。脂质主要由脂肪酸、磷脂和甾醇组成，这些成分在小麦的储存和加工过程中起着关键作用。

小麦籽粒中的脂肪酸主要包括饱和脂肪酸和不饱和脂肪酸。小麦籽粒中的脂肪酸含量相对较低，但对小麦的营养价值和加工特性有重要影响。在小麦的不同发育时期和不同部位，脂肪酸的含量和组成有所不同。例如，在小麦籽粒发育过程中，棕榈酸含量逐渐降低，而亚油酸和亚麻酸含量相对稳定。根据研究，小麦籽粒中的总脂肪酸含量平均为1.91%，其中主要的脂肪酸包括棕榈酸（C16∶0)、硬脂酸（C18∶0)、油酸（C18∶1)、亚油酸（C18∶2）和亚麻酸（C18∶3)。这些脂肪酸的平均含量分别为0.37%、0.02%、0.27%、1.17%和0.08%，分别占总脂肪酸组成的20%、1%、14%、61%和4%。不饱和脂肪酸（油酸、亚油酸和亚麻酸）在总脂肪酸中所占的比例达到79%，而不饱和脂肪酸如亚油酸和亚麻酸，对人体健康有重要作用，能够提供必需的脂肪酸，有助于降低胆固醇水平。

1.2.5 纤维素

纤维素是人体不能消化的碳水化合物。小麦纤维素是小麦中的重要膳食纤维成分，它主要由 β-葡聚糖等多糖构成，具有独特的物理化学性质和生物学活性。小麦中所含的纤维素主要分布在皮层中，其含量占整个麦粒纤维素的 75%，糊粉层占 15%，胚乳中的含量极少，纯胚乳含纤维 0.15%。因此，小麦的颗粒越大、越饱满，其纤维的含量越低，而秕麦的纤维素含量最高。有经验的食品制造商可以通过观察小麦颗粒的大小和饱满程度，简单推断食品中的纤维素含量，从而保持食品的口感和质地，还能满足消费者对健康饮食的需求。

小麦中的纤维素主要分为可溶性膳食纤维（SDF）和不可溶性膳食纤维（IDF）。可溶性膳食纤维在水中可以溶解，形成胶状物质，有助于降低胆固醇和血糖水平；同时可溶性膳食纤维可以结合胆汁酸，促进其排出体外，从而降低血液中的胆固醇水平，预防心血管疾病。不可溶性膳食纤维则不溶于水，主要作用是增加粪便体积，促进肠道蠕动，预防便秘。根据研究，小麦麸皮中的膳食纤维含量较高，其中飞天麦麸的 SDF 含量最高，为 8.01g/100g，而新麦 45 的 IDF 含量较低，为 22.75g/100g。

1.2.6 矿物质

小麦及其加工产品经过充分的燃烧，其中有机物质被燃烧而完全挥发，而矿物质残存，成为灰白色的灰，称为灰分。灰分在小麦各组成部分中分布极不均匀，在皮层中较多，其中糊粉层的灰分高达 10%，胚乳中含量较低，如表 1-3 所列。

表 1-3 小麦各组成部分的灰分含量

名称	皮层(包括糊粉层)	胚乳	胚
灰分含量(干基)/%	7.3～10.8	0.35～0.55	5～6.7
灰分质量占麦粒质量/%	14.5～18.5	78～84	2～3.9

注：表中数据均为质量分数。

小麦含矿物质约 1.8%，胚乳内矿物质含量很少，仅 0.35%～0.5%。矿物质中 95%是钾、镁、钙化合的磷酸盐和硫酸盐，主要的微量元素是锰、锌。这些矿物质在小麦中的含量因品种、生长环境及加工方式的不同而有所差异。

1.2.7 维生素

小麦是一种重要的粮食作物，富含多种营养成分，其中包括多种维生素。这些维生素在人体的生长发育和新陈代谢中发挥着重要作用。在小麦籽粒中的维生素，主要有 B 族维生素、维生素 E 等。各种维生素主要分布在胚和糊粉层中，其大致分布情况见表 1-4。小麦中的维生素主要集中在胚芽部分。小麦胚芽是小麦中营养成分最丰富的部分，含有大量的维生素 B_1、B_2、B_3、B_6 和维生素 E。

表 1-4 小麦及其各组成部分中的维生素含量 单位：μg/g

名称	维生素 B_1	维生素 B_2	烟酸	吡哆酸	泛酸	维生素 E
全粒	3.75	1.8	59.3	4.3	7.8	9.1
素皮	0.6	1.0	25.7	6.0	7.8	57.7
糊粉层	16.5	10.0	74.1	36.0	45.1	
胚乳	0.13	0.7	8.5	0.3	3.9	0.3
胚	8.4	13.8	38.5	21.0	17.1	15.4
内子叶	156.0	12.7	38.2	23.2	14.1	

1.3 小麦加工业发展现状及方向

1.3.1 小麦粉的分类

商品用小麦粉的种类很多，分类方法也很多，其分类和等级与国民生活水平、饮食消费习惯以及食品工业的要求密切相关。最初小麦粉的生产没有特定的产品用途，其产品用于制作各种面食品。因而小麦粉不分类，仅有加工精度的区别。小麦粉加工精度越高，等级就越高，含麦皮量越少，灰分越低，色泽越白，面筋含量越高，相应的小麦出粉率也越低。我国现行国家标准《小麦粉》(GB/T 1355—2021) 中规定了精制粉、标准粉以及普通粉。目前，人们习惯上把此类面粉称作通用小麦粉或多用途小麦粉。此类小麦粉对面筋质仅有含量要求，没有质量要求，因而相同精度的小麦粉，由于加工原料的内在品质不同，其食用品质就可能存在较大的差异。

食品业将小麦粉的最终产品质量与小麦的内在品质联系在一起。不同的面制食品对小麦粉有不同的品质需求，而在众多的品质指标中，影响力最大的是小麦粉的蛋白质或面筋质的含量和质量，其中质量比数量更为重要。面制食品的种类虽然繁多，对小麦粉的面筋质的含量和质量的要求也各不相同，但研究归类后发现，主要面食品对蛋白质或面筋质的含量要求从高到低依次为面包、饺子、面条、馒头、饼干、糕点等。即面包类需要面筋含量高、筋力强的小麦粉；面条、馒头类用中等筋力的小麦粉即可满足；而饼干、蛋糕类则必须用面筋含量低、筋力弱的小麦粉来制作。因此，人们开始依据蛋白质或面筋质含量和质量的不同，将小麦粉分类。一般分为 3 类，高筋粉、中筋粉和低筋粉；也有分为 4 类，强筋粉、准强筋粉、中筋粉和弱筋粉。与此对应，小麦也按其蛋白质（面筋质）含量高低分为强筋小麦、中筋小麦和弱筋小麦等。此类小麦粉主要作为食品业的基础面粉，食品制作过程中，根据不同食品的加工要求和食品特点，选取其中的某一种或两种，如面包采用二次发酵时，种子面团采用强力粉，主面团可采用中力粉，或将两种面粉重新组合，如生产油炸面包圈时，可将强力粉与弱力粉按比例混合组成准强力粉等。食品业就是通过这几种基础面粉的重组和配制来满足各类食品的特有要求。此类小麦粉在按面筋质的含量和质量分类的基础上，再根据加工精度的不同分为若干等级。

不同筋力小麦粉的生产满足了食品业的基本需求，也为食品工业的机械化和自动化奠定了基础。然而对不同面制食品来讲，除了小麦粉的蛋白质或面筋质的含量和质量这一关键因素之外，还有诸多其他因素。因此，人们将小麦粉指标细化，相应缩小每一类或每一种小麦粉的适用范围，使其使用更为便捷。目前，人们习惯上将这种针对小麦粉的不同用途以及不同面制食品的加工性能和品质要求而专门组织生产的小麦粉称为专用小麦粉。

按用途不同小麦粉可分为以下 11 类[1]：

（1）面包类小麦粉

面包粉一般采用筋力强的小麦加工，制成的面团有弹性，可经受成型和模制，能生产出体积大、结构细密而均匀的面包。面包质量与面包体积和面粉的蛋白质含量成正比，并与蛋白质的质量有关。为此，制作面包用的面粉，必须具有数量多而质量好的蛋白质。

（2）面条类小麦粉

面条粉包括各类湿面、干面、挂面和方便面用小麦粉。一般应选择中等偏上的蛋白质和筋力。小麦粉色泽要白，灰分含量低，淀粉酶活性较小，降落数值大于 300s，面团的吸水率大于 60%，稳定时间大于 5min，抗拉伸阻力大于 300BU，延展性较好，面粉峰值黏度大于 600。这样煮出的面条白亮、弹性好、不粘连，耐煮，不宜糊汤，煮熟过程中干物质损失少。

（3）馒头类小麦粉

馒头粉的吸水率在 60%左右较好，湿面筋含量在 30%～33%面筋强度中等，形成时间 3min，稳定时间 3～5min，最大抗拉伸阻力 300～400BU 较为适宜，且延伸性一般应小于 15cm。馒头粉对白度要求较高，在 82 左右，灰分低于 0.6%。

（4）饺子类小麦粉

饺子、馄饨类水煮食品，一般和面时加水量较多，要求面团光滑有弹性，延伸性好，易擀制，不回缩，制成的饺子表皮光滑有光泽，晶莹透亮，耐煮，口感筋道，咬劲足。因此，饺子粉应具有较高的吸水率，面筋质含量在 32%以上，稳定时间大于 6min，抗拉伸阻力大于 500BU，延伸性一般应小于 20cm。

（5）饼干粉

制作酥脆和香甜的饼干，必须采用面筋含量低的面粉。筋力低的面粉制成饼干后，干而不硬，而面粉的蛋白质含量应在 10%以下。粒度很细的面粉可生产出光滑明亮、软而脆的薄酥饼干。

(6) 糕点粉

糕点种类很多，中式糕点配方中小麦粉占40%～60%，西式糕点中小麦粉用量变化较大。大多数糕点要求小麦粉具有较低的蛋白质含量、灰分和筋力。因此，糕点粉一般采用低筋小麦加工。蛋白质含量为9%～11%的中力粉，适用于制作肉馅饼等；而蛋白质含量为7%～9%的弱力粉，则适用于制作蛋糕、甜酥点心和大多数中式糕点。

(7) 糕点馒头粉

我国南方的“小馒头”不同于通常的主食馒头，一般作为一种点心食用，具有一定甜味、口感松软、组织细腻。要求小麦粉的蛋白含量在9%左右，吸水率为50%～55%，面团形成时间1.5min，稳定时间不超过5min，拉伸系数在2.5左右。

(8) 煎炸类食品小麦粉

煎炸食品种类很多，有油条、春卷、油饼等。为满足油炸食品松脆的特点，一般食用筋力较强的小麦粉。

(9) 自发小麦粉

自发小麦粉以小麦粉为原料，添加食用膨松剂，不需要发酵便可以制作馒头(包子、花卷)以及蛋糕等膨松食品。自发小麦粉中的膨松剂在一定的水和温度条件下，发生反应生成二氧化碳气体，通过加热后面团中的二氧化碳气体膨胀，形成疏松的多孔结构。

(10) 营养强化小麦粉

高精度面粉的外观和食用品质比较好，但随着小麦粉加工精度的提高，小麦中的部分营养素损失严重。因此，在小麦粉中添加不同的营养成分(氨基酸、维生素、微量元素等)，可促进营养平衡，提升其营养价值。

(11) 全麦粉

全麦粉顾名思义是将整粒小麦磨碎而成，因而保留了小麦的所有营养成分，同时纤维含量也较高，一般用来制作保健食品。全麦粉做出的成品颜色较深，有特殊的香味，营养成分高，成品体积略低于同类白面粉制品。

1.3.2 小麦粉的物理特性

1.3.2.1 粒度与粗细度

面粉粗细度是指按规定的筛号、规定的操作方法进行筛理，按留存在规定筛面上的筛上物占试样重量的百分率来标定[2]。面粉粗细度反映了小麦粉的加工精度；面粉由不同粒度的破碎胚乳颗粒组成。小麦面粉颗粒必须达到一定小的粒度时，才能成为面粉。面粉主要由三部分组成，即胚乳团块，其粒度大于40m；大淀粉粒，其粒度在15～40μm之间；蛋白质碎片，其粒度小于15μm。面粉颗粒小的在1μm以下，大的可达200μm甚至更大。通常我们用粗细度来描述面粉的粒度。由于面粉的质量和用途不同，小麦面粉的粒度要求也不一样。

很多因素都可以影响面粉的粒度或粗细度。一是小麦的质地，一般情况下，同样的加工条件，软麦的面粉要比硬麦的面粉细。二是面粉的等级，一般麸皮在加工中难以磨碎，所以通常对高等级面粉的细度要求高，以减少麸皮的含量；反之对低等级面粉的细度要求低，其中混入的麸皮就多。因此，粗细度的高低在评价面粉品质时是一项重要的指标。三是加工方法，比如使用气流分级对面粉进行处理，就可以得到粗细度不同的面粉。

1.3.2.2 色泽与加工精度

小麦粉的加工精度是指小麦粉的粉色和所含麸星的多少，它是反映面粉质量的标志之一。小麦粉的加工精度可通过面粉的色泽来衡量。小麦面粉的色泽简称为粉色，是指面粉颜色的深浅、明暗。它是小麦粉划定等级的基本项目。

面粉粉色主要取决于下列因素的影响。一是面粉等级，不同等级的面粉，其中的麸星比例是不同的。因此，不同等级的面粉色泽由于其含有麸星的多少而不同。面粉等级越低，麸星比例越大，粉色越差。麸星含量少，面粉的色泽好。实际上，麸皮中的色素并非面粉本色但却直接影响面粉色泽的明暗。二是胚乳本身淡黄色程度，小麦胚中含有一种橘黄色素，它会转变为商品面粉的淡黄色，当然，这种淡黄色不仅与叶黄素、叶黄素酯、胡萝卜素及某些天然物质的数量有关，还与这些物质被人工漂白的程度有关。三是小麦的软硬、红白，通常软麦的粉色好于硬麦的粉色；白麦的粉色优于红麦的粉色。四是面粉的粗细度，面粉研磨得越细，越显现出亮色。这是由于每一粒细粉粒产生的暗影降低了粉粒发光的效果所致。五是小麦加工前外来污染和黑穗病孢子等的存在，此外面粉的水分含量对面粉粉色也有影响，面粉水分越低面粉粉色越亮。

小麦面粉粉色的测定方法有五种，包括干法、湿法、湿烫法、干烫法和蒸馒头法。但这些方法都有一定的局限性，主要是因为其结果容易受操作者和其他因素的影响，具有一定的主观性，常常造成人为的误差，并且没有数量概念，对粉色差异较小的面粉难以分辨。

利用白度仪来测定小麦面粉的白度是一种反映面粉色泽的有效方法，目前这种方法已被国内外广泛使用。相应的仪器也有很多类型。影响面粉白度测定结果的因素基本类似于影响面粉色泽的因素。白度仪测得的白度值是干面粉对光线的反射量的量度，因此有时也有局限性。比如，面粉粗细度会影响面粉的白度，一般面粉越细，白度值越大。有的制粉厂为了提高白度，把面粉研得很细，但是面粉的面制食品或湿粉样的白度值却不会增加。

我国现在小麦粉的白度范围在63.0到81.5之间。就小麦品种而言，在同样硬度的前提下，春小麦比冬小麦的白度值低，红小麦比白小麦的白度值低；在相同质地或皮色的情况下，软质小麦（粉质率高于 70 %的小麦）比硬质小麦（角质率高于 70 %的小麦）的白度值高。硬质小麦的蛋白质含量较高，淀粉比软质小麦含量低。在白度测试试验中，小麦淀粉的白度值在 88 左右，而谷朊粉（小麦蛋白粉）的白度值却不足 65。

1.3.2.3 吸水率

面粉吸水率是指调制单位重量的面粉成面团所需的最大加水量，以百分比表示（%），通常采用粉质仪来进行测定。它表示面粉在面包厂或馒头厂和面时所加水的量。面包制作行业最关心的是从面袋内取出的面粉是否能做出理想质量和体积的面包。面粉吸水率高可以提高面包、馒头的出品率，而且面包中水分增加，面包心较柔软，保存时间也相应延长。面粉吸水率低，面包出品率也降低。这决定着面包厂利润率的高低，因而也就自然成为面包制造商主要关注的问题。对于面包制造商来讲，比较不同面粉的面包产出量，是很正常的事情。当然，在比较两种或多种不同面粉之间的吸水率时，必须将不同的面粉含水量统一到相同的基础上，才能进行有效的比较。对于饼干、糕点面粉，则要求吸水率较低的面粉，这有利于饼干、糕点的烘烤。面粉吸水率一般在 60%～70%之间为宜，我国面粉吸水率在 50.2%～70.5%之间，平均为 57%。

影响面粉吸水率的因素很多，主要有如下几个方面。一是小麦的软硬，一般硬质、玻璃质的小麦磨制出的面粉吸水量高，粉质小麦吸水率低。二是面粉水分，通常高水分面粉吸水量偏低。三是面粉蛋白质含量，蛋白质含量高的面粉，一般吸水量较高。面粉吸水率在很大程度上取决于面粉蛋白质含量，随蛋白质含量的提高而增加。蛋白质吸水多而快，比淀粉有较高的持水能力。据报道，面粉蛋白质含量每增加 1%，用粉质仪测得的吸水率约增加 1.5%。但不同品种小麦面粉的吸水率增加程度不同，即使蛋白质含量相似，吸水率也存在着差异。此外，蛋白质含量低的面粉较蛋白质含量高的面粉吸水率的变化率小，如蛋白质含量在 9%以下时，吸水率减少很少或不再减少，这是因为当蛋白质含量减少到一定程度时，淀粉吸水的相对比例增加较大（表 1-5）。四是面粉粒度，面粉越细，面粉颗粒表面积越大，吸水量越高。如果面粉磨得越细，淀粉损伤也可能越多。五是面粉中的淀粉损伤率，破损淀粉含量越高，吸水量越高。破损淀粉颗粒使水分吸收更容易更快。但太多的破损淀粉导致面团和面包体积减小，面包瓤发黏。

表 1-5　不同蛋白质含量的小麦面粉的吸水率

面粉种类	蛋白质含量/%	吸水率/%
春麦粉	13	63～65
硬冬麦粉	12	61～63

续表

面粉种类	蛋白质含量/%	吸水率/%
硬冬麦粉	11	59～61
软麦粉	8～9	52～54

注：以上吸水率是采用粉质仪测定。

1.3.3 小麦加工工艺

1.3.3.1 小麦入磨前的处理

对于专用粉生产来说，入磨前小麦的处理应加强三个方面：一是对小麦的彻底清理；二是做好小麦着水与润麦；三是在必要的时候搞好小麦的搭配。清理即根据小麦的含杂情况及面粉质量的要求，选择合理的清理设备，将小麦中的有机杂质和无机杂质清除。根据制粉厂产量、小麦品质及磨粉工艺要求，要配备完善的着水润麦设备来保证制粉生产的正常进行，并保证产品质量的合格。其中水分的调节尤为重要，它可以使麦皮与胚乳结合松弛，使小麦麦皮坚韧有弹性，使胚乳酥松、硬度降低，使麦粒的含水量均匀一致，从而有利于保证中间产品流量和质量的稳定，均衡生产，提高出粉率和产量，降低动力消耗。为了达到好的研磨效果和保证专用面粉质量的稳定，在清理时需要进行毛麦搭配，目的是合理使用小麦。将不同品质的小麦搭配后加工，可最经济最合理地利用小麦，并且保持产品质量的稳定。小麦从收割到制粉前的各个环节，不可避免地混入各种杂质，一般杂质含量在1%～3%之间，但我国小麦杂质有时含量会更高，这些杂质若不清除，就将影响面粉的质量，且容易引起生产事故，所以在制粉前必须进行小麦除杂。对于大多数专用小麦粉厂而言，小麦接收时一般要进行预清理，使用初清筛先清除比较大的杂质。但主要的清理工作是在清理车间进行的，整个清理过程分为两个阶段：一是毛麦段，即从毛麦仓到润麦仓的清理过程；二是光麦段，即从润麦仓到皮磨以前的清理过程。小麦的清理流程主要是由磁选、筛选、风选、去石与分级、精选、表面处理等工序组成的。

(1) 磁选

利用磁钢清除小麦中磁性金属杂质的工艺手段称为磁选。磁选的主要对象是混杂在原料中的钢铁杂质，常见的有铁钉、螺帽、铁屑、镰刀块等。原料中的铁杂与小麦在导磁特性上截然不同，采用具有一定磁感应强度的永磁体作为主要工作机构，在有效的磁场范围内，可将原料中的铁杂吸住而实现铁杂与小麦的分离。但磁选不能清除有色金属杂质。在清理过程中进行磁选的主要目的是为了保护各类工艺设备，特别是对原料作用较强烈的设备如打麦机等，因此通常在斗式提升机、流量控制秤的后面，在进入需要保护的设备之前，都应安装磁选设备。如果采用气力输送，磁选设备应安装在关风器之前。实际上，研磨过程中也有金属杂质或金属粉末混入面粉中，为了保证产品的纯度和筛理设备的安全，在相应位置如成品打包以前也应安装磁选设备。常用磁选设备有永久磁钢（马蹄形磁钢）、永磁筒、平板式磁选器、永磁滚筒等。永久磁钢（马蹄形磁钢）磁性永久，使用、维护简便，可以根据需要设置。磁选设备一般较简单，大部分不需要动力，体积较小，除铁杂效率可达 95%以上。

（2）筛选

利用配备一定规格筛孔的筛面，按小麦与杂质在长度和宽度上的不同将两者分离的工艺过程称为筛选。筛选的主要目的是分离小麦中的大小杂质。筛选设备是制粉厂最常用的清理设备，筛选设备的主要工作部件为配置的数层筛面，根据筛理物的性质，配备适当的筛孔，使物料在筛面上做相对运动，留存在大孔上的物料称为大杂，穿过小筛孔的物料称为小杂。制粉厂比较常用的筛选设备有初清筛、平面回转筛、平面回转振动筛和振动筛等，其中大部分为消化吸收产品，工艺效果比较稳定。在进入制粉系统之前，应设置净麦秤，以记录进入制粉系统净麦的流量和总量，并可计算净麦出粉率以及毛麦去杂率。工厂一般情况下可设置如下光麦清理流程：

润麦仓→流量控制→去石→磁选-打麦→筛选（风选）→喷雾着水→净麦仓→自动计量→磁选→皮磨粉机。

各类工厂麦路总的组合形式是类似的，但由于厂型、产量、原料、产品等不同，其各工序的工艺组合及主要工艺参数的选择有所不同。

1.3.3.2 小麦制粉工艺

小麦经过清理及水分调节，成为纯净的、具有适宜的制粉性质的净麦。制粉的目的在于把小麦中的胚乳与麦皮、麦胚分开并把胚乳磨成一定的细度，加工成的小麦粉的品质还要适合制作各种面制食品。现今的制粉方法还不能将胚乳完全从麦皮上剥刮干净，在生产的面粉中还或多或少地混有麦皮。制粉工作的中心任务，就是最大限度地使胚乳与皮层分离，只要制粉流程合理、设备性能良好、生产操作稳定，就可以获得较高的出粉率，并降低面粉中的皮层含量、麸皮中的胚乳含量。小麦制粉工序包括研磨、筛理、清粉以及打麸等工序，将制粉各工序组合，对净麦按一定的产品等级标准进行加工的生产工艺称为制粉流程。专用面粉制粉生产工艺具有连续性，在生产过程中，任何环节发生不协调情况都会影响整个生产。良好的设备、合理的工艺、正确的操作是保证制粉顺利生产的重要条件。

（1）研磨

利用机械作用将小麦剥开，把胚乳从皮层上剥刮下来，并把胚乳磨细成粉，这个过程称作研磨。研磨是制粉工作最为重要的一环，与制粉厂的各项技术指标，如成品质量、出粉率产量、电耗、成本等密切相关。现代制粉厂进行研磨工作使用的研磨机械均为辊式磨粉机，同时以撞击机、松粉机作为辅助研磨设备。目前，研磨不是只经过一道研磨设备就能把小麦的胚乳与皮层分离，并将胚乳研细成粉的，需要多道连续的过程才能完成。第一道磨粉机研磨的物料是净麦，小麦经过研磨，除用筛理设备筛出面粉外，还被筛分成麸片、麦渣、麦心、粗粉等不同的物料这些物料含有不同程度的胚乳，为了获得较好的研磨效果，需将这些粒度及质量不同的物料分开研磨，这样便形成了不同的研磨系统，各系统执行着不同的任务。

① 皮磨：皮磨是处理麦粒及麸片的系统，其任务是首先破开麦粒，逐道从麸片上刮下胚乳，并保持麸片不过分破碎，有利于胚乳与麸皮最大限度地分开。皮磨一般设 3～5 道，称为 1 皮、2 皮、3 皮等（常表示为 1B、2B、3B 等，若皮磨分粗细，粗、细皮磨分别在字母右下角标字母 c 及 f）。

② 渣磨：渣磨是处理从皮磨及清粉系统分出的连有麦皮的胚乳颗粒（麦渣）的系统。其任务是经过磨辊轻微的剥刮，将颗粒上的麦皮分离，以便得到较为纯净的胚乳颗粒（麦心）。渣磨一般设 1～2 道，称为 1 渣、2 渣（常表示为 1S、2S）等。

③ 心磨：心磨是处理从皮磨、渣磨及清粉系统获得的较为纯净的胚乳颗粒（麦心及粗粉）的系统，其任务是将胚乳颗粒逐道研磨成具有一定细度的面粉。心磨一般有 5～9 道，称为 1 心、2 心（常表示为 1M、2M）等。有时在心磨系统中还设有尾磨，位于心磨系统的中、后段，专门处理心磨提出的带有胚乳的麸屑（小麸片），从麸屑上刮净所残存的胚乳，一般设 1～2 道，称 1 尾、2 尾（常表示为 1T、2T）等。

（2）筛理

小麦经过磨粉机逐道研磨后，获得颗粒大小不同及有质量差别的混合物，将这些混合物利用筛理设备按其粒度进行分级的工序，称为筛理。现代化面粉厂采用的主要筛理设备为高方平筛。专门处理麸片的设备有刷麸机和打麸机两种，因为两种设备能提取麸粉，一般也列为筛理设备。筛理是制粉生产过程中的重要工序，筛理工作的好坏，与制粉厂的产品质量、出粉率、产量及成本密切相关。按照筛面筛理任务的不同，可分为下面几种筛面。

① 粗筛：从皮磨磨下混合物中分离出麸片的筛面，一般用金属丝筛网。

② 分级筛：将同类粗粒（麦渣及麦心混合物）按粒度大小进行分级的筛面，一般用金属丝筛网或呢绒筛网。

③ 细筛：分离粗粉的筛面，一般用呢绒筛网。

④ 粉筛：筛出面粉的筛面，一般用呢绒或蚕丝筛网。

在制粉过程中，凡含有胚乳而需要继续研磨的物料称为再制品。小麦经过磨粉机研磨后的物料混合物，粒度相差悬殊，依靠平筛的不同筛面，除筛出成品（面粉外），还将混合物分成下列制品。

① 麸片：呈片状，是带有不同程度胚乳的麦皮，粒度较大者为大麸片，较小者为小麸片。

② 麸屑：呈碎屑状带有少量胚乳的麦皮。

③ 麦渣：连有麦皮的较大的胚乳颗粒。

④ 粗麦心：混有麦皮的较小的胚乳颗粒。

⑤ 细麦心：混有麦皮的更小胚乳颗粒。

⑥ 粗粉：混有麸星的很小的胚乳颗粒。

筛路（筛理流程）是指物料在平筛的多层筛面上流动的路线。平筛的筛路要根据分级的多少、物料的性质及平筛的类型来确定。选用筛理效果好的筛面宽度和适当的筛理长度，将每仓的筛路进行合理的并联和串联使用，可以保证各类物料在合理的负荷量下，得到较高的筛理效率。筛路的组合原则可归纳为以下几点。

① 根据粉路设计中所规定的小麦粉种类、研磨系统的繁简，确定平筛的筛分级数。

② 根据各种筛理物的性质、数量比例，安排筛理长度（筛理某种物所需的筛格层数）。

③ 根据先易后难和有利于充分发挥各级筛面作用的原则，安排各种物料筛理的先后次序。首先应尽快将含量最多或容积最大的物料筛出，然后再筛出含量少的物料。

④ 在流量大、筛理面积较紧的情况下，可采用物料双进口并联筛理，以降低流层厚度，提高筛理效率。根据筛理物的性质不同，筛路可分为 5 种类型，即前路皮磨、后路皮磨、渣磨、心磨及面粉检查筛筛路，每种类型中又有一种或几种形式。

（3）清粉

物料经过前路皮磨、渣磨和筛理，除提取出麸片和面粉外，还获得较多的粗粒，这些物料（如麦心）虽然在粒度上相近，但在质量上可分为纯粉粒、连麸粉粒和碎麸屑。这三种物料若不经精选直接研磨成粉，则麸屑容易磨碎混入粉中。为了避免麸星污染面粉，最好对粗粒和粗粉进行精选，以便分出纯胚乳粒，然后再送入心磨系统研磨成粉，这样可提高上等粉的质量和出粉率。因此在磨制高质量面粉时，为了提高上等粉的质量及出粉率，在粉路中需设清粉系统。在生产专用粉时，清粉系统显得十分重要。清粉工序采用的设备是清粉机，现代面粉厂采用清粉设备为复式三层清粉机。

1.3.3.3 制粉工艺流程

将研磨、筛理、清粉、刷麸等制粉工序组合起来，对净麦按一定产品等级标准进行加工的生产工艺过程称为制粉流程，俗称“粉路”。粉路中既包括物料的运行路线、设备的分配比例以及各项技术特性的配备，又包括与流程设备相适应的操作指标（单位流量、剥刮率、取粉率）等内容。粉路对于制粉厂的产量、产品质量、出粉率、动力消耗及单位产品成本的影响极大。因此，按照小麦制粉的基本规律，合理地组合粉路，是制粉厂取得良好生产技术效果的重要因素。

1.3.4 小麦加工需解决的问题及发展方向

目前，我国许多面粉厂的技术水平已经接近或达到世界先进水平，但由于东方饮食文化的发展远超过西方，中国人对食品的挑剔程度，特别是对面粉加工的要求远高于欧洲。同时，我国的面粉市场竞争越来越激烈，对面粉的要求也越来越高。一般来讲，小麦粉主要用于制作面制食品，如馒头、面条、油条、包子、烧饼、面包、饼干、蛋糕、月饼等。这些食品中，有的属于我国传统面食品，过去被认为对面粉的专用特性要求不强，一般的通用面粉即可满足；而有的面制食品如面包、饼干、糕点、面条、饺子、方便面等，则对面粉的品质特性具有很高的要求。随着主食食品生产工业化的发展，原来被认为对面粉的专用特性要求不强的食品，如馒头、面条、月饼、油条等，事实上也存在其面粉品质的专用性问题。因此，对现代制粉企业而言，专用小麦粉的开发生产是大势所趋。面粉品质改良是指对现有的、可以选择的原料小麦所生产出来的面粉的品质特性进行有目的的调整、改进及完善。总体来看，面粉品质改良有两大途径，一是在面粉中不添加外来成分的前提下，通过一定的工艺与设备对面粉进行处理，以达到改良面粉品质的目的；二是通过向面粉中添加适量的外来成分如各类添加剂、谷朊粉、淀粉、酶制剂等。

(1) 选择进口专用小麦

由于我国过去更多地重视小麦产量的提高，而相对忽视其加工和食用品质的改良，所以，就我国现阶段小麦品种的质量而言，作为生产高品质的面包粉和糕点粉的原料还有一定差距，具体表现在硬麦和专用软麦上。我国所用的硬麦主要来自加拿大、美国、澳大利亚等国；软麦主要来自美国、澳大利亚和欧洲等国。实际上，进口小麦也存在品质不稳定和质量差的情况，而应科学、实事求是地掌握每一批小麦的品质等级及加工特性、面团流变学特性、烘焙等食品制作特性。

(2) 选择国内专用小麦

结合我国各种植区内小麦品质的分布特点，强化小麦品种的优选工作。以面包粉为例，大量的研究表明，稳定时间在 4min 以上的国产小麦即具有制作面包的可能性，可作为优选的对象；一般稳定时间在 4～6min 的小麦往往具有良好的面包烘焙潜能，全部采用这些国产小麦生产面包专用粉，通过适当的工艺调整或添加剂修饰，也能烘焙出品质优良的面包来。许多面粉厂以国产小麦为主，少量搭配优质进口小麦，生产品质优良的馒头、饺子、面条等传统面制食品类专用粉，充分利用了国产和进口小麦资源，实现了经济效益和社会效益。

(3) 原料小麦的生产管理

在采购小麦时，必须坚持原料的特色性和均一性相结合的原则。特色性原则要求小麦在面筋含量、质量等理化指标方面符合某种特定专用小麦粉的要求；而均一性则指一批小麦的质量应均等，从不同部位取样化验的结果应基本一致。为了确保原料采购的特色性和均一性，许多企业采取了三级把关的管理体制，即在化验、入库、生产三个环节中，都有权拒绝品质不符合要求的原料小麦。

原粮小麦购入后，在入库前必须进行化验测评，校核原粮与样品的不一致性，并对测评结果建档备案，有条件的还可以建立数据库，为配麦提供参考数据。在储存原粮时，要严格分类存放，通常遵循以下规范：品种不同的小麦互不混放，国别不同的小麦互不混放，色泽不同的小麦互不混放，角质率按 40%以下、40%～60%、高于 60%三类分别存放，面筋质按 25%以下、26%～29%、高于 30%三类分别存放，水分差异低于 1%的和高于 1%的小麦分别存放。

使用原料小麦时，不仅要依据产品质量标准及经过专用粉开发定型的小麦搭配方案，还要兼顾各类原粮的库存情况，如使用数量、贮存时间，以及仓库的利用效率和周转周期，但不能影响产品质量和稳定性。原料小麦的出库管理是专用粉生产的开端，是配麦方案实施的第一步，在出库时也要不断地进行抽样化验测定，与原粮档案核对，以保证原料小麦的质量。这些措施有助于解决小麦加工过程中原料质量不稳定的问题，为专用粉的生产提供了坚实的基础。

1.4
小麦粉品质改良技术概述

小麦粉是现代食品工业的重要原料，广泛应用于各类食品加工中，包括面包、饼干、蛋糕、面条和饺子等。小麦粉的品质对最终产品具有多方面的影响。首先，它直接关联到产品的口感细腻度和外观色泽的吸引力。其次，小麦粉的品质还深刻影响着食品中营养成分的保留程度以及食品的整体安全性。因此，在小麦粉生产过程中，如何通过精细化管理和技术创新来优化生产工艺，进而改善小麦粉的质量，成为了一个亟需解决且至关重要的问题。

1.4.1 化学改良剂对小麦粉品质改良的作用

面粉作为食品加工的基础原料，其品质直接影响到最终产品的口感、质地和保质期。为了提升面粉的品质，满足消费者日益增长的品质需求，化学处理方法应运而生。这些方法主要通过对面粉进行化学处理或添加特定的化学物质，以引发一系列化学反应，从而达到改善面粉品质的目的，已经成为提升面粉质量和生产效率的重要手段。这些化学方法主要包括氯气处理、臭氧处理，以及面粉中氧化剂、还原剂等的添加，这些处理不仅能有效改善面粉的物理和化学特性，还能在一定程度上提升最终面制品的质量。

1.4.2 酶制剂对小麦粉品质改良的作用

酶制剂对小麦粉品质改良的作用是近年来食品科学领域中的一个重要研究课题。酶制剂作为一种高效、绿色的食品添加剂，通过改良小麦粉的理化性质和加工特性，提高面粉制品的品质，已成为现代小麦粉加工工艺的重要组成部分。用于以改良面粉品质为目的的酶制剂主要有 α-淀粉酶、蛋白酶、葡萄糖氧化酶和木聚糖酶等[3]。

1.4.3 现代物理加工技术对小麦粉品质改良的作用

面粉作为食品工业的基础原料，其品质直接影响到最终产品的口感、营养价值和市场竞争力。随着消费者对食品安全、营养和健康需求的日益提升，面粉的物理改性方法逐渐受到关注。现代物理加工技术是基于物理能量输入改变物料特性的一类技术，具有高效、安全、环保的特点。与传统化学处理相比，物理加工技术能够在保持营养成分和感官品质的同时，实现产品特性的优化，避免化学残留问题。

1.4.3.1 主要的物理加工技术

① 面粉的气流分级是根据面粉颗粒尺寸与蛋白含量的相关性，利用气流将同一种面粉中的蛋白质发生“转移”和集中，分离出高、中、低三种蛋白含量的面粉的有效的面粉品质改良技术[4]。不同食品对面粉品质的要求不同，有些要求蛋白含量低且筋力弱的面粉，像饼干粉、蛋糕粉等，而有些食品需要蛋白含量高且筋力强的面粉，像主食面包、油炸食品等。可以说，蛋白含量在不同的面粉中是一个关键指标。如果能按蛋白含量对同一种面粉进行处理，分出高蛋白含量的面粉和低蛋白含量的面粉，就可以解决上述不同食品对面粉的要求。按照面粉中淀粉及蛋白质的不同物理性质，对面粉进行分级是可行的。一般小于 17μm 的几乎全是小的蛋白质碎片和小淀粉粒，蛋白质含量最高，为原面粉平均蛋白含量的 2 倍；17～40μm 的主要是大淀粉粒，蛋白质含量最小，为原面粉平均蛋白含量的一半；40～200μm 的主要是胚乳团块，蛋白含量与原面粉相当。因此，可以将面粉按颗粒尺寸分成几类，即高蛋白粉（颗粒小于 17μm），低蛋白粉（颗粒尺寸为 17～40μm）以及蛋白质含量与原始面粉相近的一种面粉（颗粒大于 40μm），获得高、中、低三种蛋白含量不同的面粉。由上述可知要获得蛋白含量偏高或偏低的面粉，有两个分级点值得注意，即 17μm 及 40μm。

② 蒸汽处理的核心是利用高温饱和蒸汽快速加热面粉，使其水分含量增加并均匀分布，同时通过热量和水分的协同作用改变面粉中的主要成分，如淀粉、蛋白质和膳食纤维的结构和功能特性。蒸汽处理可降低面粉中 α-淀粉酶的活性，使面粉具有较高的吸水指数[5]。面粉的黏度是一个重要参数，除烘焙食品外，对于速食粉、婴儿食品以及汤料食品也具有重要作用。不同的热处理方式和加热条件均影响面粉热处理效果，应根据面粉的使用方式和使用目的进行匹配。此外，热处理具有较高的温度，还可以有效降低微生物的危害，并起到灭酶作用。面粉热处理方法的有效性、经济性和安全性具有逐步取代面粉化学处理的趋势。

③ 微波处理利用微波的穿透性和选择加热特性，使面粉中的水分子和其他极性分子在微波电场的作用下快速振动、摩擦生热，从而实现对面粉的加热、干燥和杀菌，可以使其中的淀粉和蛋白质发生快速变性，从而改善面制品的口感和品质。此外，微波处理还可以延长产品的保质期[6,7]。微波处理技术具有处理速度快、能耗低的特点。与传统的加热方式相比，微波加热不需要热传导过程，可以直接穿透物料进行整体式加热，因此能够显著提高加热效率并节约能源。微波干燥是利用微波的穿透性进行加热，因此可以使面粉中的水分均匀受热并快速蒸发，实现均匀干燥。微波杀菌具有杀菌均匀、时间短、能耗少等优点。微波处理技术的加热过程易于控制，可以通过调整微波功率、处理时间等参数来满足不同的加工需求。

④ 高压加工技术的基本原理在于利用高压环境下面粉的张力和热能作用，使面粉受热变形，从而改变其结构和特性。在高压下，面粉中的淀粉颗粒、蛋白质和其他成分会产生变形和部分糊化，这种变形和糊化过程使面粉的结构逐渐发生改变，提高了面粉的吸水性、黏合性和抗氧化性，从而改善了面团的质地和口感[8]。通过在低温或室温条件下施加高达100～600MPa的静水压力，改变小麦粉中的分子结构和功能特性。高压加工技术可以显著减少面粉在储存过程中的变质和品质变化。通过改变面粉的结构和特性，高压加工后的面粉更加稳定，不易受潮、发霉或变质。

⑤ 超声波技术主要利用高频振动波（通常频率高于20kHz）的能量，通过介质（如空气、水或固体）传播，对目标物体进行作用。在面粉加工中，超声波振动波能够穿透面粉颗粒，产生一系列物理和化学效应，如振动、摩擦、空化等，从而改变面粉的结构和特性[9]。超声波振动筛是面粉加工中常用的设备之一。它利用超声波振动波的作用，使筛网产生高频振动，从而有效解决面粉易聚团、易黏网等问题。这种筛分方式不仅提高了筛分效率，还保证了面粉的筛分质量。超声波技术能够显著提高面粉加工的效率。通过优化超声波参数（如频率、功率等），可以实现对面粉的快速、高效处理。

⑥ 脉冲电场技术是通过将短脉冲电施加于两个电极之间，产生高强度的电场，对面粉中的颗粒、蛋白质和其他成分进行作用。这些脉冲电场的脉宽通常在

几纳秒到几毫秒之间，电场强度则可以达到0.1～100kV甚至更高。在电场的作用下，面粉中的成分会发生一系列物理和化学变化，如电穿孔效应、电晕放电、等离子体激发等，从而改变其结构和特性。脉冲电场技术的处理时间通常很短，且能耗较低。这使得它在面粉加工中具有高效节能的优势，有助于降低生产成本。

⑦ 辐照技术利用放射性元素（如钴-60、铯-137等）产生的γ射线或电子加速器产生的电子束对面粉进行照射。这些射线或电子束能够穿透面粉颗粒，与其中的微生物和营养成分发生相互作用，从而达到杀菌、保鲜的目的[10]。面粉在生产、储存和运输过程中容易受到微生物的污染，如细菌、霉菌等。辐照技术能够有效地杀灭这些微生物，提高面粉的卫生质量。除了杀菌消毒外，辐照技术还可以在一定程度上改善面粉的品质。例如，辐照可以改变面粉中淀粉的结构与特性，提高面粉的吸水量和面团稳定性。辐照技术能够迅速杀灭面粉中的微生物，提高食品的卫生质量。与化学防腐剂相比，辐照技术不需要添加任何化学物质，因此更加安全、环保。辐照处理过程简便快捷，易于实现自动化和连续化生产。

1.4.3.2 现代物理加工技术的挑战与发展方向

随着科技的进步，传统的小麦粉加工技术逐渐面临挑战，现代物理加工技术应运而生，成为提升小麦粉品质、改善加工效率、延长保质期等方面的重要手段。气流分级技术、蒸汽处理、微波处理、高压处理、超声处理、脉冲电场和辐照处理等现代物理加工技术在小麦粉的加工过程中逐步应用，为其加工工艺带来了新的机遇和挑战。尽管现代物理加工技术在小麦粉品质改良方面具有显著优势，但在实际应用中仍面临一些挑战。

① 气流分级技术在小麦粉的加工中，通常需要对粉末进行精确的粒度分级，以满足不同产品的需求。然而，实际操作中，气流速度和颗粒物的形态差异可能导致分级精度不高，尤其是在粒径差异较小的情况下，分级效果较差。小麦粉中含有的蛋白质、淀粉等成分在分级过程中可能因颗粒形态和密度不同而导致分级效果的不均匀。气流分级技术需要产生高速气流，这通常需要较大的能量消耗。尤其在大规模生产中，如何减少能量的浪费，优化设备设计，提高能效，是技术提升的关键。此外，设备的清洁和维护问题也影响分级技术的效率和经济性。

② 蒸汽处理需要对温度和压力进行严格控制，温度过高或过低都会影响小麦粉的质量，尤其是对一些热敏成分（如蛋白质、酶等）可能造成降解或功能丧失。因此，如何在蒸汽处理过程中精确调节温度和压力，避免小麦粉品质的波动，是当前技术面临的主要问题。在大规模的生产过程中，蒸汽的分布常常不均匀，导致小麦粉处理不均匀，影响最终产品的质量。尤其在处理过程中，蒸汽的热量传递速度较慢，可能导致小麦粉内部加热不足或过热，从而影响口感和营养成分。

③ 微波加热的一个主要问题是加热的不均匀性，尤其是在大规模生产中，

不同部位的加热速率差异较大，导致小麦粉在处理过程中出现局部过热或加热不足的现象。微波的穿透深度受材料的性质影响，颗粒形态、密度差异等因素可能导致加热不均匀，从而影响小麦粉的质量。微波加热的效率较低，特别是对于湿度较高或含水量较大的小麦粉，微波加热的效果较差，能量损耗较大。此外，微波处理过程中可能出现的温度波动会对小麦粉的加工效果产生不利影响。

④ 高压处理过程中，压力的分布可能不均匀，尤其在大规模处理时，如何确保小麦粉在处理过程中承受均匀的压力，避免出现部分粉末处理不到位或过度处理的问题，仍然是一个挑战。高压设备通常需要较高的制造和维护成本，且高压处理过程需要大量的能源消耗。对于小麦粉这类大宗商品而言，高压设备的高成本和高能耗可能限制其广泛应用。

⑤ 超声波的穿透能力有限，尤其是在处理较厚或密度较大的小麦粉时，超声波的效果可能受到限制，导致处理深度不够，影响整体处理效果。超声波处理过程中，能量的传递效率较低，尤其是在大规模生产中，能量的损失会导致生产成本上升。如何提高能量传递效率，减少能量浪费，是超声波技术需要解决的问题。

⑥ 脉冲电场的强度、频率等参数的变化会影响处理效果。对于小麦粉来说，电场的强度过高可能导致其结构的破坏或性能下降，如何精确控制电场强度，以达到最佳的处理效果，是脉冲电场技术的关键问题。脉冲电场技术的适应性较为有限，尤其是对于低电导性的物质，小麦粉在脉冲电场中的响应较弱，处理效果不理想。如何提高脉冲电场对不同小麦粉种类的适应性，是当前技术发展需要解决的问题。

⑦ 辐照处理需要精确控制辐射剂量，过低的辐射剂量可能导致处理效果不明显，而过高的辐射剂量则可能导致小麦粉的营养成分损失或产生有害物质。在大规模生产过程中，辐照的均匀性是一个重要问题，辐射源的分布不均匀可能导致部分小麦粉未能充分处理，影响最终的产品质量。

小麦粉的现代物理加工技术在提升加工效率、改善产品质量、延长保质期等方面展现出广阔的应用前景。然而，这些技术在实际应用中仍面临诸多共性问题，主要集中在能效、处理均匀性、设备优化、材料适应性等方面。未来，随着科学技术地不断发展，这些问题有望得到有效解决。通过设备的优化设计、新技术的融合应用以及对小麦粉特性的深入研究，现代物理加工技术将在小麦粉加工领域发挥更大的作用，实现更加高效、绿色、可持续的生产模式。

2 小麦的贮藏技术

2.1 小麦储藏设施

小麦储藏仓库是小麦贮藏的专用设施，其环境条件的优劣直接影响小麦的品质和储藏安全。科学研究表明，小麦在贮藏过程中的品质变化主要受储藏环境条件的影响。温度、湿度、气体组成等环境因素的变化，都会引起小麦中淀粉、蛋白质等主要成分的物理化学性质改变。因此，建设标准化的小麦仓库，实施科学的储藏管理，是确保粮食安全的重要基础。

我国目前使用的小麦仓库，按照其结构特点和功能要求，主要可以分为简易仓、房式仓、土圆仓、机械化圆筒仓和低温仓库等类型。其中简易仓和土圆仓由于投资少、建设快，在农村地区应用较为普遍。这些传统仓型虽然设施简单，但在科学管理的条件下，同样可以实现安全储粮的目标。房式仓、机械化圆筒仓及低温库则主要在国家粮库和大型粮食企业中使用，这些现代化仓储设施能够更好地满足规模化、机械化储粮的要求。

无论采用何种类型的仓库，在建造时都必须充分考虑粮食的安全性和仓库的牢固度这两个核心要素。粮食安全性包括物理安全和品质安全两个方面。仓库必须能够有效防止雨水渗漏、地下水浸润，避免鼠害和虫害的危害，同时还要能够调控温湿度，维持适宜的储藏环境，防止粮食发生霉变和品质劣化。仓库牢固度则要求建筑结构具备足够的强度和稳定性，能够承受粮堆压力，并抵御各种自然因素的影响。

小麦仓库按照其结构形式和功能特点，可分为房式仓、圆筒仓、低温仓库、土圆仓和简易仓等多种类型。各类仓库在结构设计、储藏功能和适用条件方面都有其独特之处，在实际应用中应当根据具体需求和条件进行选择。

（1）房式仓

房式仓是目前应用最为广泛的仓库类型，其外形与普通建筑物相似。根据建筑材料的不同，房式仓可分为木材结构、砖木结构和钢筋混凝土结构等多种形式。早期的木材结构仓库，由于材料获取困难，且存在密闭性能差、防火防鼠性能不佳等缺点，目前已逐渐被淘汰或改建。

现代房式仓主要采用钢筋混凝土结构，这种结构不仅建筑牢固，使用寿命长，而且具有良好的抗震性能和结构稳定性。在防火安全方面，钢筋混凝土结构的防火等级高，能够有效降低火灾风险。特别是在储粮安全方面，这种结构的密闭性能优良，便于实施气调储粮，同时具有良好的保温隔热效果，可以有效减少仓内温度波动，防止粮食品质变化。

房式仓在设计上采用无柱式结构，最大限度地提高了空间利用率。仓顶设置天花板，有效减少了顶部热辐射对粮食的影响。内壁四周及地坪都设置了防潮层，门窗采用严密设计，这些措施共同构成了可靠的防雨防潮系统。房式仓的储粮容量一般在1.5万至15万吨之间，既可用于储存散装粮食，也适合存放包装粮食。其标准建筑尺寸通常为：长60～120m，宽18～30m，檐高8～12m。储粮层高一般控制在6～8m，这样的高度既便于通风控温，又适合机械化作业。

（2）圆筒仓

圆筒仓是现代化程度最高的储粮设施，代表了当前粮食储藏的技术发展水平。这种仓型的仓体呈圆筒形，配备了完善的机械化设备和自动控制系统。圆筒仓的设计充分利用了垂直空间，在节约用地方面具有显著优势。

圆筒仓的工艺装备十分完善，配备了温湿度远程监测系统，能够实时掌握粮情变化。机械化进出仓设备和自动计量系统的配置，极大地提高了作业效率，降低了劳动强度。清理设备的安装则保证了粮食入仓前的品质要求。整个仓区采用计算机集中控制，实现了储粮管理的信息化和智能化。

在建筑布局上，圆筒仓通常采用多个筒体组合排列的方式。每四个筒体之间形成的空间设置为星形仓，用于特殊用途。筒体之间设有工作塔，内部安装提升输送设备。地下设置输送廊道，构成了完整的输送网络。这种布局既保证了作业的连续性，又提高了空间利用效率。

圆筒仓在用地方面比传统房式仓节省6～8倍，但其建设投资较大，对储粮技术的要求也更高。因此，这种仓型主要适用于大型粮库和粮食企业。单个筒仓的容量可达3000～5000吨，整个仓区的储量可达数十万吨。圆筒仓的使用不仅提高了粮食储藏的科技水平，也为粮食产业的现代化发展提供了有力支撑。

（3）低温仓库

低温仓库是专门针对小麦储藏温度要求设计的现代化仓储设施。这种仓库虽然在基本结构上与房式仓相似，但在保温隔热和环境控制方面采取了特殊的技术措施。低温仓库的设计充分考虑了小麦储藏的温湿度要求，是目前技术最为先进的储粮设施。

在建筑构造方面，低温仓库采用了多层复合的保温隔热系统。墙体采用保温夹心结构，有效阻隔了外界温度的影响。屋顶除了常规的防水层外，还特别加设了厚度适当的隔热层。地面做了严格的防潮处理，防止地下水汽上升。门窗系统采用特殊的气密性设计，最大限度地减少了冷量损失。

环境控制是低温仓库的核心技术。仓库配备了先进的制冷设备，可以将仓内温度始终控制在15℃以下。同时安装了除湿装置，使相对湿度保持在65%左右的适宜水平。在仓库入口处设置了缓冲间，有效减少了外界环境的干扰。整个仓库建立了完善的环境监测系统，可以随时掌握温湿度的变化情况。

在储粮管理方面，低温仓库也有其特殊要求。粮堆底部要设置18cm高的通风垫架，确保底层粮食的通风条件。粮堆之间保持60cm的检查通道，便于工作人员巡查。粮堆与墙体之间要留出50cm的间距，这样既有利于粮情检查，也能防止墙体冷凝水对粮食的影响。工作人员需要定期检查温湿度的变化情况，及时调整控制参数。

(4) 土圆仓

土圆仓，也称为土圆囤，是一种具有悠久历史的传统储粮设施。这种仓库主要采用黄泥、三合土或草泥等材料建造，仓体呈圆筒形。土圆仓的建造技术来源于民间储粮经验的积累，具有独特的实用价值。

土圆仓的建造特点是结构简单，就地取材。建造材料主要利用当地的黄土和草料，不需要复杂的施工技术，造价低廉，建设周期短。这种仓型特别适合农村地区使用，单个仓体的储粮容量一般在5至25吨，能够满足农户储粮的基本需求。

在使用性能方面，土圆仓存在一些固有的局限性。由于建筑材料的特性，其保温性能和密闭性相对较差，仓内温度容易受外界环境的影响。特别是在夏季，仓体体积较小，粮食温度的变化较为明显。储存在土圆仓中的粮食，其温度基本上随着外界气温的变化而变化，尤其是表层粮食受太阳辐射的影响更大。

通过实际观测发现，土圆仓中储存的粮食在经过一个完整的储藏周期后，表层约33cm范围内的粮食水分含量比入仓时明显增加，增幅可达5%，而其他部位的水分增加幅度在1%～2%。因此，土圆仓最上层的粮食不适合作为种用。这种仓型主要适用于北方干燥地区的农户储粮，且储存期不宜过长。

(5) 简易仓

简易仓是在普通民房基础上改建而成的储粮设施。这种仓型是在保留原有建筑结构的基础上，通过适当的改造和加固，使其具备储粮功能。简易仓具有投资少、建设周期短、见效快等优点，在农村地区得到广泛应用。

改建简易仓首先要对原有建筑结构进行全面检查和加固。这包括检修墙体、屋顶和地基等主要承重构件，堵塞墙体的裂缝和洞口，加固梁柱节点，确保建筑结构的安全性。在进行结构加固时，要特别注意防止新的裂缝产生，以免影响储粮安全。

墙体处理是简易仓改建的重要环节。首先要用纸筋石灰将墙面抹平，确保表面平整无缝。内墙要进行刷白处理，这样不仅美观，而且便于发现虫害。对于破损的部位要及时修补，防止雨水渗入。整个墙面要做到平整光滑，无任何孔洞和缝隙。

地面的处理对于简易仓的使用效果至关重要。首先要将地面土质夯实，然后铺设13～17cm厚的干河砂层。河砂层上铺设防潮层，一般采用沥青纸（油毛毡）。最上层铺设土坯并抹平，形成坚实平整的储粮场地。这种多层结构的地面能够有效防止地下水汽上升，保护粮食免受潮湿影响。

在使用简易仓时，要严格遵守相关要求。首先要确保仓内无洞无缝，防止雨水渗漏。其次要保持内部干燥，入仓前要对改建部位进行充分晾干。同时要建立定期检查制度，发现问题及时维修。虽然简易仓的条件相对简陋，但只要改建得当，同样可以达到较好的储粮效果。

小麦仓库类型的选择是一项系统工程，必须根据具体情况做出科学决策。对于国家粮食储备库和大型粮食企业，宜选用现代化程度较高的房式仓或圆筒仓，这类仓库能够满足规模化储粮的技术要求。对于重要储备粮和种用小麦，最好采用低温仓库，虽然成本较高，但储藏效果最好。在农村地区，可以因地制宜选用土圆仓或简易仓，这些仓型虽然技术含量不高，但造价低廉，便于推广使用。

在实际选择仓库类型时，要充分考虑多个因素：首先是储粮规模，不同规模的储粮量需要选择相应规格的仓库；其次是储存年限，长期储存的粮食应当选择条件较好的仓型；再次是环境条件，不同地区的气候特点会影响仓库的使用效果；最后还要考虑投资能力，选择经济合理的建设方案。只有综合考虑这些因素，才能选择最适合的仓库类型。

2.2 仓库害虫

2.2.1 仓库害虫概念及其为害性

仓库害虫通常简称为“仓虫”，是指在农作物收获后，在脱粒、清选、贮藏加工和运输过程中为害贮藏物品的昆虫和螨类的总称。从广义角度来看，它包括一切为害贮藏物品的害虫。

专家估计，如果能够有效防治世界各地粮仓中的谷物害虫，相当于增产25％的谷物。然而，人们往往过分关注农业生产中田间直接减产的问题，而忽视了粮食、种子贮藏过程中因虫害造成的巨大损失。实际上，在贮藏过程中减少不必要的损失，与农业生产中的增产具有同等重要的意义。

当贮藏的种子受到仓虫为害后，不仅会造成数量上的重大损失，还会显著降低种子的活力和发芽力，严重时甚至会完全失去种用价值。此外，种子堆一旦受到仓虫感染，容易引起发热霉变，导致微生物大量繁殖。某些微生物还会产生毒素，使人畜食用后中毒，甚至可能导致死亡。仓虫为害还会降低粮食的营养价值，使其加工品质大幅下降。

2.2.2 仓库害虫的传播途径

仓库害虫的传播方式和途径多种多样。随着人类生产、贸易和交通运输事业的不断发展，仓虫的传播速度更加迅速，途径也日趋复杂。为了更好地预防和消灭仓虫，阻止其发生和蔓延，我们需要深入了解它们的活动规律和传播途径。仓库害虫的传播途径主要可以分为自然传播和人为传播两大类。

2.2.2.1 自然传播

① 随种子传播：以小麦为例，麦蛾在作物成熟时在麦粒上产卵，孵化的幼虫在麦粒中为害，随着收获进入仓内继续危害。这种传播方式直接导致害虫从田间进入储存环境。

② 害虫本身活动的传播：许多害虫成虫会在仓外的砖石缝隙、杂草丛中、标本室、旧包装材料及尘芥杂物里隐藏越冬，待第二年春天返回仓库继续为害。这种周期性的迁移是自然传播的重要形式。

③ 随动物活动而传播：某些微小的仓虫，尤其是螨类，可以黏附在鸟类、鼠类及其他昆虫的身上，随其活动而扩散传播。

④ 风力传播：体型较小的仓虫，如锯谷盗等，能够借助风力飘扬，从而扩大其传播范围。这种传播方式在开放式仓储环境中尤为普遍。

2.2.2.2 仓库害虫的传播途径

① 贮运用具和包装用具的传播：已感染仓虫的运输工具（如火车厢、轮船、汽车等）和包装材料（如麻袋、布袋等），以及围席、筛子、苫布、扦样用具、扫帚、簸箕等仓储用具，在使用时都可能造成仓虫的蔓延传播。这类传播途径在小麦储运过程中极为常见。

②已感染仓虫的贮藏物的传播：带有害虫的小麦在调运及贮藏过程中，容易感染无虫种子，造成虫害的进一步蔓延。因此，小麦入库前的检疫工作尤为重要。

③ 空仓中传播：仓虫经常潜藏在仓库和加工厂内阴暗、潮湿、通风不良的缝隙与孔洞中越冬和栖息。当新收获的小麦入仓后，这些越冬的害虫就会继续出来为害。这种传播方式突出表明了仓库消毒工作的重要性。

2.2.3 仓库害虫为害方法

根据仓虫的取食习性和为害方式，我们可以对其进行详细分类，这有助于针对性地制定防治措施。

2.2.3.1 根据取食习性分类

① 初期性害虫：能够食害完整籽粒的害虫，如麦蛾等，这类害虫往往最先危害新入仓的小麦。

② 后期性仓虫：主要食害已受损伤的籽粒及碎屑粉末，如锯谷盗、扁谷盗等，这类害虫通常在初期性害虫危害之后出现。

③ 中间类型：既能食害完整籽粒，也能食害已受损伤籽粒的害虫，如赤拟谷盗和杂拟谷盗等。这类害虫的危害范围更广，防治难度更大。

2.2.3.2 仓库害虫为害方式

① 蛀空式为害。这类害虫又称中空式为害，其最显著的特征是以蛀食籽粒内部的胚乳为主。在这类害虫中，卵期、幼虫期和蛹期的发育全部在籽粒内完成，只有在羽化为成虫后才会钻出籽粒。由于幼虫和蛹都在粒内发育，因此在外部不易观察到，具有很强的隐蔽性。以麦蛾为例，其幼虫孵化后即钻入麦粒内部，在胚乳部位不断取食，最终在粒内化蛹。这种为害方式造成的危害尤为严重，因为在外观上往往难以及时发现受害粒，等到发现时已造成大量损失。

② 剥皮式为害。这种为害方式的特点是害虫从籽粒外部开始危害。以印度谷蛾为代表，它首先啃食谷粒的胚部，随着龄期的增长，逐渐开始剥食谷粒的果种皮。这种为害方式直接暴露在外，易于发现，但同时也会迅速降低种子的外观品质和发芽率。在小麦贮藏过程中，一旦发现这类为害症状，应立即采取防治措施。

③ 破坏式为害。这类害虫同样从籽粒的外部进行为害，其特征是在籽粒表面造成不规则的缺刻，或使完整的籽粒受到机械性破坏而裂开或破碎。以大谷盗为代表，它们的取食会导致麦粒产生明显的破损，这不仅直接造成重量损失，还为其他次生性害虫和病原微生物的侵染创造条件。在实际贮藏过程中，一旦发现破坏式为害的迹象，应特别注意防止次生危害的发生。

2.2.3.3 主要仓虫种类及生活习性

仓库害虫的种类繁多。根据现有研究报道，我国已知的仓库害虫约有 254 种，分属于 7 目 42 科；而全世界已知的仓库害虫约有 492 种，分属于 10 目 58 科。这些害虫在形态特征、生活习性和危害方式等方面都有其独特之处。

2.2.4 仓库害虫防治

2.2.4.1 影响仓库害虫的生态因子

仓库可以被视为一个小型的生态系统，在这个系统内，仓库害虫的生长发育、繁殖等生命活动必然受到其他生态因子的影响。深入了解这些因子对仓虫的影响规律，对于制定科学的防治措施具有重要意义。

(1) 温度的影响

昆虫属于变温动物，其体温基本取决于周围环境温度。温度对昆虫生命活动的影响主要表现在以下几个方面：

① 对发育速度的影响。在昆虫的适温范围内，温度升高会导致新陈代谢旺盛，从而加快发育速度。以小麦主要害虫麦蛾为例，在 20℃时完成一个世代需要 45 天左右，而在 30℃时仅需 25 天左右。这说明在不同温度条件下，害虫的发育速度存在显著差异。

② 对害虫全年发生代数和种群密度的影响。同一种害虫在不同的温度条件下，其年发生代数也不同。例如，在北方寒冷地区，某些仓虫每年仅发生 1～2 代，而在南方温暖地区则可发生 3～5 代，在亚热带地区甚至可达 6～7 代。当昆虫处于最适温度范围时，其繁殖能力最强，种群密度也会相应增加。

③ 对害虫分布地域的影响。不同纬度地区全年的温度变化不同，这直接影响着害虫的地理分布。就小麦害虫而言，我国南方地区由于气温较高，害虫发生普遍早于北方地区，危害程度也往往更为严重。

(2) 湿度的影响

湿度包括食物（种子）中所含的水分和空气中的相对湿度两个方面。仓虫体内的水分主要来自三个途径：一是从食物中获取水分，二是通过口器直接吸取水液，三是通过表皮吸取空气中的水汽。而仓虫的食物（如小麦）中含水量的变化又受空气湿度的影响，两者之间存在着密切的关系。

水分是仓虫进行正常生理活动的重要介质，当虫体内缺少水分时，就无法进行正常的生理活动。在休眠状态下，仓虫体内的自由水含量会大大降低，这种生理变化可以提高其对高温和低温等不利环境的抗御能力。

(3) 人为活动的影响

人类的经济活动对仓库害虫的发生、繁殖和消长有很大的影响。人类影响会产生两种完全相反的结果，即控制仓虫的发生和发展，或助长害虫的传播和大量繁殖。

国外输入的种子和粮食如不经严格的检疫与处理，容易传入国内没有或虽有而分布不广的仓虫，造成新的仓虫种类的蔓延为害。国内种子和粮食的调运如不先经严格的检查和处理也会造成国内地区性仓虫的蔓延传播。小麦品质差、含水量高，破损粒和杂质多，使仓虫易于繁殖。仓库不卫生，种子进仓前不彻底消毒和清扫，贮运工具不随时清理，仓库管理人员管理不严，防治不及时，这些都有利于仓虫的大量繁殖。

相反，在种子的收获、加工、干燥、运输和贮藏等各个环节如能采取各种有效的措施，阻止害虫的传播感染，创造不利于害虫繁殖和发育的条件，就能控制害虫的发生和发展，减少不必要的损失。

(4) 仓虫天敌

仓库害虫的天敌是指捕食或寄生于仓库害虫的昆虫、螨类、病原微生物和其他节肢动物。仓虫天敌也是仓库生态系统中一个不可忽视的因子。它们在控制仓虫种群的增长方面，具有一定的作用。据统计全世界仓库益虫有 186 种，国内常见报道的有 7～8 种。

如米象金小蜂能够限制谷蠹种群增长，使之不能造成危害，麦蛾茧蜂可抑制印度螟蛾的发生。黄色花蝽是一种捕食性天敌，可以捕食谷蠹、锯谷盗、角胸谷盗、谷斑皮蠹、杂拟谷盗、赤拟谷盗、烟草甲虫、大蜡螟、粉斑螟蛾、印度螟蛾及麦蛾等重要仓虫，最喜捕食不能运动的虫卵和蛹。我国从美国引进的黄色花蝽已在国内饲养成功，并能在仓内顺利繁衍后代，建立种群，对仓库害虫起抑制作用。据国外报道，在带穗玉米堆中释放黄色花蝽，对锯谷盗种群可控制 97%～99%，而不处理对照 15 周内数量增长 1900 倍。

(5) 气体成分

气体成分对仓虫的活动和生存有着重大影响。仓虫需要氧气进行呼吸作用，没有氧气，仓虫就不能生存。气调贮藏就是基于这一原理，通过改变仓虫生存环境中氧气的含量，达到抑制和杀死仓虫的目的。在实际应用中，常用的方法包括：

① 密封容器内抽真空：通过降低环境中的氧气含量，使仓虫窒息死亡。

② 充氮气：用惰性的氮气替代空气中的氧气，创造缺氧环境。

③ 充二氧化碳：通过提高二氧化碳浓度，抑制仓虫的呼吸作用。

2.2.4.2 仓库害虫防治方法

仓虫防治是确保种子安全贮藏，保持较高的活力和生活力的极为重要的措施之一。防治仓虫必须遵循“安全经济、有效”的基本原则，采取“预防为主，综合防治”的方针。其中，预防是基础，治是预防的具体措施，两者密切相关。

综合防治是将一切可行的防治方法，尤其是生物防治和化学防治统一于防治计划之中，以便消灭仓库生态系统中的害虫，确保种子的安全贮藏，并力求避免或减少防治措施本身在经济、生态、社会等方面造成不良后果。综合防治主要从以下几个方面着手：限制仓虫的传播；改变仓虫的生态条件；提高贮藏种子的抗虫性；直接消灭仓虫。以下具体介绍各种防治仓虫的方法。

（1）农业防治

许多仓虫如麦蛾等不仅在仓内为害，而且也在田间为害，随着种子的成熟收获而进入种子仓库为害。很多仓虫还可以在田间越冬。因此采用农业防治是很有必要的。农业防治是利用农作物栽培过程中一系列的栽培管理技术措施，有目的地改变某些环境因子，以避免或减少害虫发生与为害，达到保护作物和防治害虫的目的。应用抗虫品种防治仓虫就是一种有效的方法。

（2）检疫防治

对内对外的动植物检疫制度，是防止国内外传入新的危险性仓虫种类和限制国内危险性仓虫蔓延传播的最有效方法。随着对外贸易的不断发展，小麦的进出口量也日益增加。同时，随着新品种不断育成，杂交小麦的推广，国内各地区间小麦种子的调运也日益频繁，这使得检疫防治工作具有更加重大的意义。

（3）清洁卫生防治

小麦贮藏需要清洁、干燥和低温的条件，而仓虫则需要潮湿、温暖和肮脏的生活环境，特别喜欢在孔、洞、缝隙、角落和不通风透光的地方栖息活动。清洁卫生防治能造成不利于仓虫的环境条件，而有利于种子的安全贮藏，可以阻挠、隔离仓虫的活动和抑制其生命力，使仓虫无法生存、繁殖而死亡。清洁卫生防治不仅有防虫与治虫的作用，而且对限制微生物的发展也有积极作用。

（4）机械和物理防治

① 机械防治。机械防治是利用人力或动力机械设备，将害虫从小麦中分离出来，而且还可以使害虫经机械作用撞击致死。经过机械处理后的种子，不但消除掉仓虫和螨类，而且把杂质除去，水分降低，提高了种子的质量，有利于保管。机械防治目前应用最广的还是过风和筛理两种。

风车除虫是根据仓虫和小麦种子的比重不同，在一定的风力作用下，使害虫与种子分离。这种方法操作简单，效果明显。

筛子除虫是根据种子与害虫的大小、形状和表面状态不同，通过筛面的相对运动把它们分离开来。目前常用的筛子有振动筛和淌筛（溜筛）两种。

机械防治须注意以下几点：

a. 除虫前需检查所发生的虫种及虫期，对于虫卵及隐藏在籽粒里面的幼虫，机械防治是无效的。

b. 机械除虫的场地四周应喷布防虫线，以阻止害虫逃散。

c. 清理的虫杂应立即集中焚毁或深埋。

d. 在机械操作中还应注意不要损伤种子。

② 物理防治。物理防治是指利用自然的或人工的高温、低温，以及声、光、射线等物理因素，破坏仓虫的生殖、生理机能及虫体结构，使之失去生殖能力或直接消灭仓虫。此方法简单易行，还能杀灭小麦上的微生物，通过热力降低种子的含水量，通过冷冻降低种堆的温度，有利于种子的贮藏。

a. 高温杀虫法。

温度对一切生物都有促进、抑制和致死的作用，对仓虫也不例外。通常情况下，仓虫在40～45℃达到生命活动的最高界限，超过这个界限升高到45～48℃时，绝大多数的仓虫处于热昏迷状态，如果较长时间地处在这个温度范围内也能使仓虫致死，而当温度升至48～52℃时，对所有仓虫在较短时间内都会致死。具体可采用以下方法：

日光暴晒法又称自然干燥法，利用日光热能干燥小麦。此法简易，安全而成本低，为我国广大农村所采用。夏季日照长，温度高，晒场一般可达50℃以上，不仅能大量地降低种子水分，而且能达到直接杀虫的目的。

人工干燥法又称加热干燥法。是利用火力机械加温使种子提高温度，达到降低水分，杀死仓虫的目的。进行人工干燥时必须严格控制种温和加温时间，否则会影响发芽率。

b. 低温杀虫法。

利用冬季冷空气杀虫即为低温杀虫法。一般仓虫处在温度8～15℃以下就停止活动，如果温度降至－4～8℃时，仓虫发生冷麻痹，而长期处在冷麻痹状态下就会发生脱水死亡。

此法简易，一般适用于北方，而南方冬季气温高所以不常采用。

冷冻以后，应趁冷密闭贮藏，这对提高杀虫效果有显著作用。在种温与气温差距悬殊的情况下进行冷冻，杀虫效果特别显著，这是因为害虫不能适应突变的环境条件，生理机能遭到严重破坏而加速死亡。

c. 化学药剂防治。

利用有毒的化学药剂破坏害虫正常的生理机能或造成不利于害虫和微生物生长繁殖的条件，从而使害虫和微生物停止活动或致死的方法称化学药剂防治法。此法具有以下特点：

优点：效果显著且快速；使用方便；成本较低；由于药剂的残留作用，还能起到预防害虫感染的效果。缺点：使用不当可能影响种子的生活力；可能影响工作人员的安全；如作粮食用时会带来不同程度的污染，影响人体健康；可能引起害虫的抗药性。

因此，化学防治只能作为综合防治中的一项技术措施，需要与其他方法结合使用，才能取得更好的效果。

2.3 种子微生物及其控制

种子微生物是寄附在种子上的微生物的通称，其种类繁多，它包括微生物中的一些主要类群：细菌、放线菌、真菌类中的霉菌、酵母菌和病原真菌等。其中和贮藏种子关系最密切的主要是真菌中的霉菌，其次是细菌和放线菌。

2.3.1 种子微生物区系及变化

种子微生物区系是指在一定生态条件下，存在于种子上的微生物种类和成分。种子上的微生物区系因作物种类、品种、产区、气候情况和贮藏条件等的不同而有差异。据分析每克种子常带有数以千计的微生物，而每克发热霉变的种子上寄附着的霉菌数目可达几千万以上。

各种微生物和种子的关系是不同的，大体可以分附生、腐生和寄生三种。但大部分是以寄附在种子外部为主，且多属于异养型，由于它们不能利用无机型碳源，无法利用光能或化能自己制造营养物质，必须依靠有机物质才能生存。所以粮食和种子就成了种子微生物赖以生存的主要生活物质。

种子微生物区系，从其来源而言可以相对地概括为田间（原生）和贮藏（次生）两类。前者主要指种子收获前在田间所感染和寄附的微生物类群，其中包括附生、寄生、半寄生和一些腐生微生物；后者主要是种子收获后，以各种不同的方式，在脱粒运输、贮藏及加工期间，传播到种子上来的一些广布于自然界的霉腐微生物群。因此，与贮藏种子关系最为密切的真菌，也相应地分为两个生态群，即田间真菌和贮藏真菌。

谷类种子水分约在20%以上，其中小麦水分则为23%以上。它们主要是半寄生菌，其典型代表是交链孢霉，广泛地寄生在禾谷类种子，以及豆科、十字花科等许多种子中，寄生于种子皮下，形成皮下菌丝。当种子收获入仓后，其他贮藏霉菌侵害种子时，交链孢霉等便相应地减少和消亡。这种情况往往表明种子生活力的下降或丧失，所以交链孢霉等田间真菌的存在及其变化，同附生细菌的变化一样，可以作为判断种子新鲜程度的参考。显然，田间真菌是相对区域性概念，包括一切能在田间感染种子的真菌。但是一些霉菌，虽然是典型的贮藏真菌，却可以在田间危害种子。如黄曲霉可在田间感染玉米和花生，并产生黄曲霉毒素进行污染。

贮藏真菌大都是在种子收获后感染和侵害种子的腐生真菌，其中主要的是霉菌。凡能引起种子霉腐变质的真菌，通常称为霉菌。这类霉菌很多，约 30 个霉菌属，如根霉、毛霉，但危害最严重而且普遍的是曲霉和青霉。它们所要求的最低生长湿度都在90%以下，一些干生性的曲霉可在相对湿度65%～70%时生长，例如灰绿曲霉、局限曲霉可以在低水分种子上缓慢生长，可损坏胚部使种子变色，并为破坏性更强的霉菌提供后继危害的条件。白曲霉和黄曲霉的为害，是导致种子发热的重要原因。棕曲霉在我国稻、麦、玉米等种子上的检出率都不高。在微生物学检验中，如棕曲霉的检出率超过5%，则表明种子已经或正在变质。

青霉可以杀死种子，使粮食变色，产生霉臭，导致种子早期发热，“点翠”生霉和霉烂。

种子微生物区系的变化，主要取决于种子含水量，种堆的温湿度和通气状况等生态环境以及在这些环境中，微生物的活动能力。新鲜的种子，通常以附生细菌为最多，其次是田间真菌，而霉腐菌类的比重很小。在正常情况下，随着种子贮藏时间延长，其总菌量逐渐降低，其菌相将会被以曲霉、青霉、细球菌为代表的霉腐微生物取而代之。芽孢杆菌和放线菌在陈种子上，有时也较为突出。贮藏真菌增加越多，而田间真菌则减少或消失越快，种子的品质也就越差。在失去贮藏稳定性的种子中，微生物区系的变化迅速而剧烈，以曲霉、青霉为代表的霉腐菌类，迅速取代正常种子上的微生物类群，旺盛地生长起来，大量地繁殖，同时伴有种子发热、生霉等一系列种子劣变症状的出现。

2.3.2 贮藏种子主要的微生物种类

(1) 霉菌

种子上发现的霉菌种类较多，大部分寄附在种子的外部，部分能寄生在种子内部的皮层和胚部。许多霉菌属于对种子破坏性很强的腐生菌，但对贮藏种子的损害作用不尽相同，其中以青霉属和曲霉属占首要地位，其次是根霉属、毛霉属、交链孢属、镰刀菌属等。

(2) 细菌

细菌种子微生物区系中的主要类群之一。种子上的细菌，主要是球菌和杆菌。其主要代表菌类有芽孢杆菌属、假单胞杆菌属和微球菌属等类群中的一些种。

种子上的细菌，多数为附生细菌，在新鲜种子上的数量约占种子微生物总量的80%～90%，一般对贮藏种子无明显为害。但随贮藏时间延长，霉菌数量增加，其数量逐渐减少。因此，分析这些菌的多少可作为判断种子新鲜程度的标志。陈粮或发过热的粮食上，腐生细菌为主。它们主要是芽孢杆菌属和微球菌属。

虽然种子上细菌的数量超过霉菌，但在通常情况下对引起贮藏种子的发热霉变不如霉菌严重，原因是细菌一般只能从籽粒的自然孔道或伤口侵入，限制了它的破坏作用。同时细菌是湿生性的，需要高水分的环境。

(3) 放线菌和酵母菌

放线菌属于原核微生物。大多数菌体是由分枝菌丝所组成的丝状体，以无性繁殖为主，在气生菌丝顶端形成孢子丝。孢子丝有直、弯曲、螺旋等形状。放线菌主要存在于土壤中，绝大多数是腐生菌，在新收获的清洁种子上数量很少，但在混杂有土粒的种子以及贮藏后期或发过热的种子上数量较多。

种子上酵母菌数量很少，偶然也有大量出现的情况，通常对种子品质并无重大影响，只有在种子水分很高和霉菌活动之后，才对种子具有进一步的腐解作用。

2.3.3 微生物对小麦种子生活力的影响

小麦种子在良好的保管条件下，一般在几年内能保持较高的生活力，而在特殊的条件下（即低温、干燥、密闭）却能在几十年内仍保持其较高的生活力。然而在保管不善时，种子就会很快地失去生活力。种子丧失生活力的原因很多，但是其中重要原因之一是受微生物的侵害。

微生物侵入种子往往从胚部开始，因为种子胚部的化学成分中含有大量的亲水基，如—OH、—CHO、—COOH、$—NH_2$、—SH 等，所以胚部水分远比胚乳部分为高，而且营养物质丰富，保护组织也较薄弱。胚部是种子生命的中枢，一旦受到微生物损害，其生活力就随之降低。

不同的微生物对种子生活力的影响也不一样。许多霉菌，如黄曲霉、白曲霉、灰绿曲霉、局限曲霉和一些青霉等对种胚的伤害力较强。在种子霉变过程中，种子发芽率总是随着霉菌的增长和种子霉变程度加深而迅速下降，以致完全丧失。

此外，在田间感病的种子，由于病原菌为害，大多数发芽率很低，即使发芽，在苗期或成株期也会再次发生病害。

2.3.4 微生物与种子霉变

微生物在种子上活动时，不能直接吸收种子中各种复杂的营养物质，必须将这些物质分解为可溶性的低分子物质，才能吸收利用而同化。所以，种子霉变的过程，就是微生物分解和利用种子有机物质的生物化学过程。一般种子都带有微生物，但不一定就会发生霉变，因为除了健全的种子对微生物的为害具有一定的抗御能力外，贮藏环境条件对微生物的影响是决定种子是否霉变的关键。环境条件有利于微生物活动时，霉变才可能发生。

种子霉变是一个连续的统一过程，也有着一定的发展阶段。其发展阶段的快慢，主要由环境条件，特别是温度和水分对微生物的适宜程度而定。快者一至数天，慢者数周，甚至更长时间方能造成种子霉烂。

由于微生物的作用程度不同，在种子霉变过程中，可以出现各种症状，如变色、变味、发热、生霉以及霉烂等。其中某些症状出现与否，则取决于种子霉变程度和当时贮藏条件。如种子（特别是含水量高时）霉变时，常常出现发热现象，但如种子堆通风良好，热量能及时散发，而不大量积累，种子虽已严重霉变，也可不出现发热现象。

种子霉变，一般分为 3 个阶段：初期变质阶段；中期生霉阶段；后期霉烂阶段。

粮食保管工作中，通常以达到生霉阶段作为霉变事故发生的标志。

（1）初期变质阶段

这是微生物与种子建立腐生关系的过程。种子上的微生物，在环境适宜时，便活动起来，利用其自身分泌的酶类开始分解种子，破坏籽粒表面组织，而侵入内部，导致种子的“初期变质”。此阶段可能出现的症状有：种子逐渐失去原有的色泽，接着变灰发暗；发出轻微的异味；种子表面潮湿，有“出汗”、“返潮”现象，散落性降低，用手插入种堆有湿涩感籽粒软化，硬度下降；可能有发热趋势。

（2）生霉阶段

这是微生物在种子上大量繁殖的过程。继初期变质之后，如种堆中的湿热逐步积累，在籽粒胚部和破损部分开始形成菌落，而后可能扩大到籽粒的部分或全部。由于一般霉菌菌落多为毛状或绒状，所以通常所说种子的“生毛”、“点翠”就是生霉现象。“点翠”则主要指发生的部位在胚部。生霉的种子已严重变质，呈现以下特征：有很重的霉味；具有霉斑；变色明显；营养品质变劣；可能含有霉菌毒素。

生霉的种子生活力低，不能作为种用，而且不宜食用。

（3）霉烂阶段

这是微生物使种子严重腐解的过程。种子生霉后，其生活力已大大减弱或完全丧失，种子也就失去了对微生物为害的抗御能力，为微生物进一步为害创造了极为有利的条件。若环境条件继续适宜，种子中的有机物质遭到严重的微生物分解，种子会出现以下症状：霉烂、腐败；产生霉、酸、腐臭等难闻气息；籽粒变形，成团结块；完全失去利用价值。

2.3.5 微生物的控制

（1）影响微生物活动的主要因子

要控制种子微生物，就须了解影响微生物活动的各种因素。微生物在贮藏种子上的活动主要受贮藏时水分、温度、空气及种子本身的健全程度和理化性质等因素的影响和制约。此外，种子中的杂质含量，害虫以及仓用器具和环境卫生等对微生物的传播也起到相当重要的作用。

① 小麦水分和空气湿度。种子水分和空气湿度是微生物生长发育的重要条件。不同种类的微生物对水分的要求和适应性是不同的，据此可将微生物分为干生性、中生性和湿生性三种类型

几乎所有的细菌都是湿生性微生物，一般要求相对湿度均在95%以上。放线菌生长所要求的最低相对湿度，通常为90%～93%。酵母菌也多为湿生性微生物，它们生长所要求的最低相对湿度范围为88%～96%，但也有部分酵母菌是中生性微生物。植物病原真菌大都是湿生性微生物，只有少数属于中生性类

型。霉菌有三种类型，贮藏种子中，为害最大的霉腐微生物都是中生性的，如青霉和大部分曲霉等。干生性微生物几乎都是一些曲霉菌，主要有灰绿曲霉、白曲霉、局限曲霉、棕曲霉、杂色曲霉等。接合菌中的根霉、毛霉等，以及许多半知菌类，则多为湿生性微生物。

不同类型微生物的生长最低相对湿度界限是比较严格的，而生长最适相对湿度则很相近，都以高湿度为宜。干燥环境可以引起微生物细胞失水，使细胞内盐类浓度增高或蛋白质变性，导致代谢活动降低或死亡，大多数菌类的营养细胞在干燥的大气中干化而死亡，造成微生物群体的大量减少。这就是种子贮藏中应用干燥防霉的微生物学原理。

根据以上所述，采用各种办法降低种子水分，同时控制仓库种子堆的相对湿度使种子保持干燥，可以控制微生物的生长繁殖以达到安全贮藏的目的。一般来说，只要把种子水分降低并保持在不超过相对湿度 65%的平衡水分条件下，便能抑制种子上几乎全部微生物的活动。虽然在这个水分条件下还有极少几种灰绿曲霉能够活动，但发育非常缓慢。因此，一般情况下，相对湿度 65%的种子平衡水分可以作为长期安全贮藏界限，种子水分越接近或低于这个界限，则贮藏稳定性越高，安全贮藏的时间也越长。反之，贮藏稳定性越差。

② 温度。温度是影响微生物生长繁殖和存亡的重要环境因子之一。种子微生物按其生长所需温度可分为低温性、中温性和高温性。

在种子微生物区系中，以中温性微生物最多，其中包括绝大多数的细菌、霉菌、酵母菌以及植物病原真菌。大部分侵染贮藏种子引起变质的微生物在 28～30℃生长最好。高温性和低温性微生物种类较少，只有少数霉菌和细菌。通常情况下，中温性微生物是导致种子霉变的主角，高温性微生物则是种子发热霉变的后续破坏者，而低温性微生物则是种子低温贮藏时的主要危害者，如我国北方寒冷地区贮藏的高水分玉米上，往往能看到这类霉菌活动的情况。

一般微生物对高温的作用非常敏感，在超过其生长最高温度的环境中，在一定时间内便会死亡。温度越高，死亡速度越快。高温灭菌的机理主要是高温能使细胞蛋白质凝固，破坏了酶的活性，因而杀死微生物。种子微生物在生长最适温度范围以下，其生命活动随环境温度的降低而逐渐减弱，以致受到抑制，停止生长而处于休眠状态。一般微生物对低温的忍耐能力（耐寒力）很强。因此，低温只有抑制微生物的作用，杀菌效果很小。一般情况下，把种温控制在 20℃以下时，大部分侵染种子的微生物的生长速度就显著降低；温度降到 10℃左右时，发育更迟缓，有的甚至停止发育；温度降到 0℃左右时，虽然还有少数微生物能够发育，但大多数则是非常缓慢的。因此，在种子贮藏中，采用低温技术具有显著地抑制微生物生长的作用。

在贮藏环境因素中，温度和水分二者的联合作用对微生物发展的影响极大。当温度适宜时，对水分的适应范围较宽，反之则较严；在不同水分条件下微生物对生长最低温度的要求也不同，种子水分越低，微生物繁殖的温度就相应增高，而且随着贮藏时间延长，微生物能在种子上增殖的水分和湿度的范围也相应扩大。

③ 仓房密闭和通风仓库密闭和通风。种子上带有的微生物绝大多数是好气性微生物（需氧菌）。引起贮藏种子变质霉变的霉菌大都是强好气性微生物（如青霉和曲霉等）。缺氧的环境对其生长不利，密闭贮藏能限制这类微生物的活动，减少微生物传播感染以及隔绝外界温湿度不良变化影响的作用，所以低水分种子采用密闭保管的方法，可以提高贮藏的稳定性和延长安全贮藏期。

种子微生物一般能耐低浓度的氧气和高浓度的二氧化碳的环境，所以一般性的密闭贮藏对霉菌的生长只能起一定的抑制作用，而不能完全制止霉菌的活动。试验证明，在氧气含量与一般空气相同，二氧化碳浓度增加到20%～30%时，对霉菌生长没有明显的影响；当浓度到达40%～80%时，才有较显著的抑制作用。霉菌中以灰绿曲霉对高浓度的二氧化碳的抵抗能力最强，在浓度达到79%仍能大量存在。此外，还应该注意到种子上的嫌气性微生物的存在，如某些细菌、酵母菌和毛霉等。在生产实际上，高水分种子保管不当（如密闭贮藏），往往产生酒精味和败坏，其原因是这类湿生性微生物在缺氧条件下活动的结果，所以高水分种子不宜采用密闭贮藏。但种子堆内进行通风也只有在能够降低种子水分和种子堆温湿度的情况下才有利，否则将更加促进需氧微生物的发展。因此，种子贮藏期间做到干燥、低温和密闭，对长期安全贮藏是最有利的。

④ 日光。日光包括可见光，以及部分不可见的紫外线和红外线。种子微生物的生长，大都不需要光线。散射的日光对微生物没有明显危害，而直射的强烈日光，则具有较强的杀菌作用，并能抑制多数霉菌孢子的萌发。其杀菌机理，主要是红外线的热效应和紫外线具有的杀菌力。

一般腐生菌对日光的抵抗力比寄生菌要强一些。如许多霉菌虽经强烈日光照射，但只能抑制菌丝生长，仍可存活。

日光可以杀菌防霉，是人们早已知道的事实，在贮藏工作中，普遍利用日光曝晒来处理种子，起到降低水分和防霉的良好效果。

⑤ 种子状况。种子的种类、形态结构、化学品质、健康状况和生活力的强弱，以及纯净度和完整度，都直接影响着微生物的生长状况和发育速度。

新种子和生活力强的种子，在贮藏期间对微生物有着较强的抵抗力，成熟度差或胚部受损的种子容易生霉。外有稃壳和果种皮保护的籽粒比无保护的种子更不易受微生物侵入。保护组织厚而紧密的种子易于贮藏，所以在相同贮藏条件下，水稻和小麦比玉米易于保管，红皮小麦比白皮小麦的贮藏稳定性高。

贮种的纯度和净度，对微生物的影响很大。组织结构、化学成分和生理特性不同的种子混杂一起，即使含杂的量不多也会降低贮藏的稳定性，被微生物侵染后会相互传染。种子如清洁度差、尘杂多，则易感染微生物，常会在含尘杂多的部位产生窝状发热。这是因为尘杂常带有大量的霉腐微生物，且容易吸湿，使微生物容易发展。此外，同样水分的种子，不完整粒多的，容易发热霉变。这是因为完整的种子能抵御微生物的侵害；而破损的种子易被微生物感染。由于营养物质裸露，有利于微生物获得养料，加之不完整籽粒易于吸湿，更利于微生物的生长。

除了以上所述影响微生物活动的因子外，种子微生物之间还存在着互生、共生、寄生和拮抗的关系。

(2) 种子微生物的控制

对种子微生物的控制可以从以下几个方面着手。

① 提高种子的质量。高质量的种子对微生物的抵御能力较强。为了提高种子的生活力，应在种子成熟时适时收获，及时脱粒和干燥，并认真做好清选工作，去除杂物、破碎粒、不饱满的籽粒。入库时注意，新、陈种子，干、湿种子，有虫、无虫种子及不同种类和不同纯净度的种子分开贮藏，提高贮藏的稳定性。

② 干燥防霉种子含水量和仓内相对湿度低于微生物生长所要求的最低水分时，就能抑制微生物的活动。因此，首先种子仓库要能防湿防潮，具有良好的通风密闭性；其次种子入库前要充分干燥，使含水量保持在与相对湿度 65%相平衡的安全水分界限以下；在种子贮藏过程中，可以采用干燥密闭的贮藏方法，防止种子吸湿回潮。在气温变化的季节，还要控制温差，防止结露。高水分种子入库后则要抓紧时机，通风降湿。

③ 低温防霉。控制贮藏种子的温度在霉菌生长适宜的温度以下，可以抑制微生物的活动。保持种子温度在 15℃以下，仓库相对湿度在 65%～70%以下，可以达到防虫防霉，安全贮藏的目的。这也是一般所谓“低温贮藏”的温湿度界限。

控制低温的方法可以是利用自然低温，具体做法可以采用仓外薄摊冷冻，趁冷密闭贮藏；仓内通冷风降温（做法可参见低温杀虫法)。如我国北方地区，在干冷季节，利用自然低温，将种子进行冷冻处理，不仅有较好的抑菌作用和一定的杀菌效果，而且可以降水杀虫。此外，目前各地还采用机械制冷，进行低温贮藏。进行低温贮藏时，还应把种子水分降至安全水分以下，防止在高水分条件下，一些低温性微生物的活动。

④ 化学药剂防霉。常用的化学药剂是磷化铝。磷化铝水解生成的磷化氢具有很好的抑菌防霉效果。控制微生物活动的措施与防治仓虫的方法有些是相同的，在实际工作中可以综合考虑应用。如磷化铝是有效的杀虫熏蒸剂，杀虫的剂量足以防霉，所以可以考虑一次熏蒸，达到防霉杀虫的目的。

目前国内外还开展植物防霉剂的研究，我国湖南从山苍子中提取的柠檬醛具有防霉的作用，并对黄曲霉毒素有去毒的效果。国外有人应用香料、调味剂、草药等进行抑菌防毒的试验，结果发现肉桂、丁香、大茴香、牙买加胡椒对黄曲霉、杂色曲霉和棕曲霉有抑制作用。

⑤ 气调防霉。气调防霉就是通过控制贮藏环境气体成分进行防霉，可用除氧、充二氧化碳、充氮气等方法，达到抑制微生物活动的目的。具体可以在密封的尼龙薄膜罩内进行。但在种子贮藏上应用较少。

3 过热蒸汽技术在小麦品质调控中的应用

3.1 过热蒸汽调控技术原理

3.1.1 过热蒸汽的技术概述

过热蒸汽处理是一种可行的淀粉热物理改性技术，是一种二次加热蒸汽，通过在给定压力下将饱和干蒸汽加热到一定温度来获得，一般来说，除非温度低于指定压力下的饱和温度，否则过热蒸汽温度下降不会促进蒸汽凝结成水。该技术通过高压的蒸汽环境使淀粉的颗粒结构发生改变，在这种处理过程中，淀粉颗粒吸收水分并膨胀，经过凝胶化和分解，改变淀粉的结构和理化性能，更易于淀粉的消化和吸收。与传统的干热、湿热等热处理方法相比，其具有节能、处理速度快、处理温度高、热焓高、传热能力强等优点。近年来，国内外对过热蒸汽技术在食品工业中的应用进行了大量的研究，过热蒸汽处理过程涉及从具有高水分含量的产品到蒸汽系统的水分转移，与水的冷凝和蒸发有关，非常利于粮食的干燥。此外，过热蒸汽处理可以提高产品质量，增加消费者的接受度。

过热蒸汽热处理由于其优越的上级焓变特性和传热特性，克服了传统加热方式在能耗和时间上的局限性，已成为食品工业中一种可行的热处理技术，处理包括水热处理和干热处理。除干燥外，过热蒸汽处理还在微生物去污、酶灭活和改善食品质量方面发挥着关键作用。与原淀粉相比，过热蒸汽处理可显著影响淀粉的分子结构，提高其消化率，而颗粒结构变化不明显。此外，过热蒸汽处理（170℃）促进了蛋白质的聚集，并加强了面团网络，这归因于—S—S—键和游离—SH之间的转化[11]。过热蒸汽处理可以通过弱化面团强度来改善小麦粉的品质，从而生产出高品质的食品。

3.1.1.1 过热蒸汽的发展历程

在1908年，德国科学家Hausbrand首次提出了过热蒸汽的设想，1920年瑞典工程师Karren对其设想进行了过热蒸汽的干燥试验，研制出了最早的过热蒸汽批式煤炭干燥机，但因当时设备不成熟且对环境影响严重，该技术就因此被搁置；直到1950年，该技术得到了当时许多专家的认可，该技术慢慢得到重视；到1970年代能源危机，过热蒸汽的优势不断体现出来，经过工业上进一步开发利用，在1978年第一台工业用的过热蒸汽干燥机正式出现了。

从1980年代开始，在过热蒸汽的研究过程中，许多国家对过热蒸汽技术进行开发利用，最早是由美国科学家Wenzel为了探究过热蒸汽中的水分重要性，试验了沙子在过热蒸汽中水分的蒸发速度，得出用过热蒸汽干燥在一定温度下可获得更高的干燥速度。日本的Yoshida和Hyodo采用湿墙柱试验研究了水分在逆流的干空气、温空气及过热蒸汽中的蒸发现象得出结论：在质量流量相同的情况下存在一个温度点，在此温度时无论何种组分，蒸发速度是相同的。于是，学者们认为过热蒸汽干燥时存在一个温度点，叫“逆转点”。当干燥介质的温度高于逆转点的温度时，过热蒸汽干燥速度比热风中要快，低于逆转点时则正好相反。通过基本的热质传递微分方程，并利用蒸汽的性质理论研究了流动的水分蒸发进入层流的干空气、温空气和过热蒸汽中的蒸发速度，得出逆转点的温度值为293℃。各国科学家们通过各种实验和数学模型对于过热蒸汽干燥过程中出现的实际问题进行了很大程度地解决。发展至今，过热蒸汽已经在农业、化工、轻工和环保等领域的干燥环节取得了重要成功。

近年来，随着科技发展，食品干燥技术对于提升食品质量起着关键作用，并不断朝着低能耗、低污染的趋势在进步。热风干燥技术是最常见的食品干燥技术，它用对流方式将热空气中的能量传递给物料促进水分蒸发，热风干燥设备操作简单，但干燥速度慢、能耗大且干燥后产品风味和复水性差；微波干燥是利用微波能量使物料发热升温，从而蒸发水分，微波干燥具有干燥速度快、节能环保，产品质量高等优点，但因其成本过高，对许多食品产品具有很大限制。

鉴于当今社会绿色环保、节能减排的趋势，以及现目前的其他干燥技术皆有一定缺点，过热蒸汽技术应运而生，过热蒸汽干燥是指用过热蒸汽直接与被干物料接触而去除水分的干燥方式。与传统的热风干燥相比，过热蒸汽干燥以水蒸气作为干燥介质，干燥机排出的废气全部是蒸汽，利用冷凝的方法可以回收蒸汽的潜热再加以利用，且过热蒸汽的热容量比空气大，因此节约能耗且效率高。过热蒸汽干燥的单位热消耗约为热风干燥单位热消耗的三分之一，是一种具有巨大发展潜力的新干燥技术，把节能、绿色环保和显著提高产品质量等优势集于一身。

3.1.1.2 过热蒸汽的产生与分类

过热蒸汽是二次加热蒸汽的一种形式，通常在给定压力下将饱和干蒸汽的温度提高到特定值。过热蒸汽的产生涉及两个主要步骤，包括蒸汽产生和过热。蒸汽产生可以采用多种方法，最常见的是使用锅炉。在此阶段，水被引入锅炉，水来自外部或现场预处理系统。锅炉内的热源（通常以燃烧器或燃烧室的形式）用于提高水温。锅炉的功能是一个封闭的容器，使水处于受控条件下，其中施加的热量会引起沸腾，最终产生蒸汽。此阶段产生的蒸汽最初是饱和的。饱和蒸汽与水处于热平衡状态，这意味着它与对应于特定压力条件的沸点共享相同的温度。蒸汽在锅炉中产生后，在过热器中进行进一步处理。作为热交换器的过热器可以提高蒸汽温度。通常，它们由暴露于高温气体或辐射热源的额外管组成，通过增加热量，过热器将蒸汽温度提高到超过饱和点，导致蒸汽转变为过热状态。开发该工艺是为了提高蒸汽的能量含量并提高其在各种工业应用中的效率。

通常，降低过热蒸汽的温度不会导致其凝结成水。根据工作压力，过热蒸汽通常分为低压/真空过热蒸汽、近/大气压过热蒸汽和高压过热蒸汽。特别地，低压和/或大气压过热蒸汽在食品工业中表现出广泛的应用。根据各种加工模式，过热蒸汽加工可用于乳制品的喷雾干燥、小麦粒中微生物的灭活和小麦粉质量的提高。此外，过热蒸汽处理还涉及提高红茶质量和烘焙可可豆等工作。

理论上，过热蒸汽的温度超过其在指定压力下的汽化温度。根据热力学平衡，液态水不与过热蒸汽共存，因为任何额外的能量都会毫不费力地将多余的水蒸发成蒸汽或饱和蒸汽。简单来说，在指定压力下，降低高于饱和温度的温度不会将其气态转化为液态或蒸汽和水的混合态。这种现象归因于干燥饱和蒸汽持续加热到其“过热”阶段。因此，与传统的热处理技术相比，过热蒸汽具有潜在优势。

3.1.1.3 过热蒸汽的特性

过热蒸汽的特性由压力和温度决定，过热蒸汽从高压区域膨胀到低压区域导致温度降低。然而，确切的关系取决于蒸汽的特定热力学性质，可能不符合简单的等熵膨胀。在高温和低压下，过热蒸汽可能会表现出类似于理想气体的行为。然而，随着压力的增加或蒸汽接近饱和，其行为会偏离理想的气体行为。了解过热蒸汽的温度-压力关系对于精确控制温度、高效传热以及保持食品的质量和感官特性至关重要。

过热蒸汽是在给定压力下被加热到高于其饱和点温度的蒸汽。在相同压力下，它比饱和蒸汽含有更多能量，并且通常被用于各类工业流程中。过热蒸汽的关键特性如下：

① 过热蒸汽的主要特征是其温度较高，超过了与其压力相对应的饱和温度。温度会因所施加的过热度不同而有很大差异，通常范围在105～400℃之间。

② 在相同压力下，过热蒸汽比饱和蒸汽含有更多能量，这些能量主要以显热的形式存在。添加这种热量是为了提高蒸汽温度，且不会改变其相态。

③ 在气态时，过热蒸汽中不含液态水，这使其有别于饱和蒸汽，饱和蒸汽在其饱和温度下是蒸汽与液态水的混合物。

④ 在相同的压力和温度条件下，过热蒸汽的比容比饱和蒸汽的比容更大，这意味着单位质量的过热蒸汽占据更多的空间。

⑤ 由于其密度较低，过热蒸汽比饱和蒸汽更容易流动，因此使其适用于需要精确蒸汽控制和分配的应用。

⑥ 过热蒸汽的热膨胀特性意味着其体积会随温度升高而增大，在必须考虑蒸汽膨胀的应用场景中，这是一项至关重要的考量因素。

⑦ 与饱和蒸汽不同，过热蒸汽不会释放潜热，因为它不会发生凝结现象。添加到过热蒸汽中的热量完全是显热，并且会影响其温度。

⑧ 过热蒸汽能够通过提供稳定且可控制的热源来提高特定工艺的效率，从而有助于在各类应用中改善热传递效果。

值得注意的是，过热蒸汽的具体特性会因应用场景、压力以及温度条件的不同而有所变化，在设计和实施使用过热蒸汽的系统时，必须仔细考量这些特性。

3.1.1.4 过热蒸汽的优点

过热蒸汽具有比热空气更高的传热系数，这有利于食品干燥。鉴于其复杂性，这涉及被加工产品与过热蒸汽之间的相互作用以及其固有成分之间的相互作用。干燥过程中的水分传递和热传递可分为三个阶段。在初始阶段，在短暂的加工期间，通过持续输入高温热量，凝结的过热蒸汽会迅速蒸发。同时，较高的温度有利于提升食品及其原料的品质。与热空气相比，过热蒸汽能够更快地将物料提升至所需状态。然而，过热蒸汽的高温对热敏性食品来说是一项挑战。为了拓宽过热蒸汽技术的应用范围，必须利用它来加工热敏性物料。

接下来，将不同压力的过热蒸汽引入对热敏感和对热不敏感的食品中。过热蒸汽干燥设备有一个不锈钢干燥室，还有一个用于维持所需真空度的真空泵、一个配有加热盘管用于加热进入空气的鼓风机、一个产生蒸汽的锅炉，以及一个用于维持干燥室所需温度、风扇转速、鼓风机温度和转速的控制单元。干燥室内配备了托盘、风扇、加热盘管以及用于分配过热蒸汽的通道。真空泵降低压力，营造出一个真空环境，在对食品进行有效干燥之前，在该环境中，要先将蒸汽被过热到相应的温度和压力。对于热敏性物料，低压过热蒸汽技术已被用于在较低的加工温度（通常介于 60～90℃）下保护各类食品中的热敏性成分，如橙汁、洋葱以及卷心菜。对于常压和高压过热蒸汽，它们的应用通常面向在超过 100℃的高温下对非热敏性物料的加工，这类物料的实例包括青稞、羔羊肉、山核桃、杏仁以及黑胡椒粒。

此外，过热蒸汽加工能够通过高效回收蒸汽能量来降低能耗。该设备主要分为两部分，包括一个过热蒸汽干燥单元和一个回收干燥单元。在加工阶段，高纯度的过热蒸汽被引入过热蒸汽系统的密闭空间内，从而使该区域充满大量能量。多余的蒸汽能量会在蒸汽凝结之前被回收，并且能促进食品内部的水分传输和能量传递。因此，过热蒸汽不仅能节约能源，还能缩短加工时间，并且这个闭环系统与其他气态介质隔离开来以防止污染。回收的蒸汽能量可被重新引入过热蒸汽系统。与相同条件下的传统热风干燥相比，该系统实现了至少46.14%的能耗降低。此外，升高的温度会促进水分在食品内部的传输以及食品内部的能量传递。

最后，过热蒸汽的一个显著优势在于它非常环保。过热蒸汽技术是一种无需化学添加剂的热处理方法，它通过电能转化来加热水而产生，而且多余的蒸汽能量能得到高效回收，通过对排出蒸汽的冷凝处理和管控，降低了危险。即便蒸汽排放到大气中，它也不会对环境构成威胁。干燥后的食品品质良好，食品内部孔隙少且表面比较平滑，对于淀粉的糊化度也显著提升。过热蒸汽的传热系数比热风干燥大，过热蒸汽设备的体积小且产生的废气可重复利用，可减少设备成本的同时还能节能减排。过热蒸汽干燥没有氧化反应、干燥速率更高、适用于任何对流干燥器以及环保和节能的干燥。此外，使用过热蒸汽作为加工介质可以显著减少食品中微生物的数量。过热蒸汽在整个干燥过程中非常具备安全性，没有起火或仓库爆炸的安全隐患，很大程度保证生产过程中的安全。

目前，关于过热蒸汽技术在实际生产中的应用的研究较少，导致可用信息较少。而且与热风干燥和微波干燥等其他技术相比，过热蒸汽技术更加困难。过热蒸汽干燥设备的成本很高，需要气密性、耐腐蚀性和废气回收装置，一次性投资高，干燥进料很容易伴随着蒸汽冷凝。在干燥初期，物料温度低，高温蒸汽与低温物料接触容易产生冷凝，影响干燥效率。此外，过热蒸汽技术比热风干燥和微波干燥等其他技术更难，原则上，热风干燥机可以改为过热蒸汽干燥机。然而，过热蒸汽干燥加料和卸料没有空气渗透，加料和产品收集系统复杂，设备费用高，维护成本高。一般来说，配备过热器的锅炉对水质的要求高于无过热器的锅炉。因为如果过热器中积聚了二氧化硅或离子垢，对其进行化学清洗是很困难的，所以配备过热器的锅炉需要更高品质的蒸汽。

3.1.1.5 过热蒸汽的温度与压力之间的关系

过热蒸汽的性质由温度和压力共同决定。使用专门针对过热蒸汽的压力-温度图表或蒸汽表来获取给定温度和压力下过热蒸汽的性质。与在压力-温度图上遵循明确饱和曲线的饱和蒸汽不同，过热蒸汽的温度和压力之间的关系更为复杂[12]。这种复杂性源于其对蒸汽比焓的依赖。在相同压力下，过热蒸汽的温度可能会有很大差异。实际上，某一过热蒸汽压力会对应多个温度。因此，不可能将所有数据都纳入到一张表中。过热蒸汽从高压区域膨胀到低压区域时，温度会随之降低。然而，确切的关系取决于蒸汽特定的热力学性质，可能并不符合简单的等熵膨胀规律。在高温低压的情况下，过热蒸汽可能会表现出与理想气体相似的行为。不过，随着压力升高或者蒸汽接近饱和状态，其行为就会偏离理想气体的行为。一般来说，降低过热蒸汽的温度并不会使其凝结成水。依据运行压力，过热蒸汽通常可分为低压/真空过热蒸汽、近常压/常压过热蒸汽以及高压过热蒸汽。尤其值得一提的是，低压或常压过热蒸汽在食品工业中有广泛的应用。根据各种加工方式，过热蒸汽加工可以分类为连续加工，例如乳制品的喷雾干燥、小麦籽粒中微生物的灭活，以及小麦粉品质的提高；而间歇式加工涉及可提高红茶品质和烘烤可可豆。

随着科技的进步以及能源危机日益严峻，各类节能干燥及加工技术已成为研究热点。其中，过热蒸汽技术凭借其传热效率高、节能效果显著、干燥质量优良等独特优势，在众多领域逐渐展现出广阔的应用前景。将其与其他技术相结合，可进一步提高加工效率和产品质量，这也是未来技术发展的一个重要方向。近期，过热蒸汽与真空干燥相结合已成为干燥技术领域的一项重要创新。真空干燥能够在低温条件下有效去除物料中的水分，同时避免物料在高温下品质受损。过热蒸汽的高传热效率和快速干燥能力弥补了真空干燥的不足。热风干燥具有均匀加热的特点，且是一种无明火、无粉尘的干燥工艺，因而能减少环境污染。其与过热蒸汽技术相结合，能够在确保加热效果的同时，进一步降低能耗和排放。

3.1.2 过热蒸汽在食品加工中的应用

近年来，随着过热蒸汽理论不断完善与设备不断改进，过热蒸汽在食品加工领域的应用也越来越广泛，如食品干燥、烘焙、杀菌、稳定化处理、淀粉改性等。相比其他食品热加工技术，过热蒸汽有以下优势：具有更高的传热传质效率，能够迅速使食品物料温度上升，进而提高处理效率；处理环境为无氧环境，可以减少处理中食品发生氧化反应而导致的品质下降，及温度较高发生火灾和爆炸危险等问题；具有更高的能效，处理后的蒸汽可以重复利用蒸发潜热而节约能源，同时减少废气排出对环境造成的污染。

3.1.2.1 过热蒸汽提高食品质量

为满足消费者设定的健康和质量要求，全球关注的焦点必须从感官质量扩展到营养属性。食品加工领域正在进行的技术创新致力于提高产品质量、消除不良气味或成分、创造特定的营养和功能成分以及提高储存稳定性。在这种背景下，过热蒸汽技术已显示出改善食品质量的潜力。例如，我们之前的研究验证了过热蒸汽在提高蛋糕质量方面的应用，通过直接处理小麦粉，使蛋糕质地更柔软，比容增加。此外，使用过热蒸汽技术显著降低了快速消化淀粉的含量，并显著增加了抗性淀粉的含量，从而改善了产品的营养属性。

(1) 食品风味

风味在决定食品产品的偏好口感方面起着至关重要的作用。在整个食品加工过程中，芳香化合物的产生与复杂的化学反应密切相关，如焦糖化和美拉德反应。过热蒸汽已被用于各种产品，如咖啡豆、大麦和猪肉，以赋予诱人的香气。一般来说，罗布斯塔咖啡豆由于其风味不平衡，被认为不如阿拉比卡咖啡豆受欢迎。然而，采用过热蒸汽烘焙被证明是一种有前景的技术，可增强罗布斯塔咖啡的风味，使其在商业咖啡产品中的使用量增加。与热风烘焙相比，过热蒸汽烘焙产生了更高浓度的特定化合物，如：2-糠醛、5-甲基-2-糠醛和2-羟基-3-甲基-2-环戊烯-1-酮，赋予了独特的焦糖属性[13]。过热蒸汽烘焙的咖啡香气特征更吸引人，没有辣味和烧焦味。此外，甜味和酸度的增强可归因于蔗糖、葡萄糖和阿拉伯糖含量的增加。加工条件对风味属性有显著影响，在250℃的高温下，芳香化合物会发生降解，这突出了风味特征对烘焙条件的敏感性。

过热蒸汽可用于消除不良气味。在大麦烹饪过程中使用过热蒸汽，可使包括醛类和酸类在内的气味物质减少近50%，从而通过消除这些气味化合物提高大麦的可接受性和适口性。重要的是，大麦的膳食纤维含量得以保留，巩固了其作为具有重要营养属性的优质食品的声誉。同样，紫苏籽油在传统预处理方法下往往会表现出明显的气味特征，导致消费者接受度降低。为解决这一问题，李等使用实验室规模的过热蒸汽装置对紫苏籽进行预处理。该研究表明，过热蒸汽有效地防止了不良风味化合物的形成，并且过热蒸汽预处理具有双重效果。首先，随着温度和时间的增加，它会使种皮破裂，导致细胞结构破坏并释放更多气味。同时，高温对酶活性具有钝化作用，在低氧条件下阻止氧化降解。其次，过热蒸汽产生少量的理想香气，包括1-戊烯-3-醇和3-糠醛，有助于提高其接受度。最后，与未处理的样品相比，使用过热蒸汽显著提高了紫苏籽油的产量，同时不影响其质量属性，如颜色、脂肪酸组成和黏度。

(2) 颜色和外观

食品颜色显著影响消费者的欲望和偏好。一般来说，某些食品（如蔬菜和水果）的原始颜色应予以保留，而其他食品的颜色可通过美拉德反应、氧化反应和焦糖化等过程有意地形成或改变。在食品加工过程中，保持或创造吸引消费者的颜色至关重要。在肉类烹饪方面，与传统烹饪方法（如热风烹饪和炭火烘焙）相比，使用过热蒸汽烹饪可使肉的颜色更浅。这种差异可归因于水和空气浓度的变化。在热风烹饪中，美拉德反应与氧化反应相结合，随着温度和加工时间的增加，会导致颜色变深。然而，过热蒸汽烹饪由于其较高的水分含量和封闭环境，反应不太强烈。在这些条件下，通过仔细控制加工时间和温度，过热蒸汽烹饪可产生吸引人的颜色。

作为热敏性食品，水果和蔬菜特别容易受到氧化反应的影响，这会对其整体质量产生不利影响。通常，低压过热蒸汽技术，单独使用或与其他利用过热蒸汽的技术相结合，可用于加工水果和蔬菜。例如，低压过热蒸汽技术与预干燥处理相结合可生产无脂薯片。这种方法有效地减轻了色素降解，特别是在低于70℃的温度操作时效果最显著。对于热敏性材料，使用高温和长时间加工不仅会损害颜色特性，还会导致生物活性成分的劣化。低压过热蒸汽技术或其与其他技术的结合有利于保留热敏性成分，如抗坏血酸和维生素E。同样，使用过热蒸汽加工牛奶不会导致颜色损失，同时保持关键营养成分。这种保存可归因于纯过热蒸汽中的低氧环境，可防止美拉德反应和氧化反应。此外，牛奶的物理特性，如润湿性和氧化稳定性也得到改善。在牛奶加工过程中，覆盖在颗粒表面的脂肪会形成疏水表面。过热蒸汽有助于通过成分迁移将疏水成分驱赶到颗粒中心。因此，过热蒸汽提高了乳制品的整体质量。

(3) 结构和质地

食品加工的主要目标之一是增强食品产品的固有结构和质地。全面了解过热蒸汽加工导致的结构和质地变化对于食品行业的质量控制至关重要。过热蒸汽的高温有助于淀粉糊化，形成多孔结构，增强吸水性，还促进蛋白质变性。在小麦的最佳过热蒸汽加工条件下，面团的黏度和强度显著增强，导致质地显著改善。当用处理过的小麦制作小麦基产品（如面条）时，它们具有适合中国消费者偏好的质地，特点是咀嚼性增强。这些质地增强与结构变化密切相关，包括面筋结构的强化和淀粉颗粒的糊化。然而，利用过热蒸汽处理过的面粉制成的面团有可能更难成型。尽管如此，用这种面粉制作的蛋糕质地柔软。这种差异可能归因于加工方法的不同。与全麦粒不同，直接用过热蒸汽处理的面粉会使面筋完全变性，使面团成型更困难，并影响最终产品的质地。

(4) 提高食品营养和功能质量

淀粉消化与新陈代谢密切相关，近年来受到了广泛关注。出于营养目的，抗性淀粉和缓慢消化淀粉在影响血糖指数方面起着至关重要的作用，具有预防肥胖、代谢疾病和结肠癌等理想的健康益处。作为一种热处理方法，过热蒸汽是一种优越的改性技术，因为它不会造成化学污染。与传统热处理方法相比，由于其高能量效率和传递能力，过热蒸汽加热仅涉及短暂的加热时间。在合适的加工条件下，如150℃处理1min，抗性淀粉含量从7.9%增加到13.6%。这种消化特性的改变可归因于结构重排。在高温下，由于水分含量有限，一些淀粉颗粒会发生糊化。其固有结构，包括短程有序和长程结晶结构被破坏。随后的分子重排增强了刚性结构的形成，降低了水解速率。此外，使用过热蒸汽对淀粉进行长时间处理可缓慢将可消化淀粉转化为抗性淀粉。特别地，在120℃下用过热蒸汽处理1h，缓慢消化淀粉从21.65%降至6.19%，快速消化淀粉没有显著变化。同时，抗性淀粉从73.33%增加到89.29%。过热蒸汽增强了酶消化的稳定性，表明其对人类具有潜在的健康益处[14]。

食品不仅提供基本营养并确保安全，还因其颜色、风味和口感等属性而受到消费者青睐，从而提高消费者的偏好。传统食品成分可能缺乏功能特性，这凸显了在食品加工过程中尽量减少功能成分损失的重要性。芦丁是一种从苦荞中提取的天然黄酮苷，是面包、意大利面和饼干等功能性食品中的重要成分。在各种提取方法中，过热蒸汽被证明是最有效的，在 130℃处理 120s 时可提取 20.68mg/g。相比之下，远红外和饱和蒸汽技术在 150℃处理 40min 时分别提取 0.69mg/g 和 150℃处理 150s 时提取 14.71mg/g。提取量与内源性芦丁降解酶呈负相关，这些酶具有将芦丁降解为槲皮素的潜力。在加热过程中，过热蒸汽有效地灭活了这些酶，导致芦丁提取量增加。同样，柑橘渣提取物表现出强大的抗氧化作用，具有较强的自由基清除活性。使用过热蒸汽干燥红茶可提高总酚含量的保留率。过热蒸汽蒸馏可用于以更高的产率有效提取环氧乙烷，并具有更好的抗菌效果。此外，将超声水热提取与过热蒸汽预处理相结合，可提高从茶渣中提取茶多酚的产量。过热蒸汽不仅保留了功能成分，还增强了抗氧化能力。它还影响其他营养价值，包括矿物质含量。

（5）延长产品保质期

尽管近几十年来非热保藏技术具有明显优势，但热处理作为最广泛使用的保藏方法，在食品行业中仍然不可或缺。涉及足够加热和加工时间的热保藏技术能有效杀灭微生物，从而延长产品保质期并确保食品安全，如巴氏杀菌。过热蒸汽是一种高效的热微生物净化技术，有助于食品安全。此外，过热蒸汽在通过干燥保藏食品方面具有价值，且不会影响其质量。此外，酶的活性状态会显著影响储存稳定性。在某些食品中，由脂肪酶等引起的酶促降解会导致保质期缩短。过热蒸汽加工通过其高的热传递效率和减少的氧化反应迅速灭活酶，从而解决了这一问题，增强了脂质稳定性并延长了产品保质期。经过过热蒸汽处理后，包括脂肪酶和脂氧合酶在内的酶活性受到抑制，减少了脂肪酸水解，降低了氧化酸败，从而提高了产品质量。谷物产品（如荞麦和大米）中也有类似的延长保质期的报道，其中酶活性受到抑制。除了酶灭活外，过热蒸汽的保藏效果还源于微生物破坏和水分活度降低，这在各种研究中得到了证明。因此，过热蒸汽技术通过结合酶灭活、微生物破坏和水分减少，有效地延长了食品的保质期。

在储存过程中，脂肪酶催化中性脂质水解成游离脂肪酸，游离脂肪酸可通过自动氧化和/或脂氧合酶作用进一步水解成挥发性化合物。这些挥发性化合物会导致不良的陈腐风味。过热蒸汽处理抑制酶活性并减少陈腐风味的产生。此外，在低于 150℃的温度下，过热蒸汽处理不会损坏淀粉。将热熏处理 10min 与 270℃过热蒸汽烘焙 4min 相结合，已被证明可改善江珧贝（栉齿扇贝）的质量。这种处理产生了可口的气味、合适的颜色和令人满意的质地特征，由于微生物和酶的失活而延长了保质期。此外，它通过减少有毒化合物的数量来增强营养属性。同样，黄鳍金枪鱼在经过过热蒸汽加工结合酶水解后，更适合老年消费者。酶处理降低了硬度，同时保留了营养属性，高温抑制了微生物活性，从而延长了产品的保质期。

从熟制到杀菌，热处理贯穿整个食品加工过程，是食品加工中一项古老而又不可或缺的基本操作，在保证食品安全、改善食品感官品质、提高食品营养价值等方面具有重要作用。不同的热处理方式具有不同的加热特点和能耗性质，从而对食品品质和环境带来不同的影响。过热蒸汽作为一项新型食品热处理技术，已被众多学者证明其在加热效率、产品品质、能源消耗和环境影响等方面具有重要优势。

3.1.2.2 过热蒸汽技术与食品干燥

干燥是重要的食品保存技术，过热蒸汽技术在食品加工中研究对象最广泛、研究程度最深入的领域是食品干燥。它是指利用过热蒸汽直接与物料接触，将热量传递给物料使其温度升高，从而使物料中的水分蒸发的一种干燥方式。过热蒸汽干燥技术按照设备操作压力可以分为高压过热蒸汽干燥（500～2500kPa）、常压过热蒸汽干燥（约 101.3kPa）和低压过热蒸汽干燥（9～20kPa）。不同干燥压力适用于不同的干燥物料，并且对干燥设备有一定要求。高压过热蒸汽干燥温度较高，其在食品干燥领域的应用范围较小，最常见的是在制糖厂用于甜菜浆、果汁等的干燥[15]。常压过热蒸汽干燥可广泛应用于多种物料的干燥，如大米、面条、酒糟等。低压环境下，水的沸点降低，水分的蒸发不需要很高的温度，因此低压过热蒸汽干燥可以在低温环境中干燥食品物料，更好地保留食品物料的营养成分和色泽。目前在食品干燥领域中，低压过热蒸汽干燥技术最常应用在果蔬类产品和其他一些热敏性物料。与其他干燥技术相比，过热蒸汽具有干燥效率高、干燥品质好、能源消耗低等优势。过热蒸汽自身的热特性，以及干燥时以液流的压力差产生的体积流为动力因而无传质阻力的传质特性，使其具有更高的干燥速率，尤其在干燥产品孔隙率、复水率和收缩率等指标上较热风干燥具有明显优势。

3.1.2.3 过热蒸汽与食品烘焙

烘焙是许多食品加工中的重要操作单元，过热蒸汽较高的传热传质效率和无氧环境等优势，使其可以作为一种新型烘焙技术取代传统以热空气为介质的烘焙方法。目前已经应用至多种食品的加工生产中，如油料种籽、咖啡豆、可可豆、肉类等。在油料种籽的烘焙中发现，使用过热蒸汽具有提高出油率、改善脂肪品质和降低不良风味等优点。如 250℃下过热蒸汽烘烤后的花生具有更高的出油率(26.84%)，且与传统烘烤方式相比，过热蒸汽烘烤后提取的花生油油色、酸值、过氧化氢、对茴香胺、游离脂肪酸、共轭二烯和三烯含量较低，黏度和碘值较高。此外，过热蒸汽处理后的紫苏籽出油率提高 2.5 倍，过热蒸汽处理破坏了紫苏籽的细胞结构，出现种皮分离现象，从而促进出油，且处理后不良气味强度降低，出现 1-戊烯-3-醇、3-糠醛、苯甲醛、5-甲基糠醛和糠醇等挥发性芳香化合物。咖啡豆和可可豆具有独特的感官特征，过热蒸汽烘焙技术的应用有效改善了其感官品质。如可可豆的过热蒸汽烘焙研究中发现200℃条件下烘焙10min，可可豆中吡嗪类特征风味物质生成量已达到合适标准，而传统对流烘焙的条件为120～250℃，60～120min，即过热蒸汽技术烘焙可可豆可以在较短的时间内达到理想的风味特征。相比热风烘焙，咖啡豆的过热蒸汽烘焙可有效减少2-甲基呋喃、2-[(甲硫基)甲基] 呋喃、2-呋喃甲醇、1-甲基哌啶、吡啶和2-甲基吡啶等表现出辛辣、烧焦的不良气味的挥发性化合物含量，增加2-呋喃甲醛、5-甲基-2-呋喃甲醛和2-羟基-3-甲基-2-环戊烯-1-酮等具有焦糖香气的挥发性化合物含量[16]。肉类的烤制是一种广受欢迎的烹饪方法，分析不同烤制方式对羊肉饼品质的影响，发现过热蒸汽技术具有保证肉饼质构和色泽，降低杂环胺类有害物质含量等明显优势。上述研究仅对产品的品质进行了细致的分析，但均未考虑过热蒸汽烘烤装置的能耗，在实际生产中，设备能耗是企业选择设备及工艺时的必要考量。

规模的过热蒸汽烤箱如日本品牌NAOMOTO、中国品牌美的，以及实验室自行研制的过热蒸汽烘焙设备，均未设置尾气回收装置，而过热蒸汽技术的低能耗优势主要是通过循环利用尾气中的剩余能量，或者将多余蒸汽用于其他的生产操作。因此，未来的研究应更多地关注过热蒸汽烘焙设备的研制及能源节约问题。

3.1.2.4 过热蒸汽技术与食品杀菌

过热蒸汽技术作为一种新兴杀菌技术已被应用果蔬（如樱桃番茄和柑橘、鲜切哈密瓜和鲜切西瓜、大蒜等、谷物（如大麦、小麦粉、全麦粉等）、香料（黑胡椒）、干果（山核桃和杏仁、干红枣等）、肉类（熟制小龙虾）等的杀菌以及食品接触面的卫生控制。相比传统的热水和热蒸汽杀菌处理，过热蒸汽技术具有高效、节能、环保等特点。比较饱和蒸汽和过热蒸汽对樱桃番茄和柑橘表面大肠杆菌O157∶H7、鼠伤寒沙门菌和单增李斯特菌的灭活效果，结果发现与饱和蒸汽相比，过热蒸汽处理可使樱桃番茄和柑橘表面3种病原菌数量减少3.39lg～3.80lg和2.15lg～2.72lg。饱和蒸汽与过热蒸汽对微生物灭活效果有显著区别的主要原因是饱和蒸汽在物料表面上冷凝时，会形成一层连续的冷凝液薄膜且由于处理室内湿度饱和，形成的冷凝液薄膜几乎不会蒸发，成为微生物的保护膜，增加微生物的耐热性，而过热蒸汽处理时，处理室内湿度低，凝结液薄膜会很快被过热蒸汽带走。影响过热蒸汽的灭菌效果的因素除温度、流量、作用时间外，还存在其他一些因素。有学者基于花生酱中屎肠球菌的灭活动力学研究结果对过热蒸汽的灭菌机理进行了更加深入的探讨，提出了过热蒸汽在微生物的灭活过程中存在与过热蒸汽干燥中相似的“逆转点”，当温度低于该逆转点时，微生物对温度变化高度敏感；当温度高于该逆转点时，微生物对温度变化敏感度降低。另外，食品表面粗糙度对过热蒸汽灭菌效果影响较大。利用过热蒸汽灭活哈密瓜和西瓜表面食源性病原菌时发现，200℃过热蒸汽处理西瓜表面 10s 就可以减少微生物数量 5.00lg，而相同条件下哈密瓜表面微生物数量仅减少 1.92lg～2.23lg。哈密瓜表面的平均粗糙度为 12.30，而西瓜表面的平均粗糙度仅为 0.64，且哈密瓜的表面有大小不一的缝隙，而西瓜表面更平坦、光滑，几乎没有缝隙[17]。

对谷物粉如小麦粉进行灭菌时，谷物粉的水分含量对灭菌效果也有较大影响。通过模型预测和方差分析得出，影响过热蒸汽处理条件对小麦粉灭菌效果影响大小的顺序为处理时间＞ 含水率＞ 处理温度。相比处理温度，含水率对灭菌效果的影响更大，这是因为微生物细胞内蛋白质的变性与其水分含量有关，水分含量越高，越容易变性。除此之外，过热蒸汽杀菌操作在产品加工流程中的位置顺序对微生物的灭活效果也具有重要影响。过热蒸汽对非润麦和润麦工艺后的小麦籽粒微生物的灭活研究结果发现，润麦工艺会提高小麦籽粒初始微生物载量，但同时促进了微生物的灭活，建议将过热蒸汽杀菌处理放在润麦工艺后磨粉工艺前，以得到洁净小麦粉。在灭活食品表面的微生物时，虽然过热蒸汽的处理时间很短，但由于其温度过高，依然有可能会对食品品质产生负面影响，因此过热蒸汽联合其他灭菌技术就显现出其优越性。2%乳酸和 200℃过热蒸汽联合作用 20s 后，哈密瓜果块上大肠杆菌 O157：H7、鼠伤寒沙门氏菌和单增李斯特菌 3 种病原菌的数量均降至检测下限（1.0lgCFU/cm^2）以下；而单独使用 200℃过热蒸汽处理 30s 后 3 种病原菌的数量也会降至检测线下，但该处理条件对哈密瓜果块表面的色泽产生负面影响。利用过热蒸汽联合萌发化合物（50mmol/L L-丙氨酸和 5mmol/L 肌苷酸二钠）对蜡样芽孢杆菌 ATCC14579 芽孢的灭活效果较单独使用过热蒸汽好，且不会造成亚致死性损伤。过热蒸汽杀菌技术的特点在于高温短时，但需要与杀菌物料表面直接接触，利用高温破坏微生物细胞结构，因此适用于短时间内可完成的杀菌过程及短时高温不会造成品质劣化的食品物料。另外，由于过热蒸汽的气态流动性，使其可充满食品接触表面及难以清理的缝隙，因此可满足食品工厂中的卫生控制，如对食品管道、食品容器、食品耐热包装等的有效杀菌。与其他物理杀菌技术相同，过热蒸汽技术既有其优势，也存在其局限性，如过热蒸汽技术不宜用于体积较大的食品的内部杀菌，因为长时高温会严重破坏食品品质。因此，在实际应用中，应结合过热杀菌技术优势与食品特性，单独或联合其他技术使用以发挥其最大优势。

3.1.2.5 过热蒸汽技术与食品稳定化处理

近年来，过热蒸汽在食品稳定化处理上的应用研究主要集中在谷物类食物及其副产物的贮藏上，包括小麦、大米、荞麦、青稞、燕麦、麦麸、稻糠、小麦胚芽等，主要利用过热蒸汽的热特性钝化食品物料中脂肪酶、脂肪氧化酶等酶的活性，使食品物料在贮藏过程中减少氧化酸败，品质保持在相对稳定的状态。在钝酶效果方面，过热蒸汽的短时处理可以显著降低谷物中脂肪酶、脂肪氧化酶和过氧化物酶等酶的活性。过热蒸汽170℃处理5min可将荞麦中脂肪酶活性降低至50%以上，但更高温度（200℃）的过热蒸汽处理条件对荞麦品质影响较大，会出现失水严重，甚至烧焦等现象。此外，不同谷物中脂肪酶对温度的敏感度不同。过热蒸汽160℃处理2min，燕麦中脂肪酶的活性降低78%，且170℃处理5min可完全灭活燕麦中的脂肪酶。160℃和2～8min的过热蒸汽处理条件下，青稞籽粒中脂肪酶活性的下降幅度在9.04%～39.13%[18]。不同作物中脂肪酶对温度的敏感度差异较大的现象可能与作物的习性和生长环境相关。除了酶自身的性质外，水分在谷物中的分布也会影响过热蒸汽处理后谷物的酶活性降低率。通过低场核磁共振技术测定调质过程中的水分分布，揭示了调质过程中自由水从籽粒外部向内迁移，与分布在籽粒外层的脂肪酶和过氧化物酶结合，从而提高了过热蒸汽处理后青稞籽粒的酶活性降低率。

过热蒸汽处理后，谷物类物料的综合品质可以保持在较高的水平。研究发现在过热蒸汽温度275℃、325℃、375℃，处理时间5s、10s、15s、20s的所有处理条件下均能降低米糠的含水量、过氧化值和游离脂肪酸含量，保持总酚含量不变，提高其抗氧化活性，但总色差存在一定波动。对比过热蒸汽和热空气处理对麦麸品质的影响，结果表明，过热蒸汽处理麦麸的亮度。可提取酚类化合物含量、抗氧化活性、不饱和脂肪酸含量、感官评分均高于热空气处理麦麸。过热蒸汽处理小麦粉可有效抑制鲜面条在贮藏过程中的褐变、酸败等现象，尽管降低了面条的初始硬度和弹性等物性指标，但延缓了面条贮藏过程质构品质的劣变。除谷物外，过热蒸汽技术也应用于豆类物料的稳定化。采用响应面分析法优化了过热蒸汽处理大豆豆浆工艺，发现在119℃、9.3min的过热蒸汽处理条件下，脂氧合酶活性最低，粗蛋白含量最高，豆腥风味显著减弱（$P<0.05$）。过热蒸汽处理（160～190℃，40s）可有效灭活黑豆中脂肪酶、脂氧合酶和过氧化物酶活性，同时对黑大豆面条［m(小麦粉)：m(大豆粉)＝8：3］中脂质的稳定效果最好，有效抑制了贮藏中挥发性异味化合物的产生[19]。在对食品将进行稳定化处理时，应以产品的最终品质为目标，如在谷物的稳定化工艺研究中应考虑谷物的研磨特性，谷物粉品质特性等，完善稳定化工艺对谷物加工影响的研究，同时研制更加完善的设备，在节约能耗，降低设备成本、产业化应用等方面做出努力。

3.1.2.6 过热蒸汽技术与淀粉、蛋白质改性

近年来，研究人员也尝试将过热蒸汽技术作为一种新型、高效、节能的热改性技术，来代替传统的湿热改性方法。对于淀粉改性来说，传统的湿热改性方法是在相对湿度低于35%，温度高于玻璃质转化温度但低于糊化温度的条件下处理淀粉进而达到改变其理化特性的目的，但这种物理改性方法较为耗时耗能。除此之外，在蛋白改性方面，传统的热处理不仅会降低蛋白的溶解度，并且由于其加热不够剧烈，不足以改变蛋白所需要修饰的特定序列和构像。相比之下，过热

蒸汽处理可以在节能节时的同时，达到淀粉、蛋白改性的目的。过热蒸汽处理通过改变淀粉的微观结构，进而影响其理化性质和消化特性。小麦面粉经过热蒸汽处理后，粒度分布呈单峰分布，平均粒径增大，相对结晶度降低，在 $2\theta=20°$形成Ⅴ型结晶峰。这些变化与淀粉-淀粉、淀粉-蛋白质、淀粉-脂质复合物的形成有关，且在一定温度范围内，热蒸汽处理不会改变淀粉的双折射性质，即不会对淀粉内部微观结构造成影响，但温度过高会使双折射强度变弱，分子取向有序度降低。在淀粉颗粒形态方面，过热蒸汽处理会导致淀粉颗粒表面出现凹陷、粗糙、粘连、变形等现象，这可能与高温使淀粉颗粒致密、表面膨化、糊化有关。结构的变化进而引起其性质发生相应改变。过热蒸汽处理会破坏支链淀粉晶体和双螺旋，淀粉颗粒稳定性降低，淀粉分子重排，支链长度增加；同时由于蛋白质、脂质与淀粉的相互作用阻止水分进入淀粉颗粒等原因，过热蒸汽处理后淀粉分子的膨胀势和溶解度降低，进而导致其糊化温度升高和峰值黏度降低。改性的目的在于实现更好的应用特性，适宜含水率（20%）的葛根淀粉经过热蒸汽处理（120℃、1h）后，膨胀势显著降低，糊化温度显著升高，延迟了起始糊化时间和黏性凝胶的形成。这些变化可以使淀粉颗粒在被凝胶包裹之前吸收足够的水分，从而降低了葛根淀粉在热水中的结块率（从 42.2%降低至 3.0%），且不会破坏葛根淀粉自然微结构的情况，可以有效防止淀粉掺假现象的发生。

淀粉颗粒的消化特性与淀粉颗粒的形态和分子结构有关，因此，过热蒸汽处理也会影响淀粉的消化特性。过热蒸汽处理小麦面粉后，淀粉颗粒与面筋蛋白或脂质之间的相互作用形成稳定的分子间聚集体可能会限制淀粉颗粒对酶反应的物理可及性，造成抗性淀粉和慢消化淀粉含量增加，而快消化淀粉含量降低，在一定温度范围内（110～190℃，4min），慢消化淀粉和抗性淀粉的含量随着温度的升高而增加[20]。在过热蒸汽对马铃薯淀粉的改性研究中，温度过高（140～160℃）对抗性淀粉的含量无显著影响，这是因为温度过高引起淀粉分子较大的链迁移率从而不利于消化过程中重新形成有序区域。与天然面粉相比，水分含量较高的面粉经过热蒸汽处理后（140～170℃，4min），抗性淀粉和慢消化淀粉含量显著提高，快消化淀粉含量显著降低，这是由于水分含量较高，其淀粉分子之间及其与蛋白质和脂质之间的相互作用更强，降低了水解酶的可及性。此外，水分含量较高的面粉的淀粉颗粒的部分糊化冷却后的老化和重结晶，也促进了抗性淀粉和慢消化淀粉的形成。除利用过热蒸汽提高抗性淀粉含量的方法外，过热蒸汽结合柠檬酸处理的方法制备了一种淀粉颗粒相对完整的抗性淀粉-大米淀粉柠檬酸酯。结果表明，与传统化学改性方法相比，过热蒸汽结合柠檬酸处理在不改变淀粉颗粒结构的前提下，提高了抗性淀粉的含量。

过热蒸汽处理不仅可以进行淀粉改性，也可以作为一种蛋白质的热改性方法。采用过热蒸汽处理后小麦粉制成的蛋糕的硬度从 1465g（天然面粉）降至 377g（150℃，1min），同时蛋糕的比容从 3.1mL/g（天然面粉）增加到 3.9mL/g

(150℃，1min)，这些变化与过热蒸汽处理削弱了面团中的面筋强度有关。除此之外，卵类黏蛋白是鸡蛋过敏原的主要成分，也是一种耐热蛋白，100℃、60min的加热条件都难以使其变性，过热蒸汽处理后卵类黏蛋白产生了聚集体形成、官能团和氨基酸修饰以及初级结构的改变，使其过敏性降低，消化率增加。

过热蒸汽技术还可以通过调整工艺参数降解食品中毒素，抑制有害化合物的生成，如在小麦干燥过程中降解小麦脱氧雪腐镰刀菌烯醇，在花生烘焙过程中降解黄曲霉毒素，在咖啡烘焙过程中减少丙烯酰胺和多环芳烃含量等。此外，过热蒸汽技术还可以提高食品副产物中功能活性化合物的提取率，如茶渣经过热蒸汽预处理后茶多酚提取率从15.84%提高至21.19%。另外，过热蒸汽技术也逐渐应用至烹饪领域，如过热蒸汽处理可以减少大麦食用时的不良风味，改善猪肉口感等。过热蒸汽蒸烤箱在市场上的出现也更加说明过热蒸汽是一种具有前景的烹饪方法。

3.1.2.7 过热蒸汽干燥在蔬菜中的应用

传统的热风干燥相比，过热蒸汽干燥以水蒸气作为干燥介质，干燥机排出的废气全部都是蒸汽，利用冷凝的方法可以回收蒸汽的潜热再加以利用，因而热效率较高。同时水蒸气的热容量要比空气大1倍，干燥介质的消耗量明显减少，故单位热耗低。过热蒸汽干燥的单位热耗仅为1000～1500kJ/kg，为普通热风干燥热耗的1/3，是一种很有发展前景的干燥新技术。普通热风干燥物料表面会形成硬壳，阻碍水分蒸发，而过热蒸汽干燥所用的干燥介质是蒸汽，不会形成硬壳，不会氧化褐变，收缩较小，故干燥的品质较好。过热蒸汽的传热系数大，干燥效率高，有时可达90%。因此，与传统的热风干燥相比，其具有节能、热效率高、产品品质好、传质阻力小、蒸汽用量少以及利于环保等优点。由于过热蒸汽干燥具有以上优点，近年来美国、加拿大、德国、日本、新西兰、丹麦和英国等发达国家已将过热蒸汽干燥技术用于烘干木材及木头压块、煤炭、纸张、甜菜渣、陶瓷、蚕茧、污泥、酒精、牧草、鱼骨和鱼肉、食品等多种物料。

在过去的十几年中，过热蒸汽干燥技术在许多食品的干燥中得到成功运用，许多研究人员通过试验也表明将过热蒸汽干燥运用于食品干燥中，与传统的常压热风干燥相比，对于食品品质的破坏更小。但是由于常压过热蒸汽干燥物料温度超过100℃，这对于一些热敏性物料是不适宜的，例如蔬菜和水果等，这导致了常压过热蒸汽干燥技术不能直接运用于蔬菜干燥中。为此，人们采取降低干燥腔中的压强，其干燥温度也相应的降低，这样就能避免高温对蔬菜干燥造成的伤害。目前，在国外，低压过热蒸汽干燥在蔬菜干燥方面已经取得不同程度的成功。学者从理论和试验上研究低压过热蒸汽在蔬菜干燥中的应用，创立了描述待干物料干燥特性的半经验数学模型，并且该模型能够很好地预测干燥动力学性能。Devahastin 等分别用低压过热蒸汽和真空干燥技术干燥胡萝卜，他们发现在所检测的范围内尽管采用低压过热蒸汽干燥时间长于真空干燥，但是从色泽和再复水性方面比较，采用过热蒸汽干燥的产品明显优于经真空干燥的产品。分别用低压过热蒸汽和常压热风技术干燥土豆片，他们发现在干燥品质和营养品质这两个方面，低压过热蒸汽干燥的土豆片均优于常压热风干燥。

尽管采用低压过热蒸汽干燥能获得高质量的干燥产品，但是低压过热蒸汽干燥的干燥速度比较慢，这就导致了能量的消耗量比较大。为了提高干燥速度，减少干燥过程能量的消耗，这就需要给干燥系统增加辅助的能量源，尤其那些能够直接被干燥物吸收的是最为可行的。远红外照射受到人们极大的关注，这是由于电磁波发射出来的能量能够直接辐射到物料内部，在空气中的传播损失较小，提高了其传热效率，节能效果明显。结合低压过热蒸汽干燥和远红外干燥的优点，研究人员提出一种新的干燥技术——远红外低压过热蒸汽干燥技术。许多研究人员都成功地将远红外照射运用于干燥水稻、土豆和大麦。他们试验的结果都表明，结合使用远红外照射能够相当程度地减少干燥时间。从能耗方面来看，在任何条件下，低压过热蒸汽消耗的能量最大。基于干燥速度最快，能耗最小的原则下，90℃、7kPa是远红外低压过热蒸汽干燥香蕉的最优干燥条件[21]。基于干燥产品的品质最优的原则下，80℃是远红外低压过热蒸汽干燥香蕉的最优条件。

为了减少过热蒸汽干燥在起始阶段有结露现象产生，可以在起始阶段用远红外加热样本，或者将常压热风干燥与过热蒸汽干燥技术相结合。在初始阶段采用热风干燥，在保证干燥腔内的温度达到要求之后，再采用过热蒸汽干燥，这样可以在一定程度上缓解结露现象产生。同时干燥加工是一个复杂多变的过程，根据物料脱水情况及环境状况适时调控干燥工艺参数，有利于提高能量利用率及产品品质。因此，将现代检测、传感及控制技术结合起来应用于过热蒸汽干燥加工中，可实现对干燥过程的全自动人工智能控制，从而降低操作成本，提高制品品质。过热蒸汽干燥对提高干燥效率，降低干燥能耗，减少环境污染具有重要意义。

3.2
过热蒸汽装备简介

3.2.1 低压过热蒸汽设备

3.2.1.1 低压过热蒸汽的作用机理

低压过热蒸汽干燥（low-pressure superheatedsteam drying，LPSSD）是在低于大气压力的条件下采用过热蒸汽对物料进行干燥的一种方法。具有传质阻力小、无氧化反应、产品孔隙结构丰富、复水性好、表面不易结壳、营养保留率高等特点中。目前LPSSD主要应用于果蔬、茶叶、奶豆腐、稻谷、山竹壳、蔬菜种子等热敏性物料的干燥。过热蒸汽干燥逆转点温度是降低干燥时间、提高干燥效率的重要参数，其针对水分在物料表面的蒸发阶段，即物料的恒速干燥阶段。对于热敏性物料（如果蔬类），在LPSSD过程中一般无恒速干燥阶段，逆转点温度的求解可以采用第一降速阶段（falling rate period，FRP）和全阶段（whole dryingperiod，WDP）间接表示，也可以通过对比相同操作条件不同干燥方式的干燥时间表示逆转点温度。LPSSD时，为了提高干燥速率，介质温度须高于逆转点温度[22]。低压过热蒸汽干燥的优势有几点。

（1）节能环保

低压过热蒸汽干燥在节能减排方面的优越性主要体现在干燥后的蒸汽还含有大量潜热，可以加以利用。潜热是物质发生相变，在温度不发生变化时吸收或放出的热量；而显热是在同种物质状态因温度的变化引起的热量变化。释放潜热可以产生大量热量。将干燥后排出的低压蒸汽通过加压加以利用再次对未干燥的物料进行干燥，形成循环，可以大幅减小整个干燥过程的能耗，从而达到节能目的。针对蒸汽再压缩这一问题，设计夹套式MVR热泵蒸发浓缩系统并开展研究，结果表明节能效果均十分显著，给过热蒸汽的循环再利用提供解决方案，同时可见低压过热蒸汽干燥在节能方面有着很好优越性及巨大研发潜力。利用低压过热蒸汽对紫菜进行干燥试验，根据试验数据对过热蒸汽干燥的能量消耗量进行计算，并与热风干燥进行对比，该试验的过热蒸汽能量回收率为84.8%，能量消耗远远小于热风干燥，体现过热蒸汽干燥在节能方面的优越性。如图3-1低压过热蒸汽干燥所示，由于低压过热蒸汽干燥使用蒸汽作为干燥介质，整个干燥过程只有蒸汽一种气体，而且排出的废蒸汽还可以继续循环利用，所以干燥过程中没有其他污染气体的排出，是环保效果非常好的干燥方式。

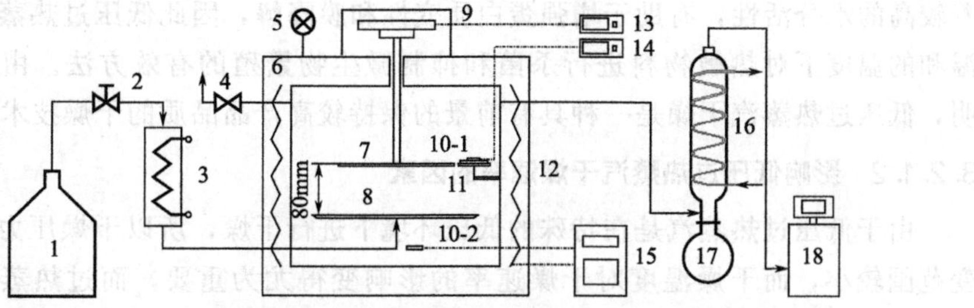

图3-1　低压过热蒸汽干燥装置示意图

1—蒸汽发生装置；2—调节阀；3—蒸汽加热装置；4—蒸气压调节阀；5—真空表；6—加热板；7—物料承载托盘；8—蒸汽分布器；9—重量检测装置；10-1—物料温度检测装置；10-2—蒸汽温度检测装置；11—对照样托盘；12—干燥腔；13—质量采集装置；14—温度采集装置；15—控制面板；16—冷凝装置；17—低温蒸汽收集装置；18—隔膜真空泵

（2）干燥产品品质好

大量研究证明，低压过热蒸汽干燥后的产品品质要优于其他干燥方式。在较低的干燥压力下，水的沸点也同样降低，所以低压过热蒸汽干燥不需要很高的干燥温度，避免物料由高温而引起的变色、热损伤、融化、膨胀等不良影响，可使产品在干燥后仍能保持较好的色泽，较强的抗氧化性及复水性，较高的生物活性和营养品质。在国内，对低压过热蒸汽干燥青萝卜片过程进行研究，低压过热蒸汽干燥在逆转点温度以上时，干燥效率要高于真空干燥，而且青萝卜片中维生素C的保留率也高于真空干燥。在国外，利用不同干燥方法对积雪草的生物活性化合物及生物活性开展研究，结果显示低压过热蒸汽干燥的干燥速率要高于热风干燥；50℃时，低压过热蒸汽干燥的样品中酚类化合物、总三萜皂苷、抗氧化活性和抗菌活性最高。采用低压过热蒸汽、真空和热风干燥3种方法对干燥的芒果块的质量进行评价，结果显示低压过热蒸汽干燥后的芒果块的抗坏血酸、β-胡萝卜素、总酚含量和抗氧化活性最高，试验发现保持芒果块质量的最佳干燥条件是70℃下的低压过热蒸汽干燥。对洋葱片的低压过热蒸汽干燥过程与真空干燥和热风干燥进行比较，研究发现对于洋葱片来说，在70℃下进行低压过热蒸汽干燥是最好的干燥条件。低压过热蒸汽干燥干辣椒的味道刺激性、抗氧化活性、颜色和复水性都优于同条件下的真空干燥和热风干燥，低压过热蒸汽干燥可以更好地保留生物活性成分。使用不同方法干燥胡萝卜块，研究发现与热风干燥相比，60℃下的低压过热蒸汽干燥后的胡萝卜具有更多的胡萝卜素含量及更高的抗氧化活性。在另一项研究中发现低压过热蒸汽干燥后胡萝卜块的复水特性要优于真空干燥。研究醋栗片低压过热蒸汽干燥过程，设置干燥温度为65℃和75℃，干燥压力为10kPa和13kPa，结果表明低压过热蒸汽干燥的醋栗片具有更高的抗坏血酸保留率（5%～10%）和更好的颜色。国外有学者认为低压过热蒸汽干燥可以减少微生物的繁殖。虽然低压过热蒸汽干燥是干热过程，但是干燥后食物表面有着较高的水分活性，有助于增强蛋白质变性和膜降解，因此低压过热蒸汽干燥是温和的温度下对热敏物料进行杀菌和抑制微生物繁殖的有效方法。由此可以证明，低压过热蒸汽干燥是一种具有前景的保持较高产品品质的干燥技术。

3.2.1.2 影响低压过热蒸汽干燥速率的因素

由于低压过热蒸汽是在特殊的低压环境下进行干燥，所以干燥压力较低，可变范围较小，而干燥温度对干燥速率的影响变得尤为重要，而过热蒸汽的过热度，决定着干燥温度的高低。所以国内外学者针对干燥温度对干燥效率的影响进行探究。在国内，刘建波等研究在低压过热蒸汽干燥中白萝卜片的干燥动力学特性，结果表明，低压过热蒸汽干燥时的温度是对干燥速率和白萝卜品质影响最大的因素，随着干燥温度升高，干燥时间缩短，但是干燥温度的升高会导致物料的总色差值变大，复水性降低。低压过热蒸汽流化床对芫荽籽颗粒的干燥随着操作温度升高，干燥速率增加，平衡含水率降低。但运行压力（40～67kPa）和表面蒸汽流速（2.3～4.0m/s）变化对含水率没有显著影响。试验表明，随着过热程度增加，平衡含水率降低，即过热度是影响干燥速率的最重要参数。综上所述，干燥温度是影响低压过热蒸汽干燥的重要因素，其中过热度对速率的影响尤为重要，低压过热蒸汽干燥的干燥压力较低，蒸汽的饱和温度也较低，所以可以适当提升蒸汽的过热度来达到提高干燥速率的目的。

在常压或高压下，当食品表面温度上升到蒸汽饱和温度时，会发生融化、玻璃化转化或受到破坏。降低过热蒸汽干燥的工作压力，能使蒸汽的饱和温度降低，水分在较低的温度下蒸发，不仅能保持干燥食品的质量而且可能提高食品的干燥速率。目前，低压过热蒸汽干燥技术应用较多的对象为食品，并且取得了不同程度的研究进展。辣椒种子分别在压力为 40～67kPa、温度为 90～120℃条件下，进行过热蒸汽流化床干燥，最终辣椒种子干基含水率均在 0.15kg/kg 以下。因此，降低干燥操作压力对于热敏性物料的干燥是一种可行的解决方案。通过研究稻谷在压力为 40～67kPa 下的过热蒸汽流化床干燥特点[23]，且分别讨论了操作压力、温度及蒸汽流量对稻谷平衡含水率的影响。结果表明，在 98～118℃过热蒸汽温度范围能使谷物在较短的时间内达到初始含水率的 1/10。

对于食品等热敏性物料，通过降低过热蒸汽的压力使物料中的水分在 50～60℃就能够蒸发，可有效避免温度对物料造成的损害。此外，过热蒸汽干燥中物料处于无氧气氛中，物料不发生氧化反应，避免了物料的褐变或降解问题。相对于热风干燥，过热蒸汽干燥后的物料结壳和收缩较少。采用低压过热蒸汽干燥同样存在着不可避免的缺点，尽管可提高干燥产品的质量，但是低压过热蒸汽干燥时干燥速度较慢，将物料干燥到一定含水率所需的时间延长，增加了能源的消耗。为提高干燥效率，减少干燥过程中的能耗，可通过过热蒸汽干燥和其他干燥方式组合来提高干燥效率。

3.2.1.3 低压过热蒸汽与其他干燥方式的联合干燥

由于低压过热蒸汽干燥也存在着初始阶段凝结现象以及干燥时间长等弊端，在一些干燥要求比较高的生产中采用联合干燥会得到更好的效果。采用食品的低压过热蒸汽与远红外辐射干燥相结合的联合干燥方式，研究不同参数下对干燥时间及能耗的影响，结果表明，低压过热蒸汽和红外辐射的联合干燥在 90℃和 7kPa 条件下，能耗最低；如果可将低压过热蒸汽中的干燥后的蒸汽加以利用，能耗将远小于真空红外辐射联合干燥。将联合干燥系统应用到干燥香蕉干，结果显示低压过热蒸汽-远红外辐射干燥的联合干燥比和低压过热蒸汽-真空干燥的联合干燥的产品质量更好。研究发现白菜在 60℃低压过热蒸汽干燥下进行 10min，在 45℃下进行真空干燥直至达到最终含水率，这种联合干燥的方法得到的萝卜硫素含量最高。由此可见，在一些情况下，选择合适的联合干燥方法可以最大化地保留物料中养分。研究发现，低压过热蒸汽干燥的时间明显比真空干燥的时间更长，但是使用低压过热蒸汽干燥-热风干燥的联合干燥方式会缩短干燥时间，而且能耗也低于单一的低压过热蒸汽干燥。可见使用低压过热蒸汽和其他干燥方式的联合干燥会弥补低压过热蒸汽干燥的时间、能耗等方面的不足。在国内，干燥方式主要有传统的热风干燥、过热蒸汽干燥、微波干燥、红外辐射干燥等，每种干燥方式都有着自身的优越性与不足之处，低压过热蒸汽干燥与其他干燥方式的联合干燥可以做到优势互补，优势最大化，将会成为干燥应用市场中的一种趋势。

低压过热蒸汽-真空组合干燥（LPSSD-VD）设备[24]，LPSSD 在高于逆转点时的干燥速率优势以及形成的丰富孔隙结构，并组合 VD，可降低物料温度、提高产品品质。LPSSD 和 VD 方法的低压过热蒸汽干燥的整个干燥过程温度变化可以分为 4 个阶段。第一阶段，物料温度迅速升高并稳定于水分蒸发温度。在真空状态下，水分的蒸发温度仅与真空度有关，在操作压力 9000Pa 下水的饱和温度为 45℃。在 LPSSD 时水的蒸发温度约为 53℃，高于操作压力下的饱和温度。这是因为在 LPSSD 中，为了避免冷凝现象实验装置中设置了电加热板，当存在其他传热方式时，物料温度高于操作压力下的沸点温度。第二阶段，物料温度恒定于水的沸点温度。该阶段外界提供的能量主要用于水分的迁移，物料内部水分向表面迁移的速度基本和水分从物料表面向周围环境的扩散速度一致，水分蒸发速度极快。第三阶段，物料内部水分逐渐减少，水分从物料内部迁移至表面所需的驱动力逐渐增大，且由于内部水分向表面的迁移速度逐渐小于表面液体汽化的速度，干燥速度逐渐减小，物料吸收的部分热量进一步升高物料温度。第四阶段，物料温度接近或略高于干燥介质温度并保持稳定。

3.2.1.4 低压过热蒸汽干燥的动力学模拟

随着科学技术不断发展，干燥过程的数学建模与动力学研究对干燥试验的进行和干燥设备的开发有着积极影响。在低压过热蒸汽干燥的试验研究中，大多数研究主要针对干燥速率、干燥过程的能耗干燥特性等方面。而干燥动力学主要研究干燥过程中湿含量与各种支配因素之间的关系，从宏观和微观上间接地反映传热传质的变化规律，对深入了解干燥机理、发展新型干燥设备及提高干燥加工工艺技术非常必要。含水率的变化是衡量干燥速率的一项重要指标，国内外学者对于低压过热蒸汽干燥过程中能够预测物料含水率变化动力学模型进行研究。国内外学者在这方面的研究表明，动力学模拟有助于我们掌握整个干燥过程，预测干燥速率、含水率、压力等参数。动力学模拟的研究，可对过热蒸汽干燥的工程设计、计算等方面提供帮助，使得过热蒸汽干燥理论更加完整准确，也将促进过热蒸汽干燥在工程实际应用中的可靠性、经济性。

3.2.1.5 低压过热蒸汽的逆转点温度

逆转点是在低压过热蒸汽干燥过程中的一个特殊的温度值，当过热蒸汽的温度比该点的温度高时，低压过热蒸汽干燥的干燥速率高于热风干燥，低于它时则相反。大量研究证明干燥过程中逆转点的存在，如果能够计算出低压过热蒸汽的逆转点温度，并使得干燥温度高于逆转点，那将使干燥速率大幅提高，相比于热风干燥的优势更加明显。在国内，对低压过热蒸汽干燥青萝卜片的逆转点温度进行研究，结果表明，青萝卜片在低压过热蒸汽干燥过程中都存在逆转点温度。在干燥压力 0.0095MPa 时，基于整个干燥阶段与第一降速干燥阶段计算的逆转点温度分别为 92.7℃和 86.1℃，但只有当干燥温度超过逆转点温度时，过热蒸汽干燥才具有干燥效率优势。低压过热蒸汽干燥在逆转点温度以上不仅干燥效率要高于真空干燥，而且青萝卜片中维生素 C 的保留率也高于真空干燥。研究结果还表明降低干燥压力与物料厚度可获得较低的逆转点温度[25]。在国外也有一些专家学者对逆转点温度进行探究，计算恒定速率周期和下降速率周期的逆转点温度。结果表明，这 2 个干燥阶段的温度不相同。此外，学者研究外部压力、颗粒直径和颗粒渗透率等因素对逆转点温度的影响，可以看出，逆转点温度随参数的变化不是线性的。超过逆转点温度时，低压过热蒸汽干燥速率高于真空干燥的干燥速率，整个干燥阶段的温度逆转点和降速干燥阶段的逆转点不同，基于整个干燥阶段进行研究没有发现确定的逆转点。还有学者研究发现低压过热蒸汽干燥的逆转点温度会随着工作压力增大而升高。综上所述，低压过热蒸汽干燥在不同干燥阶段的逆转点温度不同，所以要想达到更高的干燥速率，要在整个干燥过程的不同阶段设定不同的干燥温度，保证低压过热蒸汽干燥的干燥速率大于热风干燥。而且要在逆转点温度以上寻找一个最佳点，使得在尽可能节约能源的情况下使干燥效率最大化。另外，过热蒸汽流动状态与边界条件的不同会导致逆转点温度的值有所变化。

3.2.2 常压过热蒸汽装备

近常压过热蒸汽干燥是一项近来应用在工业领域的较新技术，具有能耗低、产品质量高、干燥效率高及无废气排放等优点。目前，国内外关于过热蒸汽干燥技术研究主要涉及流化床、冲击流、转筒、喷雾、带式和真空负压等种形式，大部分还只处于初步的、探索性的阶段。图 3-2 为典型的常压过热蒸汽干燥。

3.2.2.1 常压下的过热蒸汽流化床干燥设备

通过构建过热蒸汽流化床干燥过程的数学模型，模拟研究物料在常压下的过热蒸汽流化床干燥过程及其动力学特性、物料在干燥室内的运动特征。在常压固定床过热蒸汽干燥过程中，物料所承受的温度较高，不利于一些热敏性物料的干燥，必须在负压下进行。但过热蒸汽流化床干燥中物料与过热蒸汽剧烈混合，传热传质效率高，干燥速率高，干燥时间大大缩短，因而物料受热均匀、受热时间大大缩短，可在常压下进行包括种子等农业物料在内的大多数热敏性物料过热蒸汽流化床干燥。油菜籽可作为验证干燥试验的物料，因其籽不仅能经受较高的热

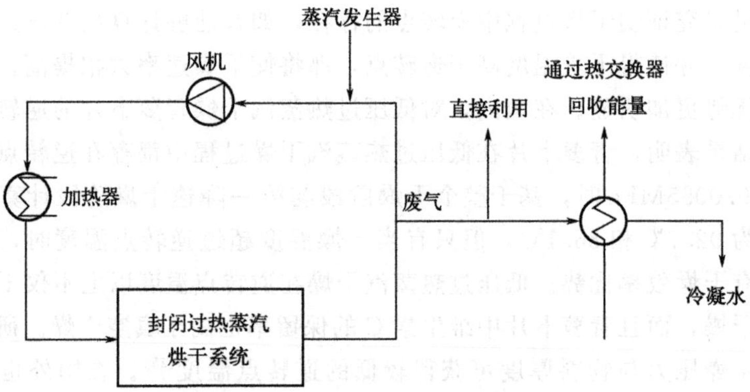

图 3-2 典型过热蒸汽干燥示意图

风温度，而且其球形度好，容易实现流化。对模拟结果和试验结果的对比分析可以发现，在冷凝加热阶段，模拟湿含量的变化速率高于实测变化速率，即模拟蒸汽冷凝变化速率更大，因而经冷凝加热后，模拟湿含量要高于试验值。这主要是由于过热蒸汽冷凝加热过程中，模拟只考虑了蒸汽相的冷凝而忽略了水分的蒸发，因而模拟蒸汽冷凝速率大于实测值，冷凝加热结束后模拟物料湿含量偏高。在恒速干燥段，物料模拟干燥曲线下降更快，干燥速率更大，更早进入降速干燥阶段（约为 170s 时）；而试验曲线在 180s 时才开始进入降速干燥段。这可能由于模拟过程中假设干燥室壁面绝热和忽略热损失所导致的。在降速干燥段，模拟的干燥速率曲线下降走势更快，干燥速率比试验值要小。图 3-3 为简易过热蒸汽装置。

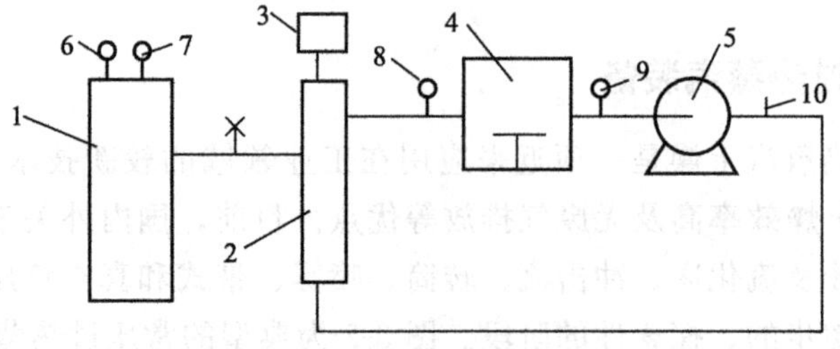

图 3-3 过热蒸汽装置示意图

1—蒸汽发生器；2—加热器；3—恒温器；
4—处理室；5—离心风机；6—压力表；7～9—温度计；10—流量计

常压下过热蒸汽流化床所模拟的干燥动力学曲线与试验曲线的变化趋势一致。油菜籽的过热蒸汽流化床干燥过程所需时间较短，且可明显划分为冷凝加热阶段、恒速干燥阶段和降速干燥阶段。在模拟中，除干燥启动后短暂的冷凝加热阶段外，在干燥过程的绝大部分时间，干燥室内气固两相流动实现了正常流态化，颗粒运动呈现脉动流动，干燥室内气固两相进行着强烈地动量与热量交换。

模拟结果表现出了实际流化床干燥过程中蒸汽相和颗粒相的部分参变量时空分布的非均匀性，而这些非均匀性是无法通过传统的流化床干燥过程模型模拟得到的。在过热蒸汽干燥过程中，除了短暂的负干燥段外，在绝大部分时间里干燥物料要接触操作压力下水的沸点甚至更高温度。但过热蒸汽流化床干燥中，物料与过热蒸汽剧烈混合，干燥速率高，从而物料受热均匀、受热时间大大缩短。

3.2.2.2 常压过热蒸汽对稻谷干燥处理设备

基于粮食干燥能耗大、品质保持协同调控的两大难题，开发过热蒸汽对稻谷的干燥技术，能准确研究影响干燥品质的相关因素、热质传递和玻璃化转变调控的机理，寻找能够更加客观全面反映稻谷品质的参数指标，建立传热传质模型，实现稻谷干燥技术的节能、环保、稳定、高效的目标。

(1) 流化床干燥装置

流态化技术是一种有效的干燥方法，干燥介质和固体颗粒被充分混合，从而提供了高效的干燥速率和更容易的物料输送。用于输送蒸发水和流化固体颗粒的干燥介质可以是热空气或过热蒸汽与热空气相比，过热蒸汽干燥可以获得较低的净能耗和较高的干燥速率。在产品品质方面，过热蒸汽干燥产品的质量通常也更优实验室规模的过热蒸汽流化床干燥器，已被成功应用于稻谷的干燥。过热蒸汽流化床干燥器主要由圆柱形室、电加热器、离心风机、反转旋风除尘器和小型锅炉等五部分组成[27]。实验时，首先用热空气将系统预热至预期温度，然后用蒸汽代替热空气。稻谷属于热敏性物料，采用较高的干燥温度会对稻谷的品质产生一定的影响，降低干燥温度是最佳的选择。在低压环境下进行过热蒸汽干燥可避免由于温度过高造成的稻谷品质损失。

(2) 撞击流干燥装置

撞击流干燥是指一种干燥介质的两股或两股以上的气流，其中至少一股含有湿颗粒，在同一轴线上，但方向相反，气流在其流动路径的中点撞击（称为撞击区的区域）。逆流碰撞导致热量、质量和动量传递速率的提高，从而提高干燥速率，尤其是在恒速干燥阶段。

(3) 固定床干燥器

过热蒸汽和热风联用固定床干燥装置主要由数据采集器、温度控制器、干燥室、蒸汽发生器、蒸汽过热器、空气压缩机以及冷凝器等组成。蒸汽发生器(12kW)、空气压缩机和 4 个过热器（0.5kW）用于生成过热蒸汽和热空气，采用 PID 温度控制器对干燥介质温度进行控制。

当使用过热蒸汽作为干燥介质时，干燥的初始阶段由于稻谷温度低于过热蒸汽的冷凝温度，从而会引起水蒸气在稻谷表面凝结，使干燥时间延长。同时，蒸汽相变过程中水蒸气潜热释放，使稻谷籽粒温度迅速升高，稻谷内部产生凝胶层，导致水分扩散受阻，这也会使干燥时间延长。为了减缓蒸汽冷凝现象，需要在流化床器壁上安装热电阻，通过向流化床提供补充额外热量来减少蒸汽凝结量，但在多数实验中蒸汽凝结现象仍不可避免。使用过热蒸汽作为干燥介质对稻谷进行干燥并没有改变稻谷干燥的一般特性。利用过热蒸汽流化床对稻谷进行干燥时，干燥速率最初是恒定的，当水分低于25%后干燥速率呈指数下降。稻谷过热蒸汽干燥过程中，籽粒中的淀粉会发生糊化反应，使淀粉分子紧密地聚集在一起限制了水分在稻谷内的传输，导致有效扩散系数与无凝胶形成情况下相比较低，而且稻谷在过热蒸汽干燥过程中易发生籽粒团聚现象。

3.2.3 高压过热蒸汽装备

根据操作压力可将过热蒸汽干燥分为高压、近似大气压和低压（次大气压）过热蒸汽干燥。在过热蒸汽干燥过程中，被干燥物料的温度要高于与操作压力相对应的饱和蒸汽的温度，一般物料在高温下会产生不期望的物理变化（如融化）或化学变化（如水解），因此，高压过热蒸汽干燥一般适合于泥炭、糟渣、纸浆及煤泥等的干燥。针对食品，过热蒸汽干燥过程由于氧气的缺失，有效减少了Maillard褐变反应，减少了变味、变腐等质量变化[29]。

3.3 过热蒸汽调控技术在面制品中的应用

面制品作为人们日常饮食的重要组成部分，其品质受原料特性、加工工艺等多种因素的影响。传统加工技术在一定程度上满足了面制品的生产需求，但随着消费者对食品品质要求的不断提高，寻求新的加工技术以改善面制品品质成为研究热点。过热蒸汽调控技术凭借其独特的热物理性质和加工优势，在面制品加工领域逐渐受到关注。

在面制品加工中，过热蒸汽可使面粉中的水分迅速汽化，产生的蒸汽压能够促进面团的膨胀和结构形成。对于淀粉，过热蒸汽能够加速淀粉颗粒的糊化进程，破坏其结晶结构，改变淀粉的流变学性质。对于蛋白质，高温的过热蒸汽促使蛋白质变性，分子结构展开，进而引发蛋白质之间的相互作用，如二硫键的形成与重排，影响面筋网络的形成与强度。

3.3.1 过热蒸汽对淀粉结构特征的影响

随着人们对健康饮食的关注度不断提高，淀粉被广泛应用于食品工业中的各个领域。淀粉不仅作为人体主要能量来源，还能够为食品工业提供增稠、凝胶和填充作用。天然淀粉以颗粒形式存在，其淀粉分子链有序排列构成了结晶区，结晶区主要由支链淀粉的短支链部分紧密排布，通过氢键相互作用形成双螺旋结构。而无定形区则是直链淀粉和支链淀粉链相互杂乱排列构成，直链淀粉通常是线性分子，分子相对较小，一般含有几百到几千个葡萄糖单元，聚合度一般在100～6000之间；支链淀粉分子庞大且高度分支，含有数百万个葡萄糖单元，聚合度可达1000～3000000。直链淀粉和支链淀粉的比例与淀粉的糊化特性、可消化性、溶解性和酶水解特性密切相关，直链淀粉通常占总淀粉含量25%～28%。过热蒸汽（SS）处理可改变小麦粉中直链淀粉的含量，在165℃下处理的小麦粉中直链淀粉含量随处理时间延长而增加；处理时间为2～3min时，直链淀粉含量显著增加，导致淀粉无定形区的结晶破坏和双螺旋结构解离，从而导致直链淀粉比率的增加，直链淀粉比例的增加可显著改变小麦淀粉的糊化特性。

通过HPSEC-MALLS-RI色谱图分析，观察天然淀粉和淀粉样品的分子量分布，应用过热蒸汽处理后，激光检测器信号显示峰强度明显降低，洗脱时间延迟。这表明过热蒸汽处理降解了淀粉颗粒的分子结构，与天然淀粉相比，平均摩尔分子量（M_w）降低[31]。支链淀粉（左）和直链淀粉（右）与原淀粉相比，淀粉的左峰强度降低，右峰强度增加，表明淀粉颗粒被破碎成更小的碎片，直链淀粉含量增高。在热处理过程中，淀粉分子可以在有/无水的高温下分解，大分子（支链淀粉）通常比小分子（直链淀粉）更容易降解，SS处理淀粉会出现更多的直链淀粉。过热蒸汽过程通常涉及传质和传热，淀粉样品（常温）与过热蒸汽（设定温度）混合，使过热蒸汽冷凝成水，同时系统温度急剧下降。在此过程中，随着淀粉颗粒温度升高，水分向淀粉颗粒中转移，淀粉中结合水百分比增加且固定水百分比降低，但增加了结合水和固定水的质量。过热蒸汽的持续注入使系统温度升高，从而阻止蒸汽凝结成水，进而改变淀粉的性质。通过扫描电子显微镜（SEM）观察，小麦淀粉的天然样品颗粒由A型（大的椭圆形或圆盘状）和B型（小的圆形或球状）两种淀粉颗粒组成，通过共聚焦激光扫描显微镜（CLSM）进行观察淀粉样品的微观结构，观察到天然淀粉具有完整的颗粒形态，具有轻微受损的淀粉，其表面光滑且无明显裂缝；用偏光显微镜（PLM）观察还能看到典型的“马耳他十字”现象。过热蒸汽处理（SST）后的淀粉颗粒形状不规则，部分被破坏。过热蒸汽冷凝成水，同时过热蒸汽向淀粉样品注入有限的水，加上温度升高，可诱导淀粉样品的部分糊化，导致淀粉颗粒的部分糊化，淀粉颗粒形态破坏。SS处理扩大了淀粉样品的粒度，且淀粉体积平均直径和面积平均直径对比天然淀粉均有扩大。

经过SS处理后，淀粉与蛋白质之间的网络结构部分破坏，部分淀粉颗粒破碎，呈现出不规则的多边形，表面变得粗糙，“马耳他十字”也逐渐变得不明显，甚至从淀粉颗粒中心消失，形成V型晶体。随着蒸汽温度的升高和处理时间的延长，裂纹和孔洞的数量增加。淀粉的扫描电镜（SEM）观察发现，淀粉颗粒在SS处理后发生了聚集，且淀粉的聚集程度随着处理时间增加而显著增加。这是SS处理改变淀粉水环境，使淀粉颗粒部分糊化导致的，破坏了淀粉颗粒包括长程结晶结构和短程有序结构在内的有序性。经过过热蒸汽处理的淀粉颗粒表面出现变形、孔隙和少量空洞，因为SS处理会使淀粉酶部分失活，抑制了对淀粉颗粒的破坏，减少空洞形成。

淀粉在热处理和磨粉过程中，淀粉颗粒会受到损伤。淀粉通常由于强氢键而不溶，当淀粉被破坏时，淀粉的吸水速率显著增加，导致亲水键增加。此外，受损的淀粉还增加了淀粉对酶水解和微生物分解的敏感性，也增加了生面团的黏性，有利于生产高品质的食品（尤其是发酵食品）；而高含量的损伤淀粉则会对食品的品质产生很大的危害。损伤淀粉由热损伤淀粉和碾磨损伤淀粉组成。在SS处理淀粉过程中，淀粉颗粒在高温下会发生溶胀，这可能导致淀粉颗粒破裂，从而造成淀粉的破坏。吸热量随蒸汽温度升高和处理时间延长而增加。此外，淀粉含水率随蒸汽温度和处理时间延长而显著降低，这是由于淀粉在碾磨过程中在低水分条件下容易损坏，因此随着蒸汽温度和处理时间的增加，碾磨损坏的淀粉显著增加。不同食品对小麦粉中破损淀粉含量的要求不同，还应根据食品种类控制小麦粉中破损淀粉的含量。

淀粉的晶体结构与晶体大小、直链淀粉和支链淀粉的比例、支链淀粉的长度、双螺旋的取向以及淀粉分子之间的相互作用相关。小麦淀粉的许多性质取决于其晶体结构。使用XRD测定小麦淀粉的晶体结构，SS处理后直链淀粉-脂质相互作用而形成的V型结晶，小麦淀粉的晶体结构没有受到明显破坏。小麦的相对结晶度下降，淀粉相对结晶度的增加，可能归因于SS处理过程中淀粉与有机酸之间的相互作用形成了V型晶体。然而，当处理时间足够长时，淀粉颗粒中的氢键被破坏，这导致相对结晶度降低，并且晶体结构的变化是淀粉糊化特性显著改变的主要原因。

热重分析仪（TGA）测定了淀粉样品随温度升高的质量变化，探究淀粉样品的热稳定性受过热蒸汽处理的影响。对比天然淀粉，经过SS处理的淀粉重量损失明显降低，而高温和有限水分会导致淀粉发生糊化，破坏分子结构。SS处理后，淀粉样品的分子重排增加了淀粉颗粒的硬度，处理过的淀粉样品的结晶度降低，淀粉颗粒的分子有序度也发生降低。

从X射线衍射（XRD）分析来看，淀粉原本具有特定的结晶类型和相对结晶度。像普通小麦淀粉通常呈现典型的A型结晶，经过过热蒸汽处理后，对比天然淀粉相对结晶度下降，说明过热蒸汽处理破坏了淀粉的长程有序结构。不过，XRD图谱的衍射类型变化较小，这可能归因于过热蒸汽处理过程中有限的水分含量。在处理时，有限的水与淀粉分子相互作用，导致淀粉颗粒部分糊化，破坏了淀粉链间的氢键，减少了双螺旋有序结构和结晶区域，进而破坏了长程结构。

傅里叶变换红外光谱（FTIR）可以分析淀粉在1200～800cm^{-1}吸收峰处的短程有序结构。在处理过程中，淀粉颗粒与水的相互作用导致分子间氢键断裂，破坏了淀粉分子间的缔合状态，使淀粉颗粒的双螺旋暴露出来，抑制了淀粉分子短程结构的变化，增加了淀粉链的流动性，破坏了短程尺度上不稳定的有序结构。并且在不同处理条件下，淀粉样品的糊化程度不同导致淀粉短程有序性变化有显著差异。FTIR 光谱显示不同荞麦淀粉有着相同的峰形和曲线趋势，说明 SS 处理并未使淀粉产生或消除化学键，通过诱导淀粉链重排增加了淀粉的有序性，使淀粉微晶更有序、分子结构更稳定。总之，过热蒸汽通过影响淀粉的颗粒形态、结晶结构以及分子链间的相互作用等多方面，改变了淀粉的整体结构，并且这些结构上的改变又与淀粉后续呈现出的理化、功能等特性息息相关。

3.3.2 过热蒸汽对淀粉理化性质的影响

过热蒸汽处理会使淀粉的溶解性和膨胀度发生改变。以小麦淀粉为例，经过过热蒸汽处理后，其膨胀力、溶解性以及直链淀粉的溶出量相较于天然淀粉均显著降低。这是因为过热蒸汽处理过程中有限的水分含量会导致淀粉颗粒部分糊化但仍保持完整性，不会改变总直链淀粉含量；不过会使淀粉分子内部发生重排，增强了直链淀粉、支链淀粉与脂质复合物之间的相互作用，形成刚性结构，增加了淀粉稳定性，从而降低了淀粉颗粒的膨胀以及直链淀粉和支链淀粉分子的溶出。

淀粉糊化是一个复杂的过程，包括淀粉在加热条件下的溶胀和多糖沉淀。小麦淀粉的糊化特性主要取决于淀粉结构和加热过程中温度的变化。用差示扫描量热法测定小麦在 SS 处理前后的淀粉糊化特性，处理导致 T_o 和 T_p 升高。这主要是因为直链淀粉-直链淀粉、直链淀粉-支链淀粉和直链淀粉-脂质相互作用的变化以及晶体被破坏，在小麦的 SS 处理过程中，淀粉颗粒的结晶区和无定形区中的双螺旋的破坏导致 ΔH 降低[32]。利用快速黏度分析仪（RVA）对淀粉的糊化特性进行分析可知，过热蒸汽处理对淀粉的糊化特性有显著影响。就小麦淀粉来说，经过过热蒸汽处理后，其峰值黏度、谷值黏度、最终黏度、破损值和回生值相较于天然小麦淀粉均显著降低，糊化温度则从 90.8℃（天然小麦淀粉）升高到 93.1℃（在 150℃处理 4min）。峰值黏度的降低可能归因于小麦淀粉样品的部分糊化，在过热蒸汽处理时淀粉颗粒在高温和有限水分下部分分解，后续在 RVA 容器中加热时，之前的部分糊化抑制了淀粉颗粒的膨胀，导致溶出的直链淀粉含量降低，进而影响了各项黏度指标。而糊化温度升高则是因为淀粉经过热蒸汽处理形成了刚性结构，需要更高的热量才能使其糊化。过热蒸汽处理显著降低了淀粉的破损值，降低了淀粉颗粒在蒸煮后破裂的能力，提高了热稳定性和机械稳定性。

在 SS 处理初期，淀粉部分水蒸气在小麦籽粒表面凝结，导致淀粉含水量增加。随着处理时间增加，淀粉含水量增加，且随着过热蒸汽温度升高，一些冷凝水被淀粉吸收，在此阶段发生淀粉糊化。随着 SS 处理时间延长，淀粉水分开始下降，糊化受到抑制，淀粉粘度随着糊化发生改变，SS 处理过程中的蒸汽冷凝和温度升高可使淀粉黏度发生显著变化。在荞麦淀粉和面粉方面，储存会使淀粉的糊化黏度（包括峰值、谷值和最终黏度）显著增加，而使面粉的糊化黏度显著降低；但经过热蒸汽处理的荞麦面粉在储存过程中糊化黏度的降低幅度比未处理的样品更小，说明过热蒸汽处理抑制了糊化黏度在储存过程中的变化。同时，过热蒸汽处理显著降低了面粉和淀粉在储存前后的破损值，表明其降低了淀粉颗粒在蒸煮后破裂的能力，提高了热稳定性和机械稳定性。

通过差示扫描量热法（DSC）研究淀粉的热特性发现，过热蒸汽处理后，淀粉的热特性会发生明显改变。例如小麦淀粉经过过热蒸汽处理后，其糊化焓（ΔH）显著降低，从天然小麦淀粉的 9.32 J/g 下降到在 150℃处理 4min 时的 7.10J/g，这表明过热蒸汽处理部分破坏了淀粉的结晶结构，导致淀粉颗粒部分糊化。同时，处理后的小麦淀粉样品的起始温度（T_o）、峰值温度（T_p）和终止温度（T_c）相较于天然小麦淀粉有所升高[33]。这是因为在过热蒸汽处理过程中，淀粉颗粒与水之间的相互作用使得部分分子间氢键断裂，双螺旋含量减少。淀粉颗粒部分糊化后，被破坏的分子会重新排列，增加了淀粉链之间的相互作用，使得双螺旋更完善，淀粉颗粒稳定性增强，所以在热特性参数上表现出 ΔH 降低但转变温度升高的情况。

对于荞麦淀粉和面粉，面粉样品的 T_o、T_p、T_c 值显著高于淀粉样品，而 ΔH 则显著低于淀粉样品，这是由于面粉中存在非淀粉成分（如蛋白质、脂质和细胞壁成分等），限制了水分向淀粉颗粒移动，阻碍了糊化所需的热传递。经过热蒸汽处理后，荞麦淀粉和面粉的 T_o、T_p 和 ΔH 值相较于未处理的显著降低，T_c-T_o 值显著增加，这与过热蒸汽处理导致的部分淀粉糊化有关。在储存后，淀粉和面粉的 T_c-T_o 显著增加，T_o、T_p、T_c 和 ΔH 显著降低，而经过热蒸汽处理能有效抑制这些变化，说明过热蒸汽处理对淀粉和面粉在储存过程中的热特性变化有调控作用。

3.3.3 过热蒸汽对面制品中蛋白质的影响

过热蒸汽处理促使小麦面粉中的蛋白质发生变性和聚合反应。通过尺寸排阻高效液相色谱（SE-HPLC）分析可知，处理后的面粉中十二烷基硫酸钠（SDS）不溶性蛋白质含量显著增加，表明蛋白质发生了聚合。同时，游离巯基（SH）含量降低，说明在高温下 SH 基团通过氧化和二硫键（SS）互换反应形成了 SS 键，促进了蛋白质分子间的交联。例如，在 150℃过热蒸汽处理 1min 后，小麦面粉中 SDS 不溶性蛋白质含量从 63.07%增加至 93.32%，SH 含量从 6.97μmol/g 降低至 3.30μmol/g[34]。扫描电子显微镜（SEM）观察发现，过热蒸汽处理后面筋网络结构发生明显改变。原生面筋形成的网络结构较为均匀且连续，而处理后的面筋网络出现孔洞和不规则聚集现象，表明过热蒸汽破坏了面筋的原有结构。原子力显微镜（AFM）检测结果显示，处理后面筋的表面粗糙度增加，进一步证实了其微观结构的变化。这种面筋网络结构的改变会影响面团的流变学性质和面制品的最终品质。

3.3.4 过热蒸汽干燥

近常压和高压过热蒸汽适用于非热敏性食品，比如谷类。与微波热风干燥相比，使用过热蒸汽对稻谷进行干燥可使动力学速率常数显著提高，抗氧化活性增强，并促进淀粉糊化。这些改进源于400℃的高强度加工条件。水分扩散是影响肉类干燥的一个关键因素。与热风干燥相比，过热蒸汽复水技术具有较高的传热系数，可加速水分扩散。在恒温阶段，水分通过产品与干燥介质之间的边界层从产品扩散至干燥介质，从而促进干燥过程。与热风干燥相比，由于水的质量流的作用，过热蒸汽干燥所受阻力更低，这使得水分能从产品扩散至过热蒸汽介质中。因此，过热蒸汽干燥会带来更高的蒸发速率，且干燥周期更短。

此外，在乳制品生产中，过热蒸汽可作为传统热风在喷雾干燥方面的替代物。在喷雾干燥中使用过热蒸汽能够控制成分的重新分布，并增强润湿性，空气与过热蒸汽单液滴喷雾干燥结果对比就证明了这一点。与过热蒸汽干燥相反，空气喷雾干燥导致表面硬化效应。此外，乳中较高的蛋白质和糖含量倾向于在空气喷雾干燥过程中加强硬壳层的形成。然而，由于其高含水量、均匀的水分蒸发速率和水分扩散，过热蒸汽消除了结壳层的形成。此外，半干液滴的存在和水蒸气冷凝进一步减小了表观投影接触角，增强了润湿性。

在食品加工领域，过热蒸汽技术正逐渐崭露头角，其在面制品蒸煮方面的应用更是引发了广泛关注。

3.3.5 过热蒸汽灭菌

食品安全是一个全球关注的问题，它直接影响健康的生活方式以及食品行业的经济效益。在收获、运输、加工和储存过程中，食品及其原材料容易受到微生物、霉菌毒素以及有毒化合物的污染。为了响应国内外对于生产和维持安全食品的重大需求，开发创新的去污（净化、杀菌）技术至关重要。面制品作为人们日常饮食的重要组成部分，其安全性至关重要。微生物污染可能导致面制品变质，危害消费者健康。因此，有效的灭菌方法是面制品生产过程中的关键环节。蒸汽灭菌因其高效、安全等特点被广泛应用，其中过热蒸汽灭菌在面制品加工中的应用逐渐受到关注。研究过热蒸汽对面制品的灭菌效果，对提升面制品质量、保障食品安全具有重要意义。

3.3.5.1 微生物净化

微生物污染是食品质量恶化的主要原因之一，会导致营养特性下降，并有可能引发涉及大肠杆菌、蜡样芽孢杆菌和沙门氏菌等病原体的食源性疾病爆发。过热蒸汽已被证明是一种有效的方法，可用于灭活杏仁和带壳开心果中存在的各种病原体，包括大肠杆菌 O157：H7、鼠伤寒沙门氏菌、肠炎沙门氏菌噬菌体 30 型和单核细胞增生李斯特菌。病原体水平的降低超过了 5 个对数值，并且产品的颜色和质地品质在 200℃高温处理 15 或 30s 时未受影响。此外，食品的水分活度作为病原体耐热性的关键指标起着至关重要的作用，通过过热蒸汽处理降低水分活度能够同时实现微生物净化和食品储存。

在整个谷物储存阶段，细菌、霉菌和真菌是关键指标，它们会带来食物腐败、霉菌毒素产生或营养特性下降的风险。它们对过热蒸汽加工条件的敏感性各不相同，在 200℃、15.0m^3/h 的条件下处理 80s，蜡样芽孢杆菌的 81.8%可被净化。相比之下，霉菌对温度更为敏感，在 100℃下处理 30s 即可完全净化。水分含量是影响过热蒸汽净化效率的关键因素，适当增加水分含量可显著提高净化效率[36]。然而，需要注意的是，将食品或其原材料，特别是热敏性食品，置于高温和长时间暴露下，并不一定能在不影响质量的情况下确保有效的微生物净化。结合其他方法或探索低压过热蒸汽技术是一种可行的替代方案。此外，较低温度的过热蒸汽技术更可取，因为其较低的加工温度有助于保留生物活性和营养成分。

3.3.5.2 有毒化合物的减少

烹饪食物通过产生诱人的香气、色泽以及提高微生物安全性来增强其感官特性、营养价值和安全性。然而，传统的烹饪方法，如煮沸、烘焙和油炸，在高温下可能导致变色和/或有毒化合物的形成。过热蒸汽已被用作一种创新技术用于烹饪食品，以减少有毒化合物的形成，包括丙烯酰胺、多环芳烃和杂环胺。研究表明，与热风相比，在 250℃的流化床中使用过热蒸汽直接烘焙深烘焙咖啡豆可显著减少包括多环芳烃和丙烯酰胺在内的有毒化合物的形成。与木炭、红外线和微波加热相比，过热蒸汽减少了炸牛肉饼中的脂质氧化，从而减少了致癌杂环胺的形成。烹饪过程中的低氧环境抑制脂质氧化反应，而较高的温度缩短了烹饪时间。此外，过热蒸汽在炸牛肉饼的烹饪过程中能有效保持水分含量，从而避免质量损失。在这些条件下，过热蒸汽不仅最大限度地减少了有毒化合物的形成，而且在烹饪食物时不影响其质量。

3.3.6 过热蒸汽毒素降解

面制品作为人们日常饮食的重要组成部分，其安全性关乎消费者的健康。然而，面制品在原料种植、储存及加工过程中，易受多种因素影响而产生毒素。这些毒素不仅会影响面制品的品质和风味，还可能对人体造成严重危害。传统的面制品毒素处理方法存在各种局限性，如化学方法可能导致化学残留，影响食品安全性；部分物理方法效果欠佳或对面制品品质影响较大。过热蒸汽技术作为一种新兴的食品加工技术，在面制品加工领域逐渐受到关注。它不仅具有高效的杀菌能力，还在毒素降解方面展现出独特的潜力。

3.3.6.1 面制品中常见的毒素及分类

黄曲霉毒素是由黄曲霉和寄生曲霉等曲霉菌产生的一种次级代谢产物，被公认为是目前已知的最强的化学致癌物之一。其化学结构中包含一对较为稳定的二呋喃环和香豆素，这赋予了它们超强的稳定性和毒性。黄曲霉毒素具有较强的脂溶性，易溶于甲醇、乙醇、氯仿等有机溶剂，但在水中的溶解度较低。而且，一般的烹饪温度难以将其有效分解。黄曲霉毒素主要污染粮食作物，如花生、玉米、大米等，在面制品原料受污染时，也会进入面制品中。人体或动物摄入含有黄曲霉毒素的食物后，可能引发急性中毒症状，包括呕吐、腹泻、肝脏损伤等，严重时甚至危及生命。长期摄入低含量的黄曲霉毒素，会显著增加患肝癌的风险。小麦等谷物在生长过程中若感染赤霉病，制成的面制品就可能含有脱氧雪腐镰刀菌烯醇（DON）。DON[37] 对人体健康危害较大，会影响免疫系统和消化系统，导致人出现恶心、呕吐、腹泻等症状。长期摄入还可能对人体的生殖系统和神经系统造成损害。玉米赤霉烯酮（ZEN）具有类似雌激素的作用，能干扰人和动物的内分泌系统。面制品原料若被产毒真菌污染，就可能含有 ZEN。人和动物摄入含 ZEN 的面制品后，可能引发生殖系统紊乱，如动物出现不孕、流产等现象，对人体健康也存在潜在威胁。

3.3.6.2 面制品中毒素降解的原理

过热蒸汽具有较高的温度，当与面制品接触时，能将大量的热能传递给面制品中的毒素分子。以黄曲霉毒素为例，其稳定的化学结构在高温作用下，分子内的化学键振动加剧，一些原本稳定的化学键，如二呋喃环和香豆素之间的连接键，可能会发生断裂或重排。这种结构的改变使得毒素分子的空间构型被破坏，从而丧失其原有的生物活性和毒性，达到降解的目的。对于 DON 和 ZEN 等毒素，高温同样会使它们的分子结构发生变化，如 DON 分子中的某些官能团可能被破坏，ZEN 的内酯环结构可能打开，进而降低其毒性。

过热蒸汽营造的湿热环境为毒素与面制品中的其他成分发生化学反应提供了有利条件。一方面，面制品中的水分在过热蒸汽的作用下，活性增强，可能作为反应物参与到毒素的降解反应中。例如，某些毒素分子可能在水分子的作用下发生水解反应，分解为无毒或低毒的物质。另一方面，面制品中的糖类、蛋白质等成分也可能与毒素发生反应。比如，糖类在高温下可能发生焦糖化反应，产生的一些活性中间体可能与毒素结合，改变毒素的化学性质，使其毒性降低。蛋白质中的氨基酸残基可能与毒素发生美拉德反应或其他化学反应，将毒素包裹或转化为无害物质。

过热蒸汽的高温使得面制品中的分子运动加剧，毒素分子也不例外。毒素分子在面制品内部的扩散速度加快，这有利于它们与过热蒸汽以及面制品中的其他成分充分接触，从而提高降解反应的概率。同时，增强的分子运动还可能促使毒素分子从面制品的内部向表面迁移，使得更多的毒素能够接触到过热蒸汽，进一步促进降解过程。

3.3.6.3 面制品中毒素降解效果的因素

温度是影响过热蒸汽降解毒素效果的关键因素之一。不同的毒素对温度的耐受程度存在差异。一般来说，随着温度地升高，毒素分子获得的能量增加，其化学键更容易断裂，降解反应速率加快，降解效果也越好。例如，对于黄曲霉毒素，在一定范围内，温度升高能显著提高其降解率。然而，过高的温度可能对面制品的品质产生不良影响，如导致面制品色泽加深、风味改变、口感变差等。因此，需要根据面制品的类型以及所含毒素的种类，精确确定适宜的温度。处理时间与毒素降解程度密切相关。在一定的温度条件下，延长过热蒸汽与面制品的接触时间，能使毒素有更多机会与过热蒸汽发生作用，从而提高降解效果。但过长的处理时间不仅会增加生产成本，还可能对面制品的品质造成损害。例如，长时间的高温处理可能使面制品过度干燥、变硬，影响其口感和食用品质。所以，在实际应用中，需要通过实验和生产实践，找到既能有效降解毒素，又能保证面制品品质的最佳处理时间。

蒸汽流速影响着过热蒸汽与面制品的接触效率和均匀程度。较大的蒸汽流速能够使过热蒸汽更快速且均匀地分布在面制品的表面和内部，使毒素能够更迅速地接触到过热蒸汽，有利于毒素的降解。然而，如果流速过大，可能会对面制品造成物理冲击，导致面制品的形状和结构受损。特别是对于一些质地较软或形状规则性要求较高的面制品，需要合理控制蒸汽流速，以平衡毒素降解效果和对面制品物理形态的影响。

面制品中的各种成分会对毒素的降解产生影响。例如，糖类、蛋白质等营养物质可能会增强微生物的抗热性，进而影响毒素的稳定性。在高糖或高蛋白的面制品中，微生物在这些营养物质的保护下，可能产生更耐热的毒素，增加了毒素降解的难度。此外，面制品中的脂肪含量也可能对毒素降解产生作用，脂肪可能会包裹毒素分子，阻碍过热蒸汽与毒素的接触，从而影响降解效果。因此，对于不同成分组成的面制品，需要调整过热蒸汽处理的参数，以达到理想的毒素降解效果。水分含量对微生物的耐热性和蒸汽的传热过程都有重要影响。适量的水分有利于蒸汽传递热量，使面制品内部温度均匀升高，促进毒素的降解。同时，水分也是一些降解反应的参与者，如水解反应等。然而，水分含量过高或过低都可能对毒素降解产生不利影响。水分含量过高，可能会稀释过热蒸汽的能量，降低实际作用于毒素的有效热量，从而影响降解效率；水分含量过低，则不利于蒸汽在面制品内部的渗透和扩散，也会影响毒素与蒸汽以及其他成分的反应，导致降解效果不佳。所以，控制面制品适宜的水分含量，对于提高过热蒸汽降解毒素的效果至关重要。

3.3.6.4 过热蒸汽对面制品中毒素降解效果及改进

过热蒸汽处理对含有黄曲霉毒素的面制品具有较好的降解效果。在特定的实验条件下，如蒸汽温度达到 180℃，处理时间为 10min，蒸汽流速控制在一定范围内，可使面制品中的黄曲霉毒素含量显著降低。通过高效液相色谱法等检测手段分析发现，黄曲霉毒素的降解率能够达到 60%以上。这是因为高温的过热蒸汽破坏了黄曲霉毒素的二呋喃环和香豆素结构，使其毒性降低。然而，黄曲霉毒素的降解效果受到多种因素制约，如面制品的水分含量、成分等。当面制品水分含量过低时，黄曲霉毒素的降解率会明显下降。对于受赤霉病小麦影响而含有 DON 的面制品，过热蒸汽处理同样能发挥降解作用，在蒸汽温度 200℃左右，处理时间 8～12min 的条件下，面制品中的 DON 含量可得到有效降低。过热蒸汽使得 DON 分子中的某些官能团发生变化，从而降低其毒性。在实际生产中，通过调整过热蒸汽的参数，结合面制品的特性，如面粉的种类、面团的湿度等，可以进一步优化 DON 的降解效果。例如，在一些实验中，通过控制面制品的水分含量在 15%～20%之间，可使 DON 的降解率达到 70%左右。过热蒸汽处理对含 ZEN 的面制品也能起到降解毒素的作用。当采用适当的过热蒸汽参数，如温度 160～180℃，处理时间 10～15min 时，ZEN 的内酯环结构会发生变化，导致其雌激素样活性降低，即毒性下降。研究发现，在不同的面制品体系中，过热蒸汽对 ZEN 的降解效果有所差异。在以小麦粉为原料的面制品中，小麦粉中的某些成分可能与 ZEN 发生相互作用，影响了过热蒸汽对 ZEN 的降解，需要适当调整蒸汽参数以提高降解效率。

通过大量的实验研究和模拟分析，针对不同类型的面制品和毒素，精确确定最佳的过热蒸汽温度、时间和流速组合。利用先进的传感器技术和自动化控制系统，实时监测和调整蒸汽参数，确保在整个生产过程中，过热蒸汽始终保持在最佳的处理状态，以实现高效的毒素降解，同时最大程度减少对面制品品质的影响。例如，对于含有不同毒素的面制品，可以建立数据库，记录不同条件下的毒素降解效果和品质变化情况，为实际生产提供参考依据。在过热蒸汽处理之前，对面制品进行适当的预处理，以提高毒素降解效果。例如，调整面制品的水分含量至适宜水平，可通过喷雾加湿或干燥等方式实现。

对于一些高糖或高蛋白的面制品，可以在处理前添加适量的助剂，如某些酶类或抗氧化剂等，这些助剂能够与毒素发生反应或改变面制品的内部结构，促进毒素的降解。此外，对受污染的面制品原料进行筛选和清洁，去除明显受污染的部分，也有助于提高过热蒸汽处理的效果。将过热蒸汽技术与其他毒素降解技术联合使用，发挥协同作用，进一步提高毒素降解效果。例如，过热蒸汽与紫外线照射技术联合，紫外线能够破坏毒素的分子结构，与过热蒸汽的高温降解作用相互补充。处理过程为先利用紫外线对面制品进行照射，然后再用过热蒸汽处理，可以显著提高毒素的降解率。过热蒸汽也可以与高压脉冲电场技术联合，高压脉冲电场能够使微生物细胞膜穿孔，促使毒素释放，更易于过热蒸汽与之作用。此外，过热蒸汽还可以与生物酶处理技术相结合，生物酶能够特异性地作用于毒素分子，将其分解为无毒或低毒的物质，与过热蒸汽共同作用，实现更高效的毒素降解。

3.3.7 过热蒸汽改善面制品的品质

3.3.7.1 过热蒸汽对蛋糕品质的影响

小麦不仅是三大主要粮食作物之一，而且是面包、面条和糕点等食品的主要成分。然而，天然小麦粉并不适合食品工业对特定理化性质的要求。在某些情况下，蛋糕生产的天然小麦粉会出现崩溃和体积损失。为了生产高品质的糕点，在不添加化学试剂的情况下，采用物理改性的方法来改善小麦粉的理化性质。这种物理改性可以增加小麦粉的黏性，以捕获气泡，增加体积，减少蛋糕的塌陷。同时，面粉的这种物理改性被认为是天然和安全的。热处理技术在小麦粉产品的物理改性中发挥着不可替代的作用，它改变了保质期和功能特性，以满足消费者的偏好。一般而言，传统的热处理在食品工业中可分为两种基本方法：水热处理和干热处理。由于黏度较高，水热处理可用于汤和调味汁中的增稠剂生产。与水热处理相反，干热处理由于形成了更稳定的泡沫而用于饼干和蛋糕的生产。然而，传统的热处理工艺在工业应用中存在一定的局限性，特别是处理时间长，能耗高。

蛋糕是一种传统的烘焙甜食，由小麦粉、糖和鸡蛋组成。历史上，生产的蛋糕面糊含有与面粉等量的糖和液体成分。随着全球经济发展，消费者对蛋糕的要求越来越高，要求蛋糕更甜、更软、更湿润。商业配方通过增加糖和/或液体相对于面粉的比例来适应这种需求，并且所得产品被称为高比例蛋糕。这种类型的蛋糕因其更甜、更软、更湿润的质地以及更长的保质期而广受全球消费者的欢迎。通常，蛋糕的多孔和柔软的结构可归因于由面筋蛋白对气泡的稳定作用。在一些情况下，天然面粉可导致蛋糕塌陷和/或经历体积的总体损失。为了防止这种结果，有必要对面粉进行预处理，以提高最终产品的质量。面粉氯化是一种有效的化学加工方法，可生产出结构更细、体积更大、不塌缩的高比饼。但是，这种方法由于其安全问题而被逐步淘汰。在过去的几十年中，许多研究者集中于热处理方法以代替氯化。小麦粉经过热处理后，蛋糕面糊可以提高面糊的稳定性和黏度，以保留足够的气泡，最终提高蛋糕的质量，使其具有柔软的结构和高体积。这一改善可归因于面粉性能的变化。由于热处理，淀粉被部分胶凝化，蛋白质变性，这会降低面筋的发育，并阻碍面筋网络的形成。

过热蒸汽处理（SST）被发现可以改变蛋糕面糊的物理特性，增加更多的气泡，改善蛋糕的内部结构。SST 具有很大的前景，被纳入粮食加工方法，以提高最终产品的质量。实验室规模的过热蒸汽处理技术与传统的热处理方法相比具有更短的处理周期，仅需几分钟，从而缩短了整个工作流程。这项工作扩大了过热蒸汽技术在食品工业中的潜在应用。过热蒸汽处理是一种新型的热加工技术，近年来在食品工业中得到了广泛应用。与传统的热处理方法，例如干热和水热处理相比，具有高传热系数的过热蒸汽具有能够实现更短的处理时间的优点，处理时间一般仅为几分钟。此外，过热蒸汽的潜热可以被回收，由此回收的蒸汽能量被用于处理样品，从而节省了能量成本。此外，小麦粉已经使用过热蒸汽直接加工，导致面团强度的减弱，这是可以用于改善蛋糕质量的特征。高质量的蛋糕取决于其面糊的初始性质。因此，有必要确定如何使用热处理来促进气泡的结合和保留，这将直接影响最终产品的质量。

过热蒸汽处理促进了小麦颗粒的膨胀吸水，抑制了小麦粉的溶解性，使直链淀粉流失，蒸汽处理降低了小麦粉的溶解度指数。在热加工过程中，过热蒸汽可以促进面粉与水分的相互作用。淀粉颗粒在过热蒸汽作用下破碎，导致淀粉颗粒部分糊化。淀粉颗粒的部分糊化弱化了淀粉颗粒内部结构，增强了淀粉颗粒与水的相互作用，从而提高了淀粉颗粒的可溶性淀粉含量。

气泡的均匀性和细度在决定最终蛋糕产品的质量方面也起着重要作用。经受 SST 的样品中保留的气体量更大，这一结果可能归因于主要组分（包括面筋和淀粉）的结构和理化性质的变化。在只含有小麦粉、细糖和鸡蛋的基本配方中，气泡的大小和质量与成分，特别是面筋的表面张力和属性有关。在 SST 时，热处理诱导谷蛋白变性和聚集[39]，这可能在混合过程中削弱谷蛋白的网络结构，但结构并没有轻易收缩，这可能会增加气泡的数量。

蛋糕面糊的黏度是影响混合过程中混入的气泡数量的重要因素，它还影响面糊系统中气泡的移动和保留。通常，面糊黏度低于某一阈值允许引入和保留更多的气泡，这有利于多孔饼结构的形成。面糊的高黏度可抑制气泡混入面糊体系中。相反，低黏度面糊可以增加气泡的保留能力。经处理样品的面糊系统中气泡增多，这可能导致面糊系统的密度降低，从而显示出较低的黏度。SST 显著降低了蛋糕面糊的黏度。结合面糊的密度和显微镜观察，面糊体系黏度值的降低增加了气泡的数量。此外，黏度的降低可能与蛋白质的变性有关。在 SST 过程中，面筋蛋白变性削弱了网络结构，从而减少了长链分子的形成。这降低了测试期间的阻力。因此，与由天然样品制成的那些相比，由经处理的样品组成的蛋糕面糊表现出较低的黏度。

经 SST 处理后，谷朊蛋白的聚集会削弱网络结构，表现出较弱的凝胶行为。此外，经受高温加工的淀粉颗粒由于其部分胶凝化和降解而表现出弱的凝胶性质。这种较低的黏弹性将最终影响蛋糕的质量。烘焙损失是指烘焙过程中损失的质量，是用于评价蛋糕质量的一个因素。烘烤损失主要由水分的蒸发决定。通常，面糊的保水能力和水-空气接触面积影响水的蒸发，由此较低的保水能力和较高的水-空气接触面积可加速水的蒸发，由此导致较高的蛋糕烘焙损失，这表明处理过的样品在烘焙过程中表现出较低的水分损失。就经处理的小麦粉的组分而言，淀粉的部分糊化增加了吸水性，并且直链淀粉-乳化剂复合物的形成以及面筋蛋白、淀粉和脂质之间相互作用的增强可增加水分的保持能力[40]。

体积参数，包括体积、体积指数、对称指数和均匀指数是反应蛋糕烘烤出来的体积的主要参数。体积指数反映了整体蛋糕的大小，对称指数传统上用于蛋糕工业中以指示轮廓，均匀指数已被应用于测量饼对称性多年。从蛋糕的体积和形状来看，采用 SST 加工小麦粉是一种可行的改善蛋糕品质的技术。与天然样品相比，经处理的样品的特征在于更大的高度和更明显的上凸弧，从而导致蛋糕最终体积更高且所得样品的质地更蓬松，表明处理后的样品在混合过程中掺入了大量的气泡。同时，经处理的样品在烘烤过程中能够很好地保留面糊中的气泡，在烘烤过程中保留了足够的气泡。蛋糕由于具有更小、更精细的多孔结构而被赋予更好的品质。应当认识到通过过热蒸汽进行的热处理不会导致所得面糊在混合过程中乳化。总的来说，使用 SST 加工小麦粉显著改善了蛋糕的质量。硬度是评价蛋糕品质的一个关键指标。SST 显著降低了饼的硬度，这一变化受到面糊特性和烘焙条件的影响。具有更多气泡的蛋糕面糊（其导致更高的蛋糕体积）在最终蛋糕中具有改进的质地属性。

一般来说，面筋的充分发展对于蛋糕制作是不必要的，高蛋白质含量会导致蛋糕体积的减少。鸡蛋泡沫的发泡性和持气性对蛋糕的体积起支撑作用，而高面筋强度则会抑制泡沫的发泡性和持气性，导致蛋糕的硬度和收缩。经过过热蒸汽处理后，面筋强度减弱，导致蛋糕蓬松。淀粉特性也可影响烘焙性能。在烘烤过程中，淀粉颗粒吸收水分，溶胀，固定在面筋网络结构中。在高温烘烤过程中，水分含量逐渐降低，气泡滞留在饼中。也就是说，小麦粉较高的膨胀力有助于增加蛋糕体积。同时，在升温过程中，淀粉颗粒糊化吸收的水部分从面筋蛋白中转移出来。较高的糊化温度推迟了水传递过程，延长了面筋蛋白的失水时间，有利于面筋蛋白的形成蛋糕内部组织结构。

3.3.7.2 过热蒸汽对面包品质的影响

在 SST 过程中，热效应引起面筋蛋白的解折叠、解离和重排。特别地，SST 可以通过改变小麦粉中面筋的结构特性来改善谷物基食品的产品质量。天然谷蛋白具有光滑的壁，这是由于水合后形成网络结构，在应用SST之后，处理过的谷蛋白样品显示出不规则的孔。这可能归因于面筋蛋白的热变性，无法形成网络结构。

不同的过热蒸汽温度和时间对面包品质有着显著影响。一般来说，适当提高过热蒸汽温度和延长处理时间能够增加面包的体积和改善口感，但过高的温度和过长的时间会导致面包表面过度焦糖化和内部结构过于疏松。例如，在180～200℃的过热蒸汽温度范围内，处理时间为10～15min时，面包的品质综合表现较好。蒸汽流量和压力也是影响面包品质的重要因素。合适的蒸汽流量和压力能够保证蒸汽在烤箱内均匀分布，使面包受热均匀。过高的蒸汽流量和压力可能会导致面包表面积水，影响面包的外观和口感；而过低的蒸汽流量和压力则无法充分发挥过热蒸汽的作用。在实际生产中，需要根据烤箱的大小和面包的批量进行合理调整。

过热蒸汽处理能够显著增加面包的体积和比容。在面包烘焙过程中，过热蒸汽在面团表面迅速冷凝，形成一层水膜，延缓了面团表面的干燥和结皮速度，使面团能够持续膨胀。同时，蒸汽压的作用促使面团内部的气泡膨胀和融合，从而增加了面包的体积。研究表明，与传统烘焙方法相比，采用过热蒸汽烘焙的面包体积可增加10%～20%。经过热蒸汽处理的面包，其质地更加柔软且富有弹性，口感得到明显改善。这是由于过热蒸汽促进了淀粉的糊化和蛋白质的变性，使得面包内部形成了更为均匀和细腻的组织结构。同时，面包的水分含量保持较好，在储存过程中不易老化，延长了面包的货架期。消费者感官评价结果显示，过热蒸汽处理后的面包在口感、柔软度和整体接受度方面得分更高。在面包烘焙中，过热蒸汽能够促进面包表面的美拉德反应，使面包表面形成诱人的金黄色色泽，并且增加了面包的风味物质。与传统烘焙相比，过热蒸汽烘焙的面包具有更浓郁的麦香味和烘焙香气。通过气相色谱-质谱联用（GC-MS）分析发现，过热蒸汽处理后的面包中挥发性风味化合物的种类和含量均有所增加，如醛类、酮类和呋喃类化合物等。

3.3.7.3 过热蒸汽对馒头品质的影响

过热蒸汽处理有助于改善馒头的外观和形态。在蒸制过程中，过热蒸汽使馒头表面更加光滑，减少了表面褶皱和裂纹的出现。同时，馒头的体积膨胀更为均匀，形状更加规整。与传统蒸制方法相比，过热蒸汽蒸制的馒头在外观上更具吸引力，提高了产品的市场竞争力。

蒸汽饱和度对馒头品质也有一定影响。适当降低蒸汽饱和度可以减少馒头表面的水分凝结，避免出现表面软烂的现象。在实际操作中，可以通过调节蒸汽发生器的功率和蒸汽排放口的大小来控制蒸汽饱和度，以达到最佳的蒸制效果。在馒头制作中，过热蒸汽的蒸制温度和时间需要根据馒头的大小和配方进行优化。

一般情况下，较高的蒸制温度和适当缩短的蒸制时间能够在保证馒头熟透的前提下，更好地保持馒头的品质。例如，将蒸制温度提高到105～110℃，蒸制时间控制在15～20min，可以获得较好的效果。

馒头内部结构的改善是过热蒸汽处理的重要效果之一。经处理后的馒头内部气孔分布更加均匀，气孔壁更薄，质地更加细腻柔软。这是因为过热蒸汽加速了面团的发酵和淀粉的糊化过程，使面团中的气体能够更好地保持和膨胀，形成了良好的内部结构。通过质构仪分析可知，过热蒸汽处理后的馒头硬度降低，弹性和内聚性增加。过热蒸汽处理能够提升馒头的风味，使其具有更浓郁的麦香味。同时，由于过热蒸汽对馒头表面微生物的抑制作用以及内部结构的改善，馒头的保鲜期延长了。在储存过程中，馒头的硬度增加速度减缓，口感保持较好，减少了因老化而导致的品质劣变。

3.3.7.4 过热蒸汽对面条品质的影响

在面条干燥过程中，过热蒸汽的应用可以改善干燥效果。适当的蒸汽温度和流量能够加速面条表面水分蒸发，同时避免内部水分迁移过快导致的干裂现象。例如，采用80～90℃的过热蒸汽进行干燥，控制蒸汽流量为0.5～1.0m^3/h，可以获得较好的干燥质量和面条品质。在面条制作前，对面粉或面团进行过热蒸汽预处理时，需要选择合适的蒸汽温度、时间和压力。较低温度和较短时间的预处理可以使面粉中的蛋白质适度变性，增强面筋网络的形成；而较高温度和较长时间的预处理则可能导致蛋白质过度变性，影响面条的品质。一般来说，在120～140℃的过热蒸汽中处理1～3min较为适宜。

过热蒸汽处理改变了面条的烹煮特性，使面条的烹煮损失降低，硬度和弹性增加。在烹煮过程中，处理后的面条不易糊汤，保持了较好的口感和形状。这是因为过热蒸汽处理使面条表面的淀粉部分糊化，形成了一层保护膜，减少了淀粉在烹煮过程中的溶出。同时，面条内部的蛋白质结构得到强化，提高了面条的韧性。经过热蒸汽处理的面条口感爽滑，富有嚼劲。其质地更加紧密，不易断裂。通过感官评价和质构仪分析发现，面条的拉伸强度、剪切力和咀嚼性等指标均有所改善。这使得面条在食用过程中能够提供更好的口感体验，满足消费者的需求。过热蒸汽处理对延长面条的货架期具有积极作用。处理后的面条水分含量分布更加均匀，抑制了微生物的生长和繁殖，减少了面条在储存过程中的变质现象。在常温下储存，过热蒸汽处理的面条货架期可比传统面条延长2～3天。

4 面团调制技术

4.1 面团的形成及原理

面粉食品的制造一般需将面粉与其他配料混合成面团。面粉与水的比例应适宜，若水过量，则形成浓浆；若面粉过量使用，则形成干而低黏合力的松散物料。面粉与水的比例适宜和连续混合时，面团会发生一系列的黏弹性变化。面团混合的另一个重要作用是掺和适量的空气。在混合最适当时，大约可掺入空气总量的一半，在面团中形成分布均匀的小气泡。如果没有空气的掺入和小气泡的形成，面包的组织结构将十分粗糙。面团混合达到最佳状态后，若继续混合，面团会变湿、变黏，这种现象称为“混合过度”，一般称这种面团为“崩塌面团”。混合过度是剪切变稀的现象。不同面粉混合成“崩塌面团”所需时间不同，主要取决于其蛋白质的强度。

4.1.1 面团的种类

面团通常是由面粉和液体（通常是水）以及其他一些成分制成的黏合物，作为烹饪和烘焙的基础之一。其可根据成分和制作工艺的不同分为多种类型，如松酥面团、水调面团、水油面团、油酥面团、酥性面团、糖浆面团、米粉面团等。不同种类的面团在成分和质地等方面存在差异，以满足不同食品的制作需求。

松酥面团又称混糖面团或弱筋面团，通常以面粉、油脂、糖和少量水为原料制成。油脂和糖的比例较高，面团质地较为松散，具有良好的酥性。在制作过程中，油脂会阻碍面筋形成，使面团在烘焙后口感酥脆易碎，常用于制作桃酥、曲奇等点心。这种点心外形通常较为平整，表面有自然的裂纹，口感香甜酥松。

水调面团又称筋性面团或韧性面团，主要原料是面粉和水，有时会添加少量盐，通过搅拌使面粉与水充分混合，形成具有一定韧性和延展性的面团。不添加其他特殊原料使其保持了面粉原本的风味，可根据加水量分成软硬度不同的面团，常用于制作面条、饺子皮、馄饨皮等。成品口感爽滑筋道，能较好地包裹馅料，煮制后不易破裂。

水油面团又称水油皮面团或水皮面团，主要用小麦粉、油脂和水调制而成。油脂的加入使面团具有一定的柔软性和延展性，同时面筋网络也得以部分形成，赋予面团一定的韧性。这种面团具有良好的可塑性和包酥性，常作为酥皮类点心的外皮，如苏式月饼、千层酥等。成品外皮层次分明、口感酥脆又带有一定的韧性，能呈现出丰富的口感层次。

膨松面团又分为酵母发酵面团、化学膨松面团、老面发酵面团，是一种内部具有疏松多孔结构的面团。主要通过生物（酵母发酵）、化学（小苏打、泡打粉等）、物理（打发蛋清或机械搅拌等）方式使面团产生气体。这种面团用于制作面包、饼干等食品，成品口感松软或酥脆。

油酥面团是一种完全用油脂和小麦粉为主调制而成的面团，面团可塑性强，基本无弹性。由于面筋没有充分形成，面团非常松散。其主要用于与水油面团配合制作酥皮，层层叠叠后经烘焙，使成品的酥皮层次丰富、口感酥香，一碰即碎，极大地提升了点心的口感和品质。

酥性面团又称甜酥性面团，原料包括面粉、油脂、糖、水及少量其他添加剂如碳酸氢钠等。其特点是油脂和糖的用量较大，面团质地酥松，可塑性较好，缺乏弹性和可塑性，半成品不韧缩。在搅拌过程中，面筋形成程度较低，烘焙后口感酥脆，常用于制作饼干类食品，如动物饼干、黄油饼干等。饼干外形多样，口感香甜酥脆，深受消费者喜爱。

糖浆面团是将事先用蔗糖制成的糖浆或麦芽糖浆与小麦粉调制而成的面团。糖浆不仅为面团提供甜味，还因其具有一定的黏性和保湿性，使面团柔软且具有光泽。经过烘焙后，成品口感酥脆，同时带有独特的风味和色泽，常应用于广式月饼等传统中式糕点的制作。成品表面通常印有精美的图案，质地紧密且口感香甜。

米粉面团由米粉（大米磨成的粉）和水或其他液体混合而成，根据米粉的种类（如糯米粉、黏米粉等）和添加成分的不同，面团的性质有所差异。糯米粉面团黏性较大，适合制作汤圆、年糕等软糯黏滑的食品；黏米粉面团相对松散，常与其他原料配合制作肠粉、萝卜糕等，口感细腻，具有独特的米香味，蒸熟后呈现出不同的质地和风味，体现了中式传统点心的特色。

4.1.2 面团的形成原理

面团的形成主要是面粉、油脂、糖类与水混合后，经过搅拌形成胶状团粒，团粒互相黏结在一起形成面团。面团的形成核心在于面粉中的面筋蛋白与水的相互作用。当面粉与水混合后，面筋蛋白开始吸水膨胀。其中，麦谷蛋白和麦醇溶蛋白是形成面筋的主要成分。麦谷蛋白分子间通过二硫键等化学键相互交联，形成具有弹性的三维网状结构，为面团提供强度和韧性；麦醇溶蛋白则具有良好的延展性，使面团能够伸展变形。各种谷物粉中，仅小麦面粉可形成黏弹性的可夹持气体的面团，从而生产出松软可口的烘烤食品，这主要归结于面筋的独特性质。面粉中蛋白质主要由麦胶蛋白和麦谷蛋白构成，而麦胶蛋白和麦谷蛋白是面筋的主要组成成分。麦胶蛋白和麦谷蛋白都是高分子亲水性化合物。当水分子与蛋白质的亲水基团互相作用时就形成水化物——湿面筋。水化作用由表及里逐步进行，表面作用阶段体积增大，吸水量较少。当吸水胀润进一步进行时，水分子进一步扩散到蛋白质分子中去，蛋白质胶粒犹如一个渗透袋，使吸水量大增。当面粉加水和面时，麦胶蛋白和麦谷蛋白按一定规律相结合，构成像海绵一样的网络结构，组成面筋的骨架，其他成分如脂肪、糖类和淀粉都包容在面筋骨架的网络中，使得面筋具有弹性和可塑性。吸水后的湿面筋保持了原有的自然活性及天然物理状态，具有黏性、弹性、延伸性、薄膜成型性和乳化性等功能性质。

面团的形成原理主要包括蛋白质溶胀作用、淀粉糊化作用、吸附作用和黏结作用。分布在面粉中的蛋白质颗粒吸水膨胀，膨胀了的蛋白质颗粒互相连接起来形成了面筋，经过搅拌，面筋形成面筋网络，即蛋白质骨架；同时面粉中的糖类（淀粉、纤维素等）、油脂和食糖均匀地分布在蛋白质骨架之中，形成了面团，并且淀粉颗粒在遇到热水时会吸水破裂并糊化，形成黏性的糊精，这种黏性物质能够将其他成分黏结在一起，也就形成了面团。

4.1.3 影响面团形成的因素

4.1.3.1 蛋白质溶胀

(1) 蛋白质溶胀作用

蛋白质分子为链状结构，在链的一侧分布着大量的亲水基团，如羟基（OH）、胺基（NH_2）、羧基（COOH）等，另一侧分布着大量的疏水基团。整个分子近似球形，疏水基团分布在球心，而亲水基团分布在球体外围。

蛋白质的溶液称为胶体溶液或溶胶，溶胶性质稳定而不易沉淀。在一定条件下如溶液浓度增大或温度降低，蛋白质溶胶失去流动性而成为软胶状的凝胶。凝胶进一步失水成为固态的干凝胶。面粉中的蛋白质即属于干凝胶。

蛋白质由溶胶变为凝胶、干凝胶的过程称作蛋白质的胶凝作用。由于蛋白质分子没有变性，故胶凝过程是可逆的。蛋白质干凝胶能吸水膨胀形成凝胶，这个过程叫蛋白质的溶胀作用。这种溶胀作用对于不同的蛋白质有着不同限度，一种是无限溶胀，即干凝胶吸水膨胀形成凝胶后继续吸水形成溶胶，如面粉中的麦清蛋白和麦球蛋白；一种是有限溶胀，即干凝胶在一定条件适度吸水变成凝胶后不再吸水，如麦谷蛋白和麦胶蛋白。

(2) 蛋白质溶胀作用形成面团的机理

麦谷蛋白和麦胶蛋白的有限溶胀是面团形成的主要机理。当面粉与水混和后，面粉中的面筋性蛋白质-麦胶蛋白和麦谷蛋白迅速吸水溶胀，膨胀了的蛋白质颗粒互相连接起来形成面筋，揉搓使面筋形成规则排列的面筋网络，即蛋白质骨架，同时面粉中的淀粉、纤维素等成分均匀分布在蛋白质骨架之中，就形成了面团。如冷水面团的形成即是蛋白质溶胀作用所致，面团具有良好的弹性、韧性和延伸性。

(3) 蛋白质吸水形成面筋的过程

蛋白质吸水胀润形成面筋的过程是分两步进行的。第一步，面粉与水混合后，水分子首先与蛋白质分子表面的极性基团结合形成水化物，吸水量较少，体积膨胀不大，是放热反应。第二步，水以扩散方式向蛋白质胶粒内部渗透。胶粒内部有低分子量可溶性物质（无机盐类）存在，水分子扩散至内部，可溶性物质溶解而浓度增加，形成一定的渗透压。水进一步向蛋白质胶粒内部大量渗透，从而使蛋白质分子内部的非极性基团外翻，水化了的极性基团内聚，面团体积膨胀，蛋白质分子肽链“松散、伸展”相互交织在一起，形成面筋网络，而淀粉、水等成分填充其中，即形成凝胶面团。此阶段属不放热反应。水以扩散方式向胶粒渗透的过程实际是缓慢的，这就需要借助外力，以加速渗透。所以，在和面时采用分次加水的办法，与面粉拌和，然后再进行揉面揣面，其作用就是使上述第二步扩散加速进行，使面筋网状结构充分形成。与此同时，面粉中淀粉也吸水胀润。

4.1.3.2 淀粉糊化

淀粉是小麦面团中含量最高的组分，将淀粉在水中加热到一定温度后，淀粉粒开始吸收水分而膨胀，温度继续上升，淀粉颗粒继续膨胀，可达原体积几倍到十几倍，最后淀粉粒破裂，形成均匀的黏稠糊状溶液，这种现象称为淀粉的糊化。糊化时的温度称为糊化温度。淀粉糊化作用的本质是淀粉中有规则和无规则状的淀粉分子间的氢键断裂，分散在水中成为胶体溶液。

淀粉糊化作用的过程可分为三个阶段。第一阶段是可逆吸水阶段，当水温未达到糊化温度时，水分只能进入到淀粉粒的非结晶区，与非结晶区的极性基团相结合或被吸附。在这一阶段，淀粉粒仅吸收少量的水分，晶体结构没有受到影响，所以淀粉外形未变，只是体积略有膨胀，黏度变化不大；若此时取出淀粉粒干燥脱水，仍可恢复成原来的淀粉粒。第二阶段是不可逆吸水阶段，当水温达到糊化开始温度，热量使得淀粉的晶束运动动能增加，氢键变得不稳定；同时水分子动能增加，冲破了“晶体”的氢键，进入到结晶区域，使得淀粉颗粒的吸水量迅速增加，体积膨胀到原来体积的50～100倍，进一步使氢键断裂，晶体结构破坏。同时，直链淀粉大量溶于水中，成为黏度很高的溶胶。糊化后的淀粉，晶体结构解体，变成混乱无章的排列，因此无法恢复成原来的晶体状态。第三阶段是温度继续上升，膨胀的淀粉粒最后分离解体，黏度进一步提高。在一些面团的调制中常利用淀粉糊化产生的黏性形成面团，如沸水面团、米粉面团、澄粉面团等。

4.2 面团的特性

4.2.1 面团流变特性和发酵特性概述

面团流变特性是指面团在受到外力作用时的变形和流动行为，能够反映面团的耐揉性和黏弹性，包括弹性、黏性、可塑性和延伸性等。弹性使面团在受力变形后能恢复部分形状；黏性与面团内部颗粒间的摩擦力和黏附力有关，影响面团在加工过程中的操作性能；可塑性让面团能在外力作用下改变形状并保持；延伸性则保证面团在拉伸时不易断裂。

在面食类食品加工中，面团的品质起决定性作用。面团流变学特性是小麦品质的指标之一，受面粉蛋白质含量、面筋含量等组成成分的影响，决定着小麦和其烘焙、蒸煮食品等最终产品的加工品质，可以给小麦粉的分类和用途提供一个实际的、科学的依据。研究面团的流变学特性有着重要的意义：

① 面团的结构和性质直接由其品种的品质状况决定蛋白质含量和质量、淀粉的种类和组合、脂肪的结构和组成以及矿物质、维生素的多少都直接影响到面团的粉质、拉伸、揉混等特性。

② 面团的性质又直接影响到面包等制成品的品质，其流变学特性决定了面团的行为，可以通过选择配方和加工过程控制面团特性以生产出能满足特殊要求的面包、馒头和面条等食品。

③ 通过面团流变学特性的测定可以了解面粉和小麦品质，对于指导面粉品质改良、制定各种专用粉标准、保证面粉质量稳定等都有十分重要的意义。

面团发酵是面包加工过程中的关键工序。面粉等各种原辅料搅拌成面团后，必须经过一段时间的发酵过程，才能加工出体积膨大、组织松软有弹性、口感疏松、风味诱人的面包。面团发酵特性是指在发酵过程中，酵母利用面团中的糖分进行有氧呼吸和无氧发酵，产生二氧化碳气体和酒精等代谢产物。二氧化碳气体被包裹在面筋网络中，使面团膨胀，增加面团的体积和松软度；酒精等风味物质则赋予面团独特的香气和风味。同时，发酵过程还会影响面团的流变特性，使面团变得更加柔软和易于操作，但如果发酵过度，面团可能会因面筋过度松弛而失去弹性，导致产品塌陷、组织粗糙等问题。面团发酵目的有以下几方面：

① 使酵母大量繁殖，产生二氧化碳，促进面团体积膨胀。

② 改善面团的加工性能，使之具有良好的延伸性，降低弹韧性，为面包的最后醒发和烘焙获得最大体积奠定基础。

③ 改善面团和面包的组织结构，使其疏松多孔。

④ 使面包具有诱人的芳香风味。

4.2.2 面团流变学特性及测定方法

4.2.2.1 粉质仪测定法

其是通过模拟面团在搅拌过程中的受力情况，测定面团的吸水率、形成时间、稳定时间、弱化度等参数。吸水率反映面团对水的吸收能力，与面粉的品质和面团的软硬程度相关；形成时间表示面团达到标准稠度所需的搅拌时间，可衡量面筋形成的速度；稳定时间体现面团的耐搅拌性能，越长说明面筋网络越强韧；弱化度则反映面团在搅拌过程中的筋力衰减情况，数值越大，面团筋力越容易下降，这些参数综合反映了面团的筋力和加工性能。常用仪器为面团阻力仪（粉质仪），它由调粉（揉面）器和动力测定计组成，如图 4-1 所示。它是把小麦粉和水用调粉器的搅拌臂揉成一定硬度（consistency）的面团，并持续搅拌一段时间，与此同时自动记录在揉面搅动过程中面团阻力的变化，以这个阻力变化曲线来分析面粉筋力、面团的形成特性和达到一定硬度时所需的水分（面粉吸水率）。

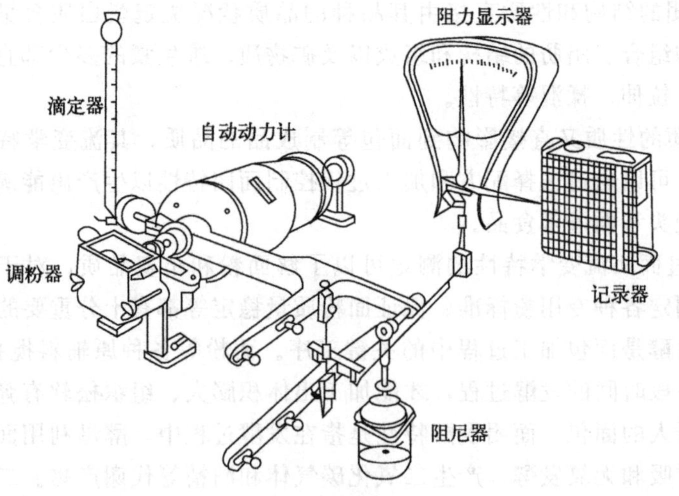

图 4-1 粉质仪

4.2.2.2 拉伸仪测定法

其是将面团制成特定形状后，测定其拉伸阻力、延伸度等指标。拉伸阻力反映面团的韧性，阻力越大，面团越难以拉伸，韧性越强；延伸度表示面团在拉伸力作用下能够被拉长的程度，体现面团的延展性。通过拉伸仪测定的数据，能够更直观地了解面团的流变学特性，尤其是在评估面团用于制作面包等需要良好拉伸性能的产品时，具有重要的参考价值，可帮助调整配方和工艺参数，以优化面团的加工性能和最终产品的品质。常用面团拉力测定仪（面团拉伸仪）见图 4-2，这是测定具有一定软硬度面团的延伸程度和延伸强度的装置，可以测定面团的筋力和其随时间的变化，为下一步的发酵工艺提供面团的有关性质。因为测定中有时间因素，所以也可以反映小麦粉中酶类、氧化作用等的影响，获得比粉质仪更详细的情况。

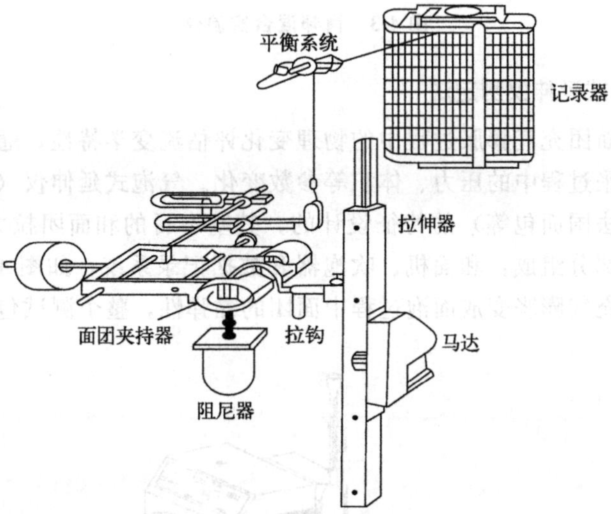

图 4-2 面团拉力测定仪

4.2.2.3 肖邦混合实验法

肖邦（Mixolab）混合实验仪由主机、混合式、定量加水系统、温度控制系统、测力系统、运算软件、显示器等部分组成，如图 4-3 所示。混合实验仪测定在搅拌和温度双重因素下的面团流变学特性，主要是实时测量面团搅拌时，两个揉面刀的扭矩变化，当面团揉混成型，仪器开始检测面团在过度搅拌和温度变化双重制约因素下的流变特性变化。在实验过程的升温阶段，所获得的面团流变特性更加接近食品在烘焙及蒸煮工艺上的特性。混合实验仪标准实验的温度控制分为 3 个过程：恒温状态，8min 保持 30℃；加温阶段，15min 内以 4℃/min 速度升温到 90℃并保持高温 7min；降温阶段，10min 内以 4℃/min 速度降温到 50℃并保持 5min，整个过程共计 45min。混合实验仪不仅能更全面、更科学、更直接地表征面粉的质量，还能综合评价不同用途面粉的质量。

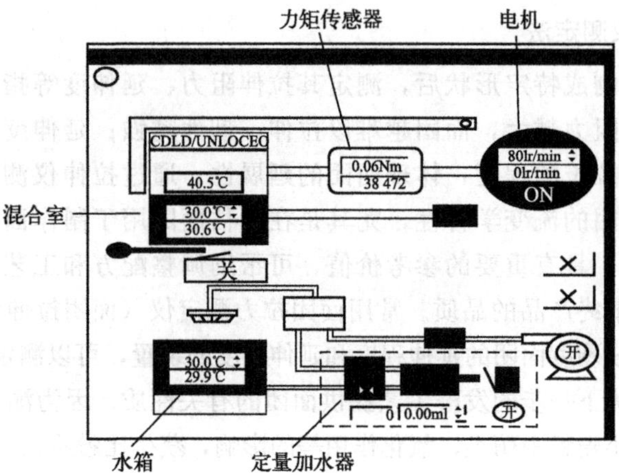

图 4-3　肖邦混合实验仪

4.2.2.4　气泡式延伸仪测定法

其是基于面团充气膨胀过程中的物理变化评估流变学特性，通过向面团注入气体，记录膨胀过程中的压力、体积等参数变化。气泡式延伸仪（吹泡仪）是根据欧式面包（法国面包等）的特征设计的，其基本目的和面团拉力测定仪相同。吹泡仪由三个部分组成：和面机、吹泡器和数据记录系统，如图 4-4 所示。吹泡仪测试的是在充气膨胀变成面泡过程中面团的黏弹性，整个测试包括四个主要步

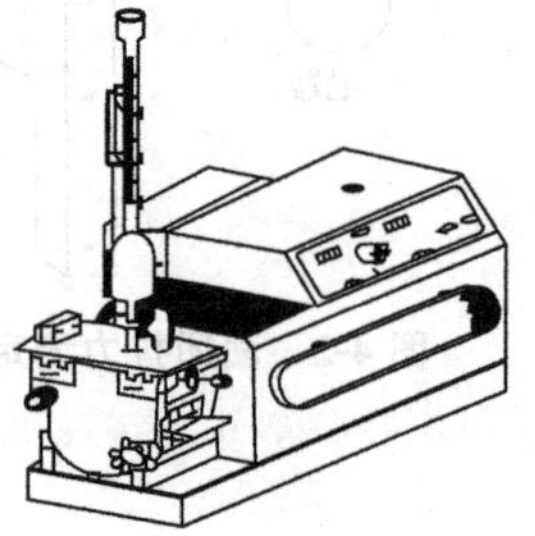

(a) 和面机

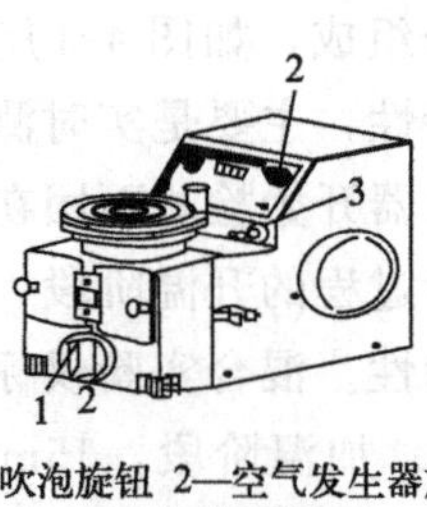

1—吹泡旋钮　2—空气发生器旋钮
3—流量阀旋钮

(b) 吹泡器

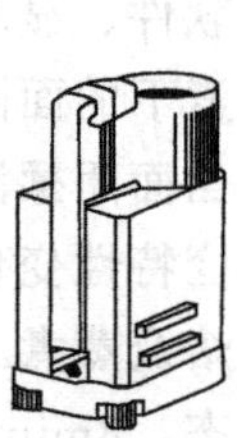

(c) 数据记录系统

图 4-4　气泡式延伸仪

骤：面粉和盐水的混合；5个标准面片的制备；面片的醒发；向面片内充入气体直至面片变成面泡且破裂。这些步骤模拟了面团发酵的整个过程，包括压片、搓圆、成型、最后发酵过程中产生二氧化碳使面团产生形变。

4.2.2.5 质构仪测定法

质构仪是一种多功能的仪器，可以模拟多种质地测试，如压缩、穿刺、剪切等。对于面团流变特性的测定，它可以通过对面团进行压缩或拉伸试验，测量面团的硬度、弹性、黏聚性、咀嚼性等质地参数。根据测试目的，选择合适的探头（如圆柱探头用于压缩测试，钩状探头用于拉伸测试）。将面团样品放置在测试平台上，设定测试参数，如测试速度、压缩或拉伸距离等。进行测试时，质构仪会记录测试过程中的力-位移曲线，从曲线中可以分析出面团的各种质地参数。例如，硬度可以通过压缩面团时的最大峰值力来表示，弹性可以通过面团在第一次压缩后恢复的程度来衡量（图4-5）。

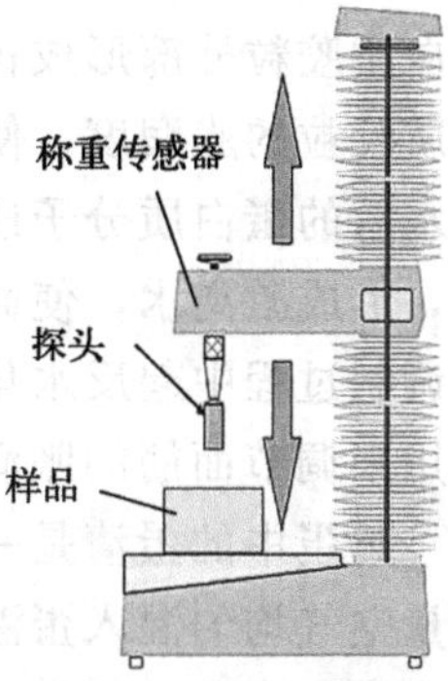

图4-5　质构仪

4.2.3 面团调制技术对面团特性的影响

面团中的各种配料均对面团的形成有影响，例如水、油脂、糖、鸡蛋、盐、碱等均会影响面团的形成。

水对面团的形成的影响有以下三方面。一是水量，绝大多数面团要加水制成，加水量多少视制品需要而定。调制同样软硬的面团，加水量要受面粉质量、添加的辅料、温度等因素影响。面粉中面筋含量高，吸水率则大，反之则小；精制粉的吸水率就比标准粉大；面粉干燥含水量低，吸水率则大，反之则小；面团中油、糖、蛋用量增多，面团的加水量要减少；气温低，空气湿度小，加水多些，反之则少些。二是水温，水温与面筋的生成和淀粉糊化有着密切关系。水温30℃时，麦谷蛋白、麦胶蛋白最大限度胀润，吸水率达到最大，有助于面筋充分形成，但对淀粉影响不大。当水温超过60℃，淀粉吸水膨胀、糊化，蛋白质变性凝固，吸水率降低。当水温100℃时，蛋白质完全变性，不能形成面筋，而淀粉大量吸水，膨胀破裂，糊化，黏度很大。所以，调制面团时要根据制品性质需要选择适当水温。三是水的硬度，水的硬度过高，酵母的活性使面团发酵膨胀不足，且馒头易老化；水硬度过低，面团黏性增大，持气性差，醒发体积不足，制作的馒头较小；中等硬度的水调制的面团持气性和黏弹性、延伸性较好，馒头的内部组织细腻。

油脂中存在大量的疏水基，使油脂具有疏水性。在面团调制时，加入油脂后，油脂就与面粉中的其他物质形成两相，油脂分布在蛋白质和淀粉粒的周围，形成油膜，限制了面筋蛋白质的吸水作用，阻止了面筋的形成，使面粉吸水率降低。此外，由于油脂的隔离作用，使已经形成的面筋微粒不能互相结合而形成大的面筋网络，从而降低了面团的黏性，弹性和韧性，增加了面团的可塑性，增强了面团的酥性结构。面团中加入的油脂越多，对面粉吸水率影响越大，面团中面筋生成越少，筋力降低越大。

糖的溶解度大，吸水性强。在调制面团时，糖会迅速夺取面团中的水分，在蛋白质胶粒外部形成较高渗透压，使胶粒内部的水分产生渗透作用，从而降低蛋白质胶粒的胀润度，使面筋的生成量减少。再由于糖的分子量小，较容易渗透到吸水后的蛋白质分子或其他物质分子中，占据一定的空间位置，置换出部分结合水，形成游离水，使面团软化，弹性和延伸性降低，可塑性增大。因此，糖在面团调制过程中起反水化作用。双糖比单糖的作用大，糖浆比糖粉的作用大。糖不仅用来调节面筋的胀润度，使面团具有可塑性，还能防止制品收缩变形。

鸡蛋中的蛋清是一种亲水性液体，具有良好的起泡性。在高速机械搅打下，大量空气均匀混入蛋液中，使蛋液体积膨胀，拌入面粉及其他辅料后，经成熟即形成疏松多孔，柔软而富有弹性的海绵蛋糕类产品。蛋黄中含有大量的卵磷脂，具有良好的乳化性能，可使油、水、糖充分乳化，均匀分散在面团中，促进制品组织细腻，增加制品的疏松性。蛋液具有较高的黏稠度，在一些面团中，常作为黏结剂，促进坯料彼此的黏结。蛋液中含有大量水分和蛋白质，用蛋液调制的筋性面团，面团的筋力、韧性可得到加强。

调制面团时，加入适量的食盐，可以增加面筋的筋力，使面团质地紧密，弹性与强度增加。盐本身为强电解质，其强烈的水化作用往往能剥去蛋白质分子表面的水化层，使蛋白质溶解度降低，胶粒分子间距离缩小，弹性增强。但盐用量过多，会使面筋变脆，破坏面团的筋力，使面团容易断裂。

面团中加入适量的食碱，可以软化面筋，降低面团的弹性，增加其延伸性。面团加碱后，面团的 pH 值改变。当面团 pH 偏离蛋白质等电点时，蛋白质溶解度增大，蛋白质水化作用增强，面筋延伸性增加。拉面、抻面就是因为加了碱，才变得容易延伸，否则在加工过程中很容易断裂；这也是一般机制面条都要加碱的原因。食碱还有中和酸的作用，这是酵种发酵面团使碱的目的。

投料因素如投料顺序、调制时间、面团静置时间等也能影响面团的形成。

面团调制时，投料顺序不同，也会使面团工艺性能产生差异。比如调制酥性面团，要先将油、糖、蛋、乳、水先行搅拌乳化，再加入面粉拌和成团。若将所有原料一起拌和，或先加水后加油、糖，势必造成部分面粉吸水多，部分面粉吸油多，使面团筋酥不匀，制品僵缩不松。又如调制物理膨松面团，一般情况下要先将蛋液或油脂搅打起发后，再拌入面粉，而不能先加入面粉，否则易造成面糊起筋，制品僵硬不疏松。再如调制酵母发酵面团，干酵母不能直接与糖放在一起，而应混入面粉中，否则面粉掺水后，糖迅速溶解产生较高的渗透压，严重影响酵母的活性，抑制面团发酵，使面团不能进行正常发酵。

调制时间是控制面筋形成程度和限制面团弹性最直接的因素，也就是说面筋蛋白质的水化过程会在面团调制过程中加速进行。掌握适当的调制时间速度，会获得理想的效果。由于各种面团的性质、特点不同，对面团调制时间要求也不一样。酥性面团要求筋性较低，因此调制时间要短。筋性面团的调制时间较长，使面筋蛋白质充分吸水形成面筋，增强韧性。

静置时间的长短可引起面团物理性能的变化。不同的面团对静置的要求不同。酥性面团调制后不需要静置，立即成型，否则面团会生筋，夏季易走油而影响操作，影响产品质量。筋性面团调制后，弹性、韧性较强，无法立即进行成形操作，要静置 15～25min，使面团中的水化作用继续进行，达到消除张力的目的，使面团渐趋松弛而有延伸性。静置时间短，面团擀制时不易延伸；静置时间过长，面团外表发硬而丧失胶体物质特性，内部稀软不易成形。

4.3 面团调制技术在面制品中的应用

4.3.1 和面与面制品品质的关系

和面又称为面团调制、搅拌，是馒头制作过程中不可缺少的工序，和面技术是影响馒头产品质量的最关键技术之一。商品馒头面团调制使用和面机搅拌来完成，传统的家庭以手搅拌和揉搓方法已经被工业生产和实验研究所抛弃，通过控制和面时间揭示面团软硬变化规律，了解面筋形成与破坏至关重要。

4.3.1.1 和面过程对面团水分活度的变化

水分活度是食品中能够用于生物化学、酶活性等微生物活动的一个水分指标，对于食品稳定性、化学和微生物而言，它比水分含量更重要。水分活度表示面团中水分存在状态，即水的结合程度，它可防止面团/饼干变软，因为从馅料到面团/饼干的水分迁移几乎不会发生。在和面过程中，面团的水分活度是不停变化的。在和面初期阶段（0～8min），面团的水分活度呈现显著性降低，说明在原料混合与面筋形成阶段，水分与蛋白质淀粉分子结合；在和面的中期阶段（8～18min），水分活度明显增加，这表明在和面过程中从面筋蛋白质中释放出了一定量的自由水；在和面的后期阶段（>18min）时，水分活度又稍有下降，这可能和淀粉的吸水有关，20min 以后搅拌过度，面筋水化，水分析出，析出的水又无法继续被淀粉结合，因此水分的结合程度减弱，水分活度值增大，到一定程度后呈现波动且维持在高水平（图 4-6）。

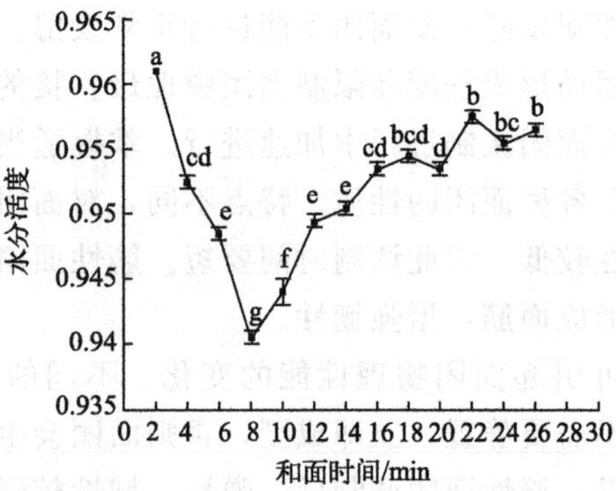

图 4-6　和面过程对面团中水分活度的变化

4.3.1.2　和面过程中对面团中水分分布的变化

加入适量的水能使面粉形成具有黏弹性、持气性、延伸性的面团。主要是小麦粉中的麦谷蛋白与醇溶蛋白水合，淀粉颗粒吸水膨胀，所有变化都是在水的参与引导下。水与蛋白质、淀粉的结合程度决定着面团中水的分布及状态，水分的分布影响着面团的流变学特性与加工特性。馒头面团体系中 80％以上水分都是以弱结合水的形式存在，10％～17％为与分子结合紧密的深层结合水。面团体系中只有很小的一部分水以自由水的形式存在，馒头面团的加水量在面粉的吸水率范围以内，不会使面团中出现过多自由流动的水，这样面团的可塑性就会增强。

在和面初期阶段（0～8min），面粉中刚加入水后，面团中自由水含量较大，深层结合水较少，深层结合水基本没有变化，自由水减少，弱结合水增大，说明在和面的前期，加入的水还无法转化成深层结合水，而是先转化为弱结合水。T_{21} 是水与蛋白质连接的弛豫时间，T_{22} 是水与淀粉和可溶性糖连接的弛豫时间，T_{23} 是在蛋白质和淀粉之间分配交换的水分弛豫时间。所以水先与淀粉结合形成弱结合水，也是由于和面前期面筋膜使得水无法更充分地与蛋白质接触，所以影响了与蛋白质的结合。在 8min 时自由水的信号强度非常弱，T_{23} 峰面积达到最低值，说明此时面团吸水达到最佳。和面前中期阶段（8～12min）为面筋形成的阶段，此时弱结合水下降，深层结合水增多，自由水也有所下降，说明此时与淀粉结合的水开始被蛋白特别是面筋蛋白夺走，形成了面筋蛋白。吸水溶胀的淀粉颗粒开始均匀填充于网络结构中，与面筋蛋白接触的淀粉会与蛋白质分子结合，释放出一部分的弱结合水且转化为自由水，因此自由水含量有所增大。和面中后阶段（12～16min）为面筋舒展阶段，深层结合水继续增加，说明水继续与蛋白质分子结合，结合水的增加才促使面筋网络扩展，面筋延展性增大，且淀粉分子之间，淀粉-蛋白质分子之间化学键的增多，使得自由水含量产生波动。在和面后期（18～22min），面筋网络开始断裂，面筋被打断，与面筋蛋白结合的深层结合水开始减少，弱结合水增多，自由水也增多。而在24min以后，面团中的深层结合水基本无变化，弱结合水向自由水转变，面团表现出来变黏、出现水渍、开始黏缸。和面时间对面团中水分相关指标的影响见表4-1。

表4-1 和面时间对面团水分弛豫时间 T_2 及对应峰面积的影响

和面时间/min	T_2 峰面积		
	A_{21}/%	A_{22}/%	A_{23}/%
2	9.09	89.46	1.45
4	9.24	90.00	0.76
6	10.25	89.47	0.28
8	9.99	90.00	0.01
10	12.53	86.82	0.65
12	13.79	86.14	0.63
14	14.36	85.08	0.56
16	17.24	82.05	0.71
18	16.39	82.90	0.71
20	14.85	84.32	0.83
22	11.82	87.63	0.55
24	11.77	87.03	1.20
26	11.78	86.86	1.36

4.3.1.3 和面过程中面团硬度的变化

搅拌时间对面团的性质有很大的影响。面团中非面筋蛋白清蛋白与球蛋白，面筋蛋白中的麦谷蛋白大聚体、醇溶蛋白、SDS可溶性麦谷蛋白含量在搅拌过程中的变化及各蛋白组分之间的相关性。研究表明搅拌时间对面团的形成与面团的性质起着重要的作用。

和面过程中面团硬度呈现出先增加到最大值，然后逐步阶梯式下降的现象(图4-8)。前6min面团中水分分布不均，不能很好成团，以稀黏的面絮状态被逐步卷起，向面团转变，硬度逐渐增大；6～10min阶段，面团中面筋蛋白开始大量吸水，形成面筋，由粗糙的面块转变为柔软的整块面团，所以面团硬度下降且稍有稳定；10～14min时，面团硬度出现了大幅度下降，此时面筋大量生成，形成了结构细密、质地均匀、内部气孔夹杂着大量空气的具有黏弹性的面团；14～18min是面筋扩展阶段，面筋含量与面筋指数均无显著性变化，因此面团硬度也变化不大；18min以后，面筋开始被打断，水分析出，面团变黏变软，因此硬度继续下降，最后稳定在很低的水平。通常和面时间控制在15min为宜，面团软硬度既可以很好地塑形，又不会过软导致粘连（图 4-7）。

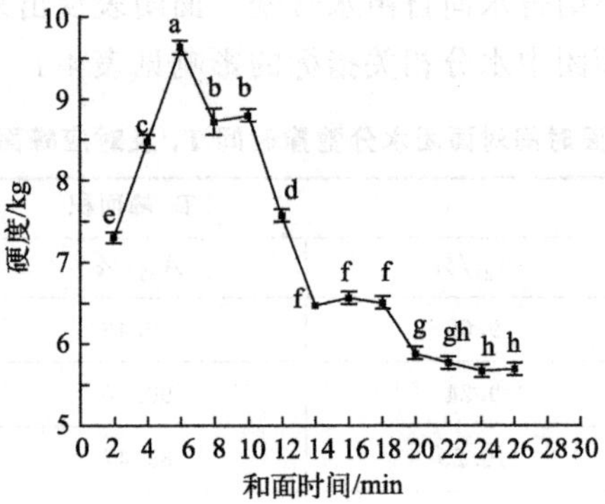

图 4-7　和面过程中面团硬度的变化

注：不同字母代表差异显著（$P<0.05$）。

4.3.1.4　不同和面阶段对馒头品质的影响

和面过程中，馒头比容呈现不断增大的趋势。在和面初期（8min），馒头比容较小（<1.7mL/g）不符合馒头的标准，且在 6min 时馒头出现了萎缩，这表明短时间的和面并不能促使面团较好地形成面筋，无法赋予面团良好的黏弹性能，导致面团在醒发和蒸制过程中持气性差，无法形成松软的多孔结构。在 8～12min 时，馒头的比容逐渐增大，在 12min 有最大值。在 14～22min 时比容无显著性差异，但在 18min 时出现了萎缩。22min 以后，馒头比容又增大。馒头的白度呈先增大，然后趋于稳定状态，这是因为馒头白度与虚软的内部孔洞结构有关，死面馒头颜色深。馒头的感官评分与馒头白度和比容呈现出相似的趋势，这表明适当的和面时间才能赋予面团良好品质（图 4-8、图 4-9）。

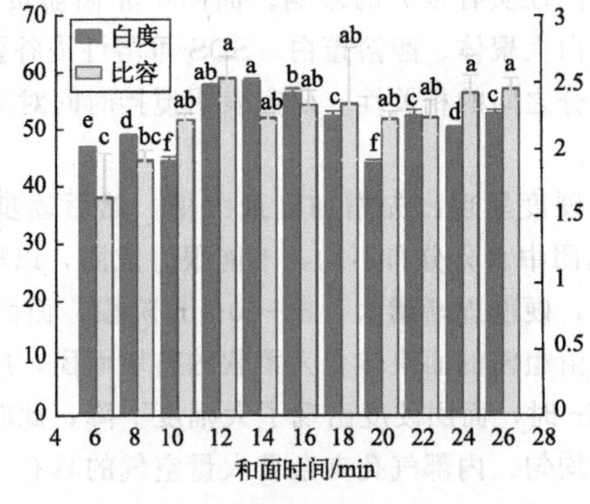

图 4-8　和面过程中馒头白度和比容的变化

注：不同字母代表差异显著（$P<0.05$）。

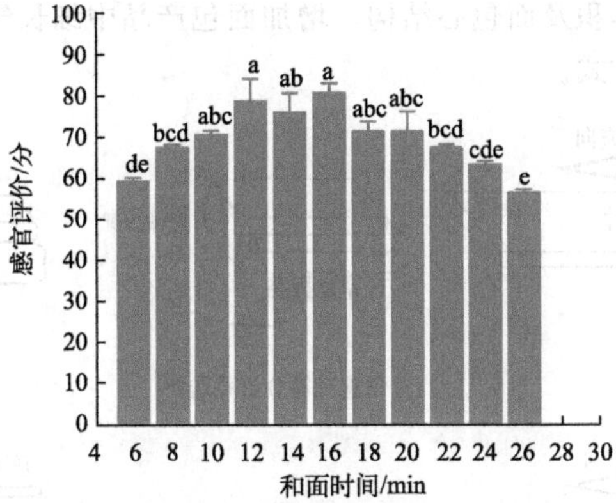

图 4-9 和面过程中馒头感官评分的变化

注：不同字母代表差异显著（$P<0.05$）。

4.3.1.5 馒头品质与面团水分分布的相关性分析

和面过程面团的水分分布与馒头的各项感官指标的相关性可以建立二者的相关性。馒头的感官评分与深层结合水含量（A_{21}）呈显著正相关（$P<0.01$），相关系数为 0.737；与弱结合水含量（A_{22}）呈显著负相关（$P<0.05$），相关系数为－0.64。由前面面团水分分布分析可知，面团中深层结合水、弱结合水反映了面团中蛋白质淀粉分子与水分的结合程度，所以蛋白质与淀粉的水合以及形成的面筋网络对馒头感官评分影响显著（表 4-2）。

表 4-2 水分分布与馒头品质的相关性分析

指标	感官	白度	比容	外观	结构	风味	口感
水分活度	－0.127	0.303	0.527	0.054	－0.423	－0.133	－0.003
A_{21}	0.737**	0.401	0.51	0.413	0.48	0.692*	0.745**
A_{22}	－0.64*	－0.369	－0.57	－0.356	－0.338	－0.608*	－0.675*
A_{23}	－0.244	0.096	0.722*	－0.169	－0.663*	－0.161	－0.064

注：*表示显著差异（$P<0.05$），**表示极显著差异（$P<0.01$）。

4.3.2 压延工艺与面制品品质关系

压延是面制食品加工过程中一个重要的工艺。在压延过程中，面团内部会伴随着面筋网络结构逐渐建立和再次破坏，即适当的压延方式能够改善面团的结构，压延工艺在面团的优化、产品品质的控制中起着极其重要的作用。目前，对转式辊压作为面团成型工序的一步，被广泛应用于焙烤工业中，如饼干，甜点，比萨饼，面包和糕点的生产。面包的生产过程，已经证实压延工艺对焙烤和发酵工艺的后续影响。面团在压延过程中，抗拉伸性减弱，延展性增强，压延次数的不同可以改善面包体积及面包心结构，增加面包产品中细长气泡的数量。图 4-10 是常见的面团压延方式。

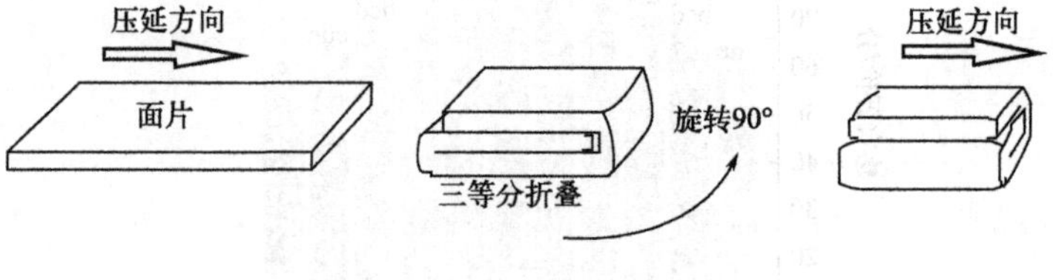

(a) 垂直三等分折叠送料

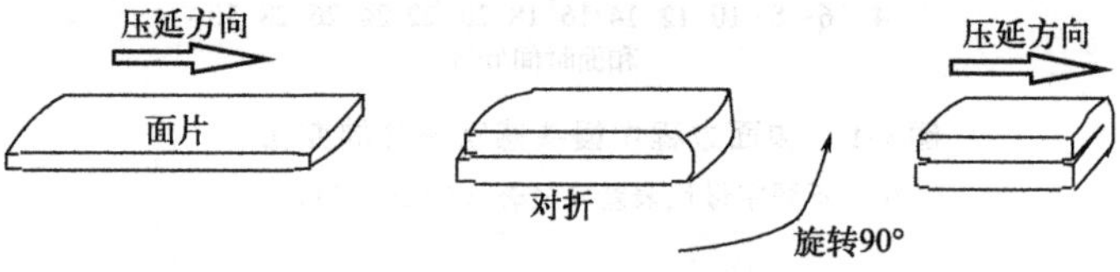

(b) 垂直对折送料

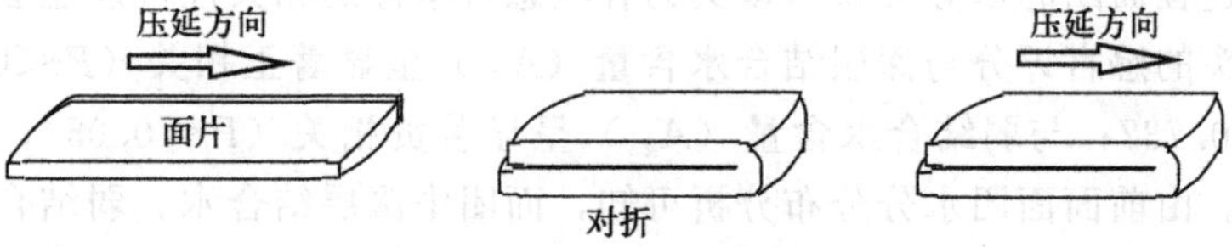

(c) 平行压延方向送料

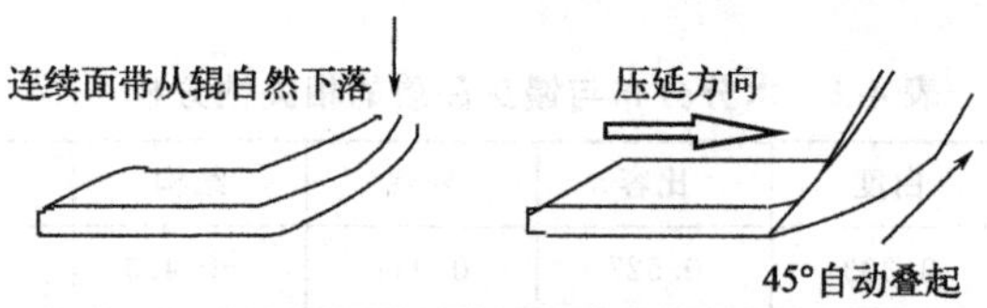

(d) 45°自动折叠送料

图 4-10 折叠送料方式示意图

4.3.2.1 压延工艺对面团中面筋形成的影响

(1) 压延次数对洗出面筋的影响

在固定辊隙 12mm，45°自动折叠进料，戗面 0%的条件下，分析压延次数对面筋指数的影响（图 4-11）。随着压延次数增加，面筋指数先呈现上升趋势，并在压延 25 次附近达到峰值，超过 25 次压延后出现明显下降，在压延 35 次附近该下降趋势有所缓和。这表明面团内的面筋在经过和面后，仍旧未达到最佳的状态，通过反复多次压延，可以进一步让已经水合充分的面筋结构在空间上发生延展、顺筋，使麦谷蛋白和麦醇溶蛋白交叠均匀，并通过一定的挤压和拉伸使其弹性、韧性增强。而压延过度后，面筋刚刚形成尚未稳定的空间结构又会遭到挤压、拉伸力的破坏，导致筋力下降。

(2) 辊隙宽度对洗出面筋的影响

在压延 25 次，45°自动折叠进料，饧面 0%的条件下，考察辊隙宽度对面筋指数的影响（图 4-12）。选用过小的辊隙会导致面筋指数偏低，甚至低于尚未压延的面团。随着辊隙宽度增大，面团的面筋指数出现显著升高，辊隙宽度在 12～15mm 范围内，面团的面筋指数相对较高。随着辊隙宽度进一步增大。在 16～22mm 范围内，面筋指数出现回落。可能的原因是，过大的辊隙宽度压延的面团所受的法向和切向应力作用不到面团内部层次的面筋，导致面团外表面与内侧顺筋程度不一致，面筋网络无法充分延展、交叠，麦谷蛋白和麦醇溶蛋白的结合不够均匀，对面筋指数的改善作用不够明显。而辊隙宽度过小，则使面团内部刚刚趋于稳定的面筋网络受到强大的机械力挤压和扭曲，面筋网络被撕扯、破碎，不仅无法顺筋，改善面筋质量，反而使其弹性韧性遭到弱化，面筋指数下降。

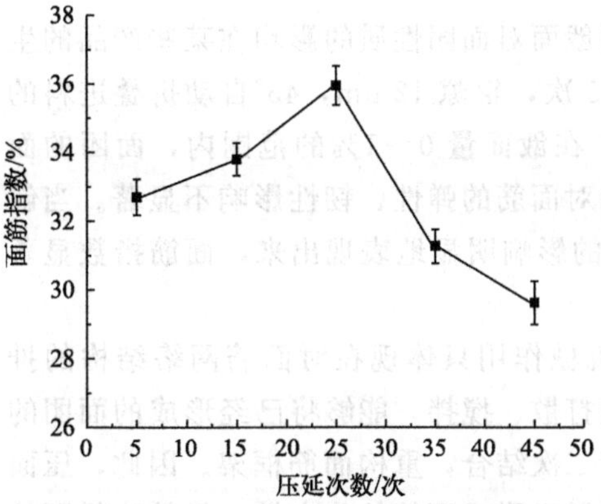

图 4-11　压延次数对面筋指数的影响

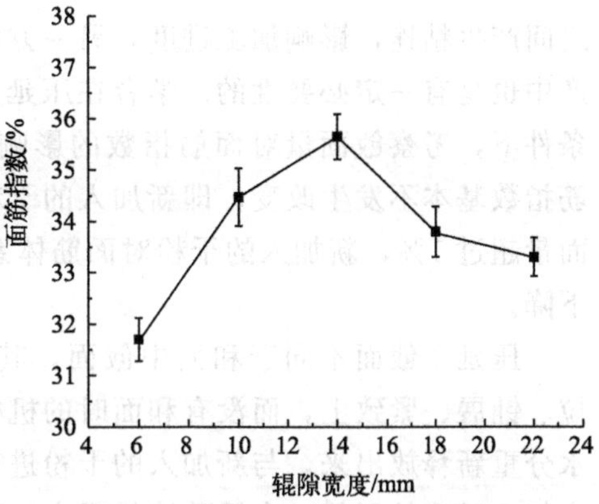

图 4-12　辊隙宽度对面筋指数的影响

(3) 折叠送料方式对洗出面筋的影响

压延过程中，面团每次进出压延设备前的折叠方式和送入压延设备的方向不同，会造成最终产品的品质差异，这在实际生产中已经有所体现。学者通过设计四种折叠和送料方式，分别是三层折叠垂直送料、对折垂直送料、45°自动下落折叠送料、平行压延方向折叠送料，在辊隙 12mm，饧面 0%条件下，研究折叠送料方式对洗出面筋的影响。三折垂直、对折垂直方式的面团，面筋指数对压延次数的响应趋势极其相似，均随着压延次数的增加而升高，压延次数超过 25～30 次后出现显著下降。45°自动折叠方式的面团，面筋指数对压延次数的响应更为敏感，过度压延对其面筋的破坏更为严重。而平行折叠，也即单向压延，其面筋指数总体水平与另外三种方式相比较低，响应灵敏度也较弱，这说明单向压延对面筋的改善程度有限（图 4-13）。

(4) 压延中饧面量对洗出面筋的影响

压面中饧面也是面制品加工中常有的工艺，一方面可以防止面团与加工设备

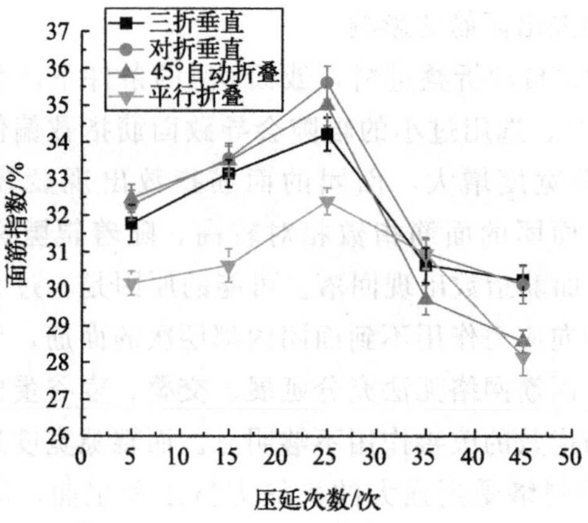

图 4-13 不同折叠送料方式压延下面筋指数的变化对比

之间产生粘连，影响加工进度，另一方面饹面对面团性质的影响在某些产品的生产中也是有一定必要性的。学者在压延 25 次，辊隙 12mm，45°自动折叠进料的条件下，考察饹面量对面筋指数的影响。在饹面量 0～1%的范围内，面团的面筋指数基本不发生改变，即新加入的干粉对面筋的弹性、韧性影响不显著。当饹面量超过 1%，新加入的干粉对面筋体系的影响明显地表现出来，面筋指数显著下降。

压延中饹面不同于和面中饹面，其机械作用只体现在对面筋网络结构的抻拉、铺展、紧致上，而没有和面时的机械打散、搅拌，能够将已经形成的面团的水分重新释放出来，与新加入的干粉进行二次结合，重构面筋框架。因此，压面中加入过多的干粉，会导致淀粉吸水、减弱已形成面筋的稳定性，另外淀粉颗粒直接被挤压嵌入面筋结构中，破坏面筋膜和面筋骨架，导致面筋的弹性、韧性下降（图 4-14）。

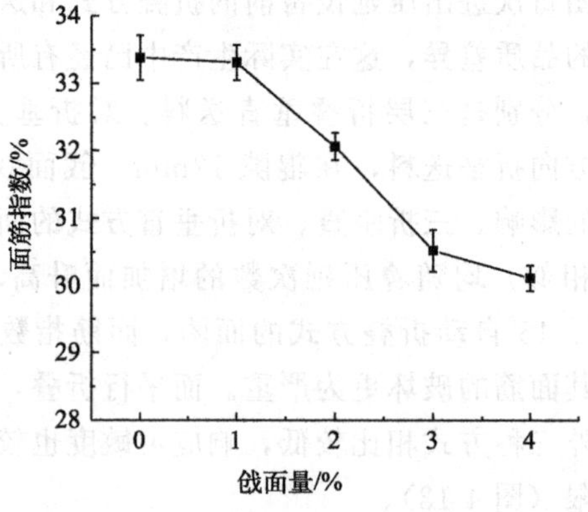

图 4-14 压延中饹面量对面筋指数影响

4.3.2.2 压延工艺中面团水分分布的变化

面团在刚和面完成未经压延时，整体的流动性、可塑性较强，接触手感相对发黏，缺少弹性；在经过一定量压延后，面团呈现出更加光滑、致密、稳定的状态，整体的流动性减弱，接触手感黏性降低，弹性增强；达到该状态后，继续反复多次对面团进行压延，则面团会重新产生弹性劣变，流动性增强，并伴随黏性回升。因此在压延进行的过程中，除了面筋蛋白的延展、面筋网络的稳定和再次破坏之外，还应伴随着面团内各部分水分间迁移。基于此种猜想，对不同压延次数的面团进行 NMR 测定。实验情况较为复杂，选取最具典型代表性的三条曲线进行分析，测定结果如图 4-15、表 4-3 所示。

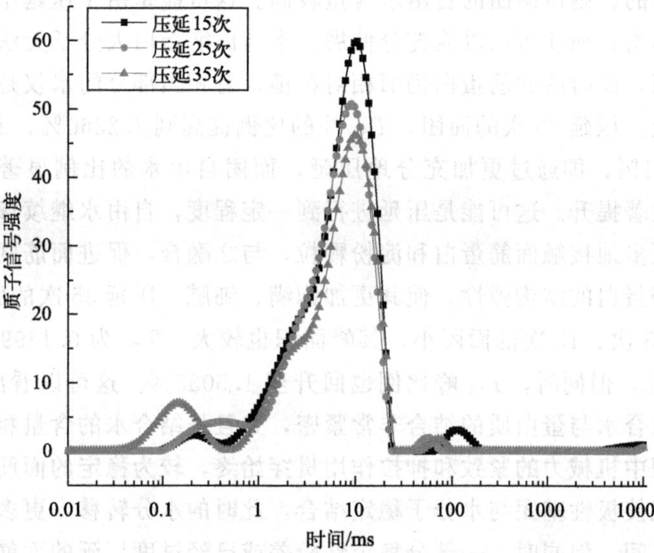

图 4-15　面团横向弛豫时间（T_2）分布

表 4-3　面团横向弛豫时间（T_2）分布

T_2	压延 35 次		压延 25 次		压延 15 次	
	峰顶点时间/ms	峰比例/%	峰顶点时间/ms	峰比例/%	峰顶点时间/ms	峰比例/%
T_{21}	0.149927	9.5549	0.424757	7.2360	0.212145	2.2027
T_{22}	9.658832	88.9416	9.011018	91.7706	10.353218	95.1603
T_{23}	72.326339	1.5035	58.727866	0.9934	109.69858	2.6369

如图 4-15 所示，三条曲线分别是 45°自动折叠进料，辊隙 14mm，戗面 0% 条件下，压延 15 次、压延 25 次、压延 35 次的面团水分分布核磁共振测定曲线。CPMG 脉冲序列检测，可观察到馒头坯面团中主要存在 3 个峰，即面团中水分的分布主要有三种形式。横坐标表示的是面团内水分的自旋-弛豫时间 T_2，表征了

面团中水分的流动性，T_2 的值越小，则该部分水分的流动性越弱，与面团其他组分结合越紧密，反之则水分流动性强，结合水平越弱。这里显然可以将 T_2 细分为 T_{21}，T_{22}，T_{23}，且其大小顺序依次为 $T_{21}<T_{22}<T_{23}$。T_{21} 的范围是 0.01～1.00ms，这部分代表的是与蛋白质分子的极性基团结合十分紧密的强结合水层。T_{22} 的范围是 1.00～30.00ms，该部分水被认为是与强结合水以氢键相结合而与大分子蛋白质间接结合的弱结合水。T_{23} 的范围是 35.00ms 以上至主要峰结束，该部分水可以认为具有最大的流动性的面团内自由水。

从图 4-15 和表 4-3 中数据可以看出，压延 15 次的面团，T_{21} 的峰比例很小，仅 2.2027%，即该面团内的强结合水含量较少，而其 T_{23} 峰的比例为 2.6369%，是三者中最多的，则该面团的自由水含量较高。这可能是由于压延不足，面团内部结构分布不均，面筋蛋白没能充分伸展，水与面筋蛋白大分子无法均匀地接触发生胀润作用，此时的面筋蛋白仍旧相对粗糙，有相当部分的水仅是吸附在面团的各类物质上。压延 25 次的面团，T_{21} 峰的比例提高到 7.2360%，T_{23} 峰的比例下降到 0.9934%，即通过更加充分地压延，面团自由水的比例显著下降，强结合水的比例显著提升。这可能是压延进行到一定程度，自由水继续渗透面团，同时弱结合水更多地接触面筋蛋白和淀粉颗粒，与之融合，促进面筋网络更多地胀润，加大面筋蛋白的结构弹性，使其更加饱满、细腻。压延 35 次的面团，其 T_{21} 明显比压延 25 次、15 次的面团小，其峰面积也较大，T_{21} 为 0.149927ms，峰比例为 9.5549%，但同时，T_{23} 峰比例也回升至 1.5035%。这可以看出压延 35 次的面团，强结合水与蛋白质的结合非常紧密，并且强结合水的含量相对较大，可能是压延过程中机械力的紧致和抻拉作用贯穿始终，较为稳定的面筋蛋白结构在该作用下仍能使极性基团与水分子稳定结合，此时的水分转移，更多地发生在蛋白质大分子之间。但同时，一部分稳定性较差或已经过度压延的面筋网络，会出现断裂破损，造成部分弱结合水从大分子结构上脱离出来，由弱结合水重新回归成为面团内的自由水，流动性增加。

综上，压延在促进面筋蛋白延展、面筋网络结构有序铺陈的同时，可以促进自由水向弱结合水、弱结合水向强结合水的转化，使面团质地细腻、流动性减弱、稳定性增强；过度的压延会在破坏面筋结构的同时，使面筋蛋白释放部分自由水，导致面团流动性重新增大，黏性增加。

4.3.2.3 压延工艺对面团微观结构影响

为了更好地观测研究压延工艺条件的不同对面团结构、性质造成的影响，本文采用 SEM 环境电镜扫描拍照的手段，拍摄压延前后面团内部自然断裂截面的局部照片。

(1) 不同压延次数对面团内部结构影响的电镜观测

如图 4-16 所示，图 4-16(a) 是和面完成未经压延处理的面团，能清晰地观

(a) 未经压延的面团

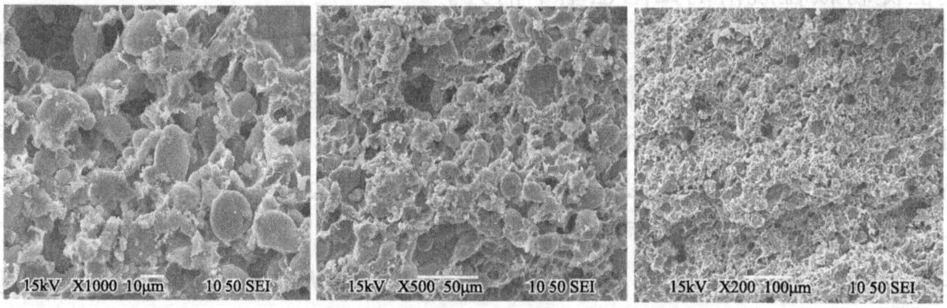

(b) 45°自动压延5次的面团

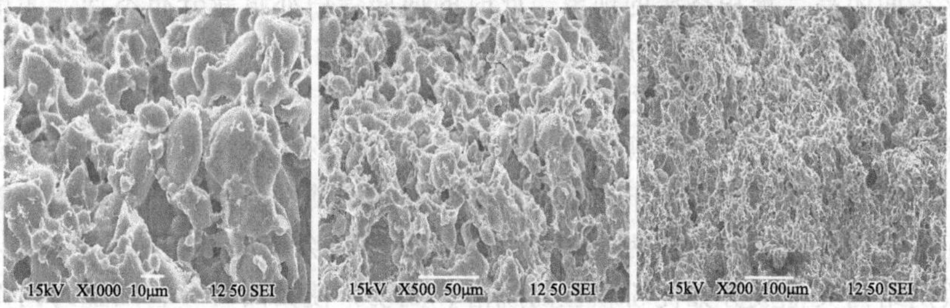

(c) 45°自动压延25次的面团

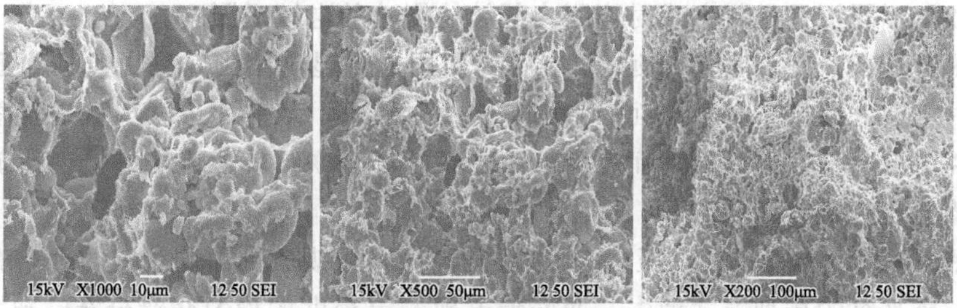

(d) 45°自动压延45次的面团

图 4-16　压延次数对面团内部结构影响的 SEM 观察

注：放大倍数从左到右分别 1000、500、200 倍。

察到面团结构中大的淀粉颗粒，以及颗粒周围高亮白色呈筋状、片状的面筋蛋白。从放大 1000 倍的图中能观察到，面团内的淀粉颗粒分布混杂、散乱，且未被面筋蛋白充分包裹、环绕，面筋蛋白间大的弧形凹陷也表明该位点淀粉颗粒结合不紧密，发生脱落。同时，放大 500 倍及放大 200 倍的图中观察到，一方面，面筋蛋白的走向排布十分混乱，呈现多方向随意折叠状态；另一方面，面团内部结构松散，分布极不均一，孔洞大小参差不齐，多处位点仍有大空洞。

图 4-16(b) 是 45°自动压延 5 次后的面团。放大 200 倍的照片与未压延面团相比，其内部结构已有所紧致，大孔洞数量显著减少。放大 500 倍及放大 1000 倍的图片则显示，面团中的淀粉颗粒已出现与面筋蛋白相结合状态，并呈现部分倒伏状态，与图 4-16(a) 相比，无序的、夹角方向不一的淀粉颗粒大大减少，截面上表征淀粉颗粒脱落的凹陷也基本消失。

图 4-16(c) 是 45°自动压延 25 次后的面团。放大 1000 倍的照片上已可观察到，淀粉颗粒充分被周围面筋蛋白紧密包裹，并融合为一个整体，图 4-16(a) 中面筋蛋白片状的局部卷曲翻折亦大大减少。从放大 200 倍的图中，可以明显观察到，亮色的面筋蛋白形成了层次分明并具有清晰斜行走向的面筋网络，整体截面呈均一、规律分布的结构，同时孔洞非常细腻。

图 4-16(d) 是 45°自动压延 45 次后的面团。放大 1000 倍的照片上可观察到，此时面筋蛋白之间重新出现大量弧形凹陷，即淀粉颗粒脱落的表现。另外，部分区域存在面团高度堆积挤压的现象。此时的面筋蛋白亦重新分布不均，无论放大 1000 倍还是放大 500 倍的照片均有所体现，部分面筋网络出现了破裂。而放大 200 倍的照片则显示出过度致密的面团内部结构。

综上，图片中的内容直观地解释和验证了前文的实验结果以及对结果进行的判断。面团的适量压延有利于面筋蛋白的延展和面筋网络结构的形成，并能使淀粉与面筋蛋白充分地融合成为均匀整体；过度压延会造成面筋网络的重新破裂，并导致网络内其他成分如淀粉颗粒的脱落、流动，使面团均一、细腻的内部结构遭到破坏。

(2) 不同折叠送料方式对面团内部结构影响的电镜观测

图 4-17(a) 是 0°单向压延 25 次后的面团，明显观察到，亮白色的面筋蛋白呈现一定规律性排布。各条面筋带的走向相对统一，从照片角度观察是与垂直方向成锐角沿上下方向延展，而各面筋带之间的部分联结较为疏松，呈现稀疏与密集交替出现的斑马纹状。

图 4-17(b) 是 45°自动压延 25 次后的面团，可观察到面筋蛋白的分布有显著不同，斑马纹的排列方式消失，面筋带出现一定程度的均匀交错分布，放大 500 倍和放大 200 倍的照片可观察到明显的“人”字形排列方式。此时面筋网络已能维持稳定和细腻的孔洞，更加利于持气。

图 4-17(c) 是垂直复合压延 25 次后的面团，从图中观察到，整个面团内部，无论淀粉颗粒还是面筋蛋白，均排列紧凑，交叠有序，并且面筋带的排布没有定向的清晰轨迹，取而代之的是整体均匀的孔洞和层次。

综上，图片内容直观地验证了面团在不同折叠送料方式下，其内部结构、面

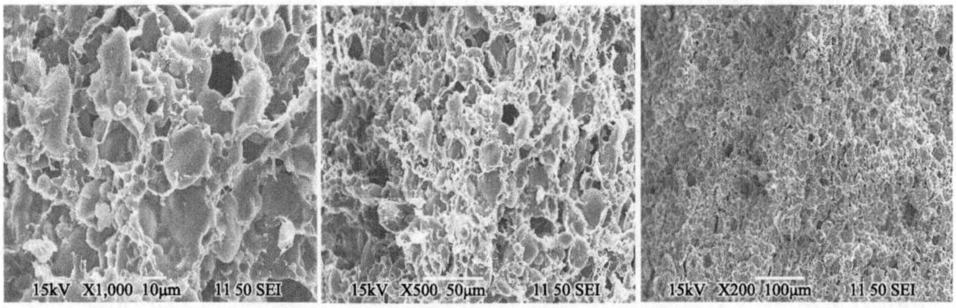

(a) 0°单向压延25次的面团

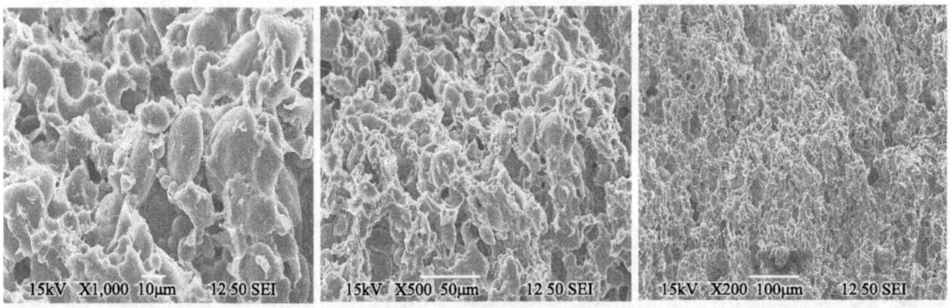

(b) 45°自动压延25次的面团

(c) 垂直复合压延25次的面团

图 4-17　折叠送料方式对面团内部结构影响的 SEM 观察

注：放大倍数从左到右分别为 1000、500、200 倍。

筋网络的变化及最终稳定形式不同。单向压延虽有利于面筋蛋白的舒展，但其舒展方向单一、有向性区别，一定程度上造成了面筋网络的持气性和稳定性不足。45°折叠和 90°折叠复合压延，均能更加充分地促进面筋网络形成，但结构和性质也有各自差异，这些差异很可能是造成面团性质、馒头品质差别的原因。

（3）不同辊隙宽度对面团内部结构影响的电镜观测

如图 4-18 所示，通过上下两组图的对比，可以明显观察到，前者的面团内部结构紧致细密，孔洞极小，但从放大 1000 倍的图片中可以发现部分面筋带的断裂；后者的内部结构较为松弛，面筋蛋白分布亦存在疏密不一，部分区域有较为杂乱的面筋排布。

综上，小的辊隙会增大面团压延中所受到的挤压、抻拉应力，使面团紧致，但辊隙过小可能造成机械力过大，对面筋结构产生二次破坏；而辊隙过大则存在内外受力不均，挤压不够充分，导致面筋形成不足，且内部结构不均一。

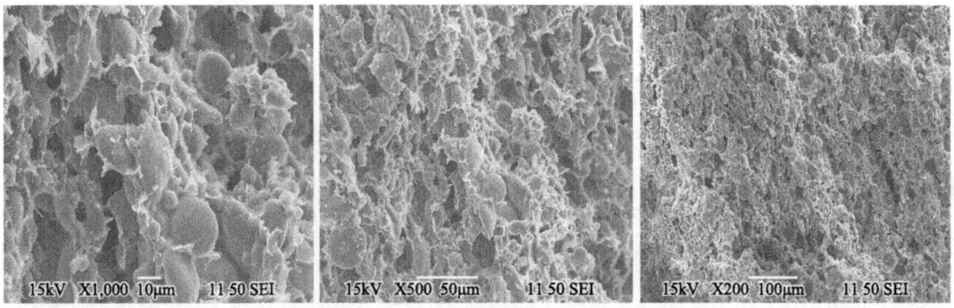

(a) 辊隙宽度11mm 压延25 次后的面团

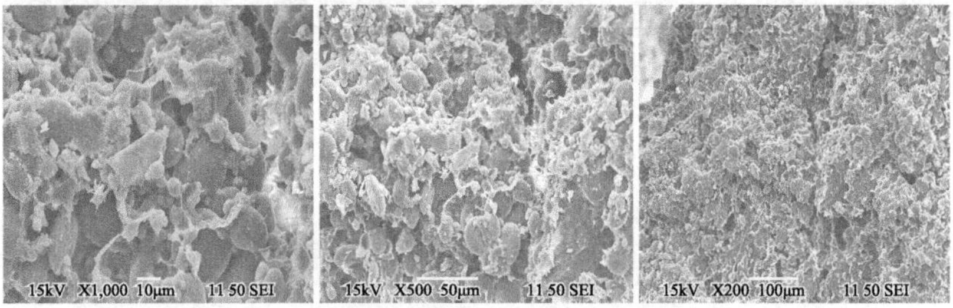

(b) 辊隙宽度17mm 压延25 次后的面团

图 4-18　辊隙宽度对面团内部结构影响的 SEM 观察

注：放大倍数从左到右分别为 1000、500、200 倍。

(4) 不同压延戗面量对面团内部结构影响的电镜观测

如图 4-19 所示，上下两组图有一定相似性，可观察到在图 4-19(a)、(b) 中

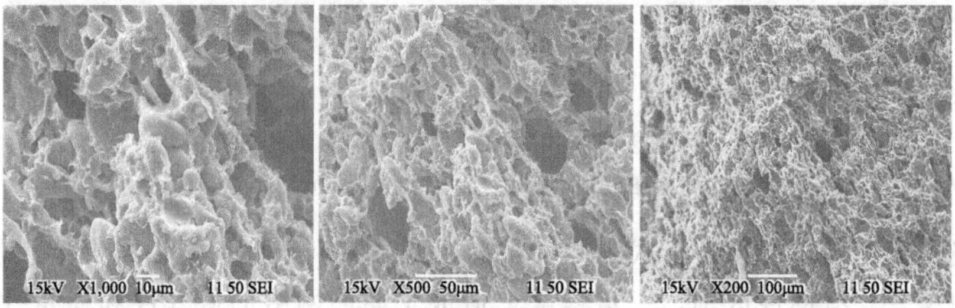

(a) 压延中戗面量1%的面团

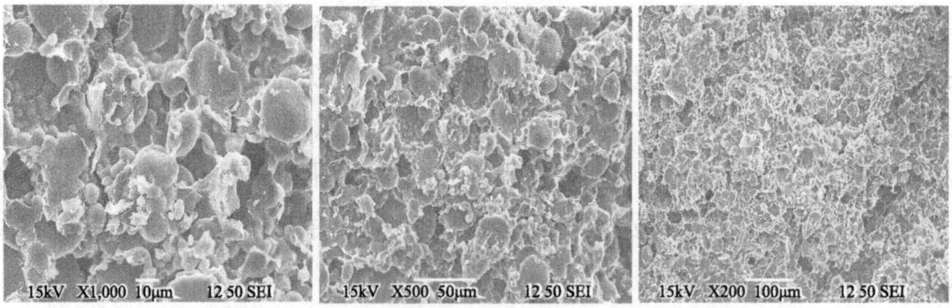

(b) 压延中戗面量2%的面团

图 4-19　戗面量对面团内部结构影响的 SEM 观察

注：放大倍数从左到右分别为 1000、500、200 倍。

的面筋蛋白附近，均有大的弧形凹陷，可能是后加入的干淀粉颗粒由于没有充分吸水和搅拌，未能均匀地与原有面团结合，未被面筋蛋白紧密包裹的淀粉颗粒脱落留下的。对比两组图，图 4-19(b) 中的脱落凹陷较图 4-19(a) 为多，图 4-19(b) 的面筋网络一方面出现了更多的断裂、翻卷；另一方面，结构较图 4-19(a) 中的疏松。

综上，面团形成后，体系内仍有独立淀粉颗粒，但它们与面筋蛋白黏结成一个连续结构，经过一定时间地压延，面团结构被拉伸，一部分蛋白链开始集结成束，另一部分蛋白链产生了一个粗糙的三维网络结构。当压延适当，则蛋白链被展开成有序的较厚层状物，且厚度随压延逐渐充分而变小。面团中蛋白质除了这些层状为主要结构外，与之共存的还有部分尚未展开、正在展开的蛋白链，以及一些组成多孔显微网状的蛋白质。淀粉颗粒散布在这些层和网的周围，或者被网状、束状结构包围。继续压延，则使得这些薄层厚度继续减小最终变成网络。而压延过度后，则在视野中重新观察到了卷曲的、不规则的蛋白链。这些蛋白链比最初未经压延的面团内的要短而混乱。

4.3.2.4 调制工艺对馒头品质的影响

(1) 压延次数对馒头品质的影响

在辊隙 12mm，45°自动折叠进料，戗面 0%的条件下，考察压延次数对馒头比容、白度、硬度的影响。

如图 4-20、图 4-21 所示，随着压延次数的增大，馒头的比容先增大，在压延 20～25 次范围内稳定在较高水平，之后出现下降趋势。白度的变化与比容相似，亦为先上升后下降，在压延 20～25 次范围内处于较高水平。而硬度则是随着压延次数的增多而先显著降低，过度压延后出现一定升高趋势。原因是，刚和面出来未经压延的面团，其内部结构十分不均一，并且面筋空间走向杂乱，麦谷

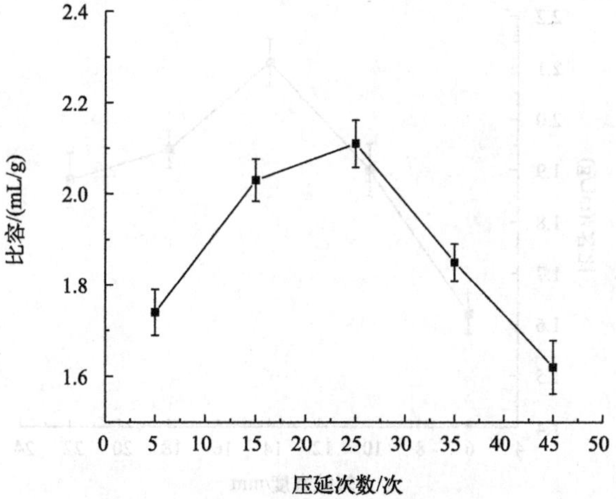

图 4-20 压延次数对馒头比容的影响

蛋白的弹性和麦醇溶蛋白的流动性不能均匀地作用于面筋结构，因而在醒发时，内部变化不一致，出现局部的撕扯、断裂或粘连，造成馒头体积小、硬度大、色泽暗黄。而经过适当地压延，理顺了面筋的空间走向，使麦谷蛋白和麦醇溶蛋白结构分布均一，则醒发过程和谐统一，馒头内部结构细腻膨软，体积大、硬度小、色泽亮白。

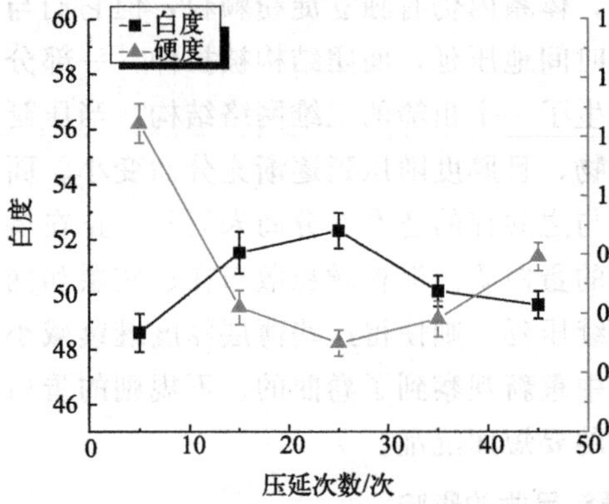

图 4-21 压延次数对馒头白度、硬度的影响

(2) 辊隙宽度对馒头基本品质的影响

在压延 25 次，45°自动折叠进料，戗面 0%的条件下，考察辊隙宽度对馒头比容、白度、硬度的影响。

如图 4-22、图 4-23 所示，馒头的比容、白度在辊隙宽度最小时，均处在最低的水平，而硬度处在极大值。随着辊隙宽度从 6mm 向 14mm 过渡，馒头的比容显著提升，白度升高，硬度下降，均在辊隙 10～14mm 范围内稳定在各自的优良水平。当辊隙继续增大，白度和比容开始出现缓慢下降，硬度也有所回升。这

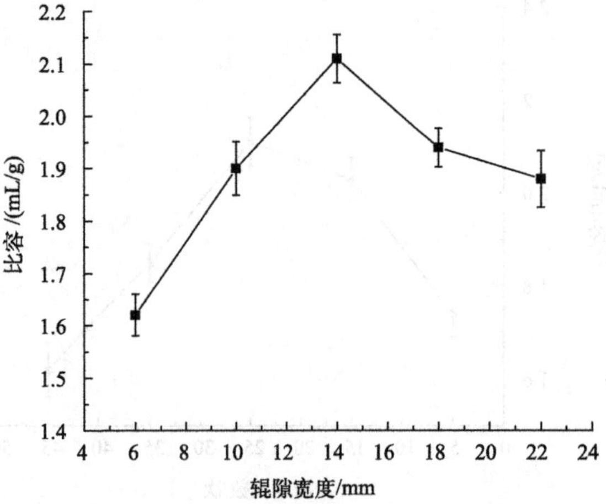

图 4-22 辊隙宽度对馒头比容的影响

样的变化规律与前文所述辊隙宽度对面团面筋质量影响的判断相吻合，面筋的质量很大程度上影响了成品馒头的各项基本指标。

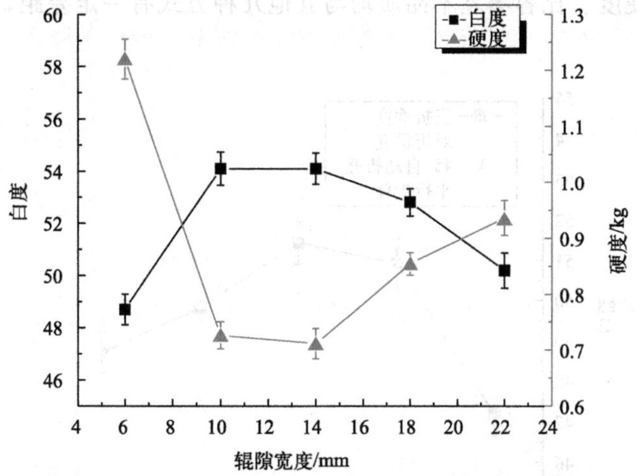

图 4-23　辊隙宽度对馒头白度、硬度的影响

(3) 折叠送料方式对馒头品质的影响

在辊隙 12mm，戗面 0%条件下，研究折叠送料方式对馒头比容、白度、硬度的影响。如图 4-24～图 4-26 所示，馒头的比容、白度、硬度在不同的折叠送料方式下，对压延次数有着不同的响应灵敏度。总体来讲，压延不足和过度压延的判断在 4 种方式下都是成立的，即适当的压延次数有利于改善馒头的品质。其中三折垂直和对折垂直两种方式的表现具有极高的相似度，同时对折垂直方式制

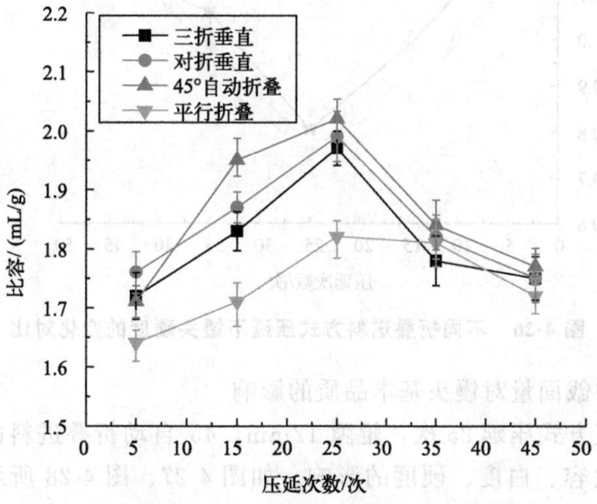

图 4-24　不同折叠送料方式压延下馒头比容的变化对比

作出来的馒头综合品质要高于三折垂直。45°自动折叠方式制作的馒头，各方面品质对压延次数的响应变化是4种方式中最为灵敏的。平行折叠方式制作出来的馒头，白度、硬度、比容等基本品质均与其他几种方式有一定差距，其响应灵敏度也相对较弱。

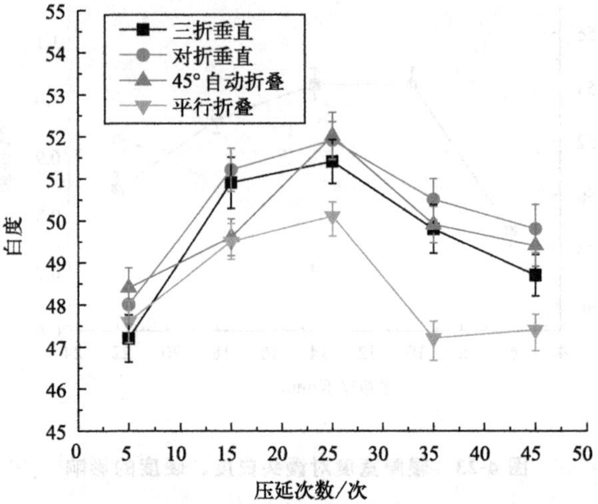

图 4-25　不同折叠送料方式压延下馒头白度的变化对比

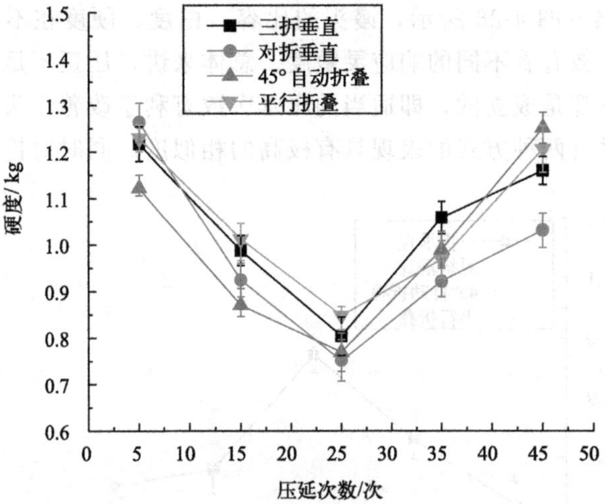

图 4-26　不同折叠送料方式压延下馒头硬度的变化对比

(4) 压延中饯面量对馒头基本品质的影响

在对折垂直方式压延25次，辊隙12mm，45°自动折叠进料的条件下，考察饯面量对馒头比容、白度、硬度的影响。如图4-27、图4-28所示，压延中饯面在量很少（小于1%）的情况下，馒头的品质基本维持在稳定的水平；当饯面量超过1%，馒头的比容和白度均有不同程度的降低，而硬度则有一个更长的平台期，保持较低的硬度；在超过2%的饯面量后，硬度明显上升。这可能是当面粉加入面团后，面筋网络被破坏，持气的面筋膜破损导致气体逸散，馒头的内部孔洞出现分布不均和严重的分层，因而体积变小、色泽变暗。而一定量面粉的加入吸水弱化面筋结构后，一定程度上软化了产品质构，使馒头出现了轻微的变黏软趋势；然而当干粉量继续增加，面团整体出现水分不足，同时面筋的破坏也更为明显，导致了最终馒头的硬度显著增大。

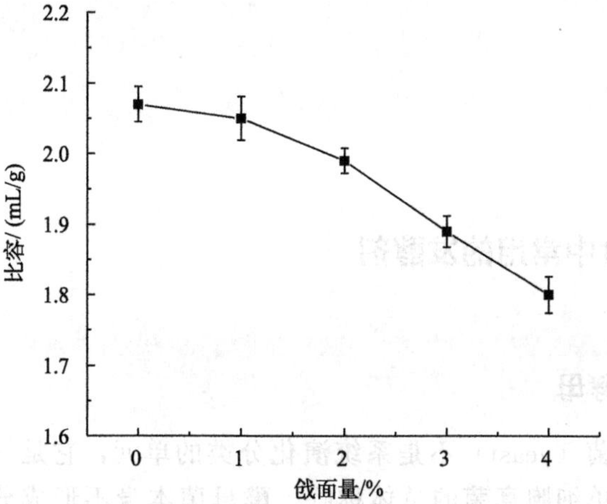

图 4-27 压延中饯面量对馒头比容的影响

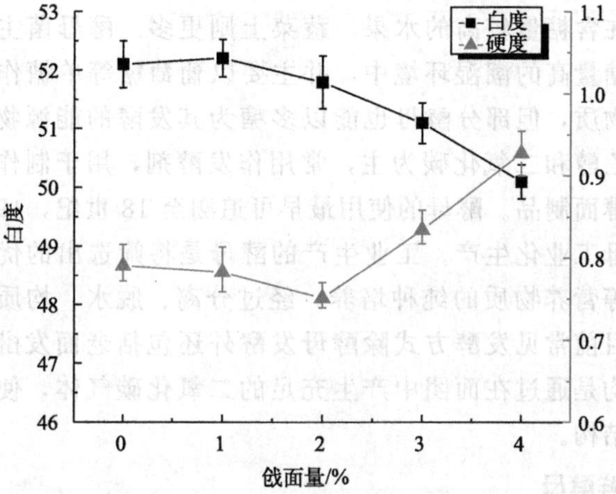

图 4-28 压延中饯面量对馒头白度、硬度的影响

5
面制品的发酵技术

5.1 发酵面食中常用的发酵剂

5.1.1 酵母

酵母菌（yeast）不是系统演化分类的单元，它是一类以出芽繁殖途径为主的单细胞真菌的总体称呼。酵母菌本身不形成分枝菌丝体，主要以芽殖或裂殖方式进行无性繁殖，部分可进行有性繁殖。酵母菌在微生物中最早被人类应用，它可生存于任何环境中。酵母菌在自然界中分布很广泛，在含糖量较高的水果、蔬菜上则更多。酵母菌主要存活于偏酸性并且含糖量高的潮湿环境中，并主要以葡萄糖等单糖作为其自身的碳源和能源物质，但部分酵母也能以多糖为其发酵的能源物质，其中发酵的产物以乙醇和二氧化碳为主，常用作发酵剂，用于制作面包、馒头和包子等发酵面制品。酵母的使用最早可追溯至 18 世纪，19 世纪末欧美率先实现酵母工业化生产。工业生产的酵母是将筛选出的优秀的酵母菌种通过糖蜜等营养物质的纯种培养，经过分离、脱水、均质后加工成生物发酵剂。目前常见发酵方式除酵母发酵外还包括老面发酵、化学蓬松发酵，原理均是通过在面团中产生充足的二氧化碳气体，使面团体积膨胀形成疏松结构。

5.1.1.1 鲜酵母

新鲜酵母是一种水分含量为 60%～70%的酵母，没有经过造粒和干燥过程，优质的鲜酵母捏在手里感觉结实、有弹性、不黏手的感觉；外观表面乳白色，颜色均匀；闻起来酵母清香味。鲜酵母在工艺上直接被压成条状或块状，用防水油的淋膜纸包装。鲜酵母具有活性高、发酵速度快的特点，可缩短面团发酵时间，省时省力，很多不同种类的面包，低糖高糖面团都可以用鲜酵母来做，而且有独特的风味。但鲜酵母保存条件苛刻，需要在低温下保存，且保质期较短，一般建议在−4～4℃保存，每次使用都需要按量切割，如果储存温度过高，会加快酵母菌死亡速度。

5.1.1.2 半干酵母

半干酵母是一种需要冷冻保存的小颗粒鲜酵母，含水量只有20%左右，所以其形状与干酵母无异，不过，由于半干酵母含有一定的水分，因此它的酵母菌死亡率可以控制在1%左右。半干酵母既具有鲜酵母一样的活力高、风味好的特点，又具有即发干酵母的流动性好，使用便捷保存期长的特点。半干酵母更适用于制作冷冻面团、生胚制品，能够延长冷冻生胚的保存期、提高成品率。需要注意的是，半干酵母需要置于−18℃冷冻条件下储存。

5.1.1.3 活性干酵母

活性干酵母是由特殊培养的鲜酵母经压榨干燥脱水后挤压成细条状或小球状，利用低湿度的循环空气经流化床连续干燥，使最终发酵水分达7%～8%，并保持酵母的发酵能力，易溶于水，使用方便，易于储藏。然而，在干燥过程中，酵母菌会有一部分死亡，死亡率为4%～15%。死亡后的酵母会溶解出谷胱甘肽、氨基酸、酶等物质，它们会改变面团的性状和风味，所以，通常干酵母的风味不如鲜酵母。

5.1.2 酸面团

老面又称酸面团，主要采用小麦粉、麸皮、玉米粉或米粉等原料，经过长时间反复发酵制作而成，也被称为面包引子，且在不同的国家有不同的叫法，例如levain，masa madre，lievitonaturale或sauerteig。酸面团的使用可以追溯至古埃及，并代代相传了数千年。直到中世纪，它仍然是发酵的主要方式，并且今天仍然是流行的制作面包的方式。酸面团发酵不仅可以利用多种微生物代谢作用改变食品成分，如大分子的蛋白质和脂肪会被分解成小分子的氨基酸和短链挥发性脂肪酸等物质，进而改善面团的表观、风味和营养等特性；也可以抑制微生物的生长，延缓淀粉老化，延长产品的保质期。酸面团含有的微生物体系较复杂，发酵能力较弱且发酵时间长，加工时易受外界环境和加工条件的影响从而导致质量难以控制。随着酵母工业的发展，商业酵母因其发酵时间短、效率高且品质稳定的优点而逐渐取代了酸面团。然而商业酵母自身酶系单一，所发酵的面制品与酸面团发酵面制品相比风味较淡，缺少酸面团发酵所赋予的浓郁香气。

5.1.2.1 酸面团的分类

按照发酵工艺的不同，酸面团通常可分为三类。第Ⅰ类酸面团是传统自然发酵酸面团，其以接面的形式进行发酵，即在新的发酵原料（面粉与水混合后的面团）中加入上一次制作馒头剩下来的发酵面团。此种发酵工艺的微生物来源于周围环境，具有较强的活性和发酵能力。这一工艺要求在室温下（20～30℃）发酵6～24h，典型的产品如旧金山酸面包、传统的意大利酸面包和德国黑麦酸面包等。此类酸面团的乳酸菌优势菌种为 *Lactobacillus sanfranci scensis*（*Lb. sanfranciscensis*，旧金山乳杆菌）、*Lactobacillus plantarum*（*Lb. plantarum*，植物乳杆菌）、*Lactobacillus fermentum*（*Lb. fermentum*，发酵乳杆菌）和 *Lactobacillus brevis*（*Lb. brevis*，短乳杆菌）等。酵母菌菌种主要是 *Saccharomyces exiguus*（*S. exiguus*，少孢酵母）、*Saccharomyces cerevisiae*（*S. cerevisiae*，酿酒酵母）、*Candida holmii*（*C. holmii*，霍氏假丝酵母）和 *Candida milleri*（*C. milleri*，梅林假丝酵母）等。传统自然发酵的酸面团一般是固体，主要用于家用和小作坊生产。

第Ⅱ类酸面团是工业用酸面团，即将乳酸菌发酵剂（微生物通常分离自传统酸面团）直接加入新的发酵原料中，在稍高于室温下（>30℃）发酵1～3d的一种液体面团。其主要功能为使面团酸化或作为风味增强剂，同时因发酵酸度较高，应在发酵完成后加入酵母，在保证产生足够 CO_2 使面团起发的前提下其代表菌种为 *Lactobacillus panis*（*Lb. panis*，面包乳杆菌）、*Lactobacillus reuteri*（*Lb. reuteri*，罗氏乳杆菌）、*Lactobacillus johnsonii*（*Lb. Johnsonii*，约氏乳杆菌）等耐酸的乳酸菌株维持酵母的活性与发酵力。此类酸面团成品通常以半流体面团或经过热处理干燥后得到的产品进行工业化生产。半流体面团可方便工业化生产时的管道输送，干燥后的产品更是由于体积减小而具有方便储藏和运输的优点。

第Ⅲ类酸面团是混合型酸面团，即在初始阶段发酵原料先接种单一或混合菌种（即乳酸菌、酵母菌或二者混合菌发酵剂）制备起始酸面团，然后按照第Ⅰ类酸面团中传统的回溯方法进行使用和活化。对于此类酸面团发酵过程，乳酸菌群落也会经历典型的三步连续模式，优势菌群也会经历更替变化，但是初始接种的微生物菌群会被后期环境中的微生物所代替，而使后期掺入的微生物成为优势菌群，因此使用时也需要加入酵母。山东、河南地区的酵子做法类似于此种工艺。

5.1.2.2 酸面团中的微生物

酸面团是非常复杂的微生物生态系统。总体而言，成熟酸面团中的微生物主要为乳酸菌和酵母菌，其中乳酸菌物种的数量普遍高于酵母菌。目前酸面团中乳酸菌已鉴定出至少90多种，并以异型发酵乳酸菌为主要种群，除此之外还可能存在一些数量极少的其他菌（如霉菌、醋酸菌等），但对酸面团产品的品质不会产生显著影响。

（1）乳酸菌

乳酸菌是一类可以发酵葡萄糖、乳糖及其他可利用碳水化合物，产生醇、酯、酮、醛、有机酸及多种氨基酸的革兰氏阳性菌。按照发酵类型，一般将乳酸菌分为专性同型发酵、兼性异型发酵和专性异型发酵，其中专性异型发酵乳酸菌对具有氨基酸的同化作用且能代谢多种糖类从而在天然酵母发酵过程占据优势地位。糖酵解和磷酸葡萄糖酸途径是酸面团中兼性和专性异型发酵乳酸菌发酵六碳糖的常见方式。在一些乳酸菌的磷酸葡萄糖途径中存在着麦芽糖磷酸化酶，可以使乳酸菌在不使用 ATP 的情况下将面粉中的麦芽糖分解成葡萄糖和葡萄糖-1-P，给乳酸菌提供额外的能量优势，避免了菌间竞争。不同原料或地域发酵制得的酸面团所含有的乳酸菌属也不同，但是其组成以乳杆菌属为主，主要菌种为 *Lb. sanfranciscensis*、*Lb. plantarum* 及 *Lb. brevis* 等；其他菌属如 *Leuconostoc*、*Pediococcus*、*Weissella*、*Enterococcus*、*Lactococcus* 和 *Streptococcus* 等也会有少量存在。

(2) 酵母菌

在成熟的酸面团中，酵母菌通常伴随着乳酸菌存在，二者比例一般为 1∶100 至 1∶10，酵母菌数量普遍为 10^6～10^7CFU/g，而乳酸菌的数目通常在 10^8～10^9CFU/g 范围内。中国小麦粉中常见的酵母菌有 *C. humilis*，*C. parapsilosis*，*K. exigua*，*Me. guilliermondii*，*P. kudriavzevii* 等。酵母菌最适合在 25～28℃下发酵，当培养温度超过 30℃时，酵母菌会产生轻微的酸味；温度为 20℃左右时，酵母菌会产生刺鼻的醋酸味。

5.1.3 酵子

中国使用酵子作为发酵剂，已有悠久的历史。最早的酵子萌芽出现在 3000 多年前的周朝，一种类似于酒酿的“酏”。到 1900 年前的东汉中期，已经出现了专门用于发酵面食制作的酵子，称为“酒溲”，这种酵子是由酿酒酵演变来的。南北朝时期，贾思勰著的《齐民要术》中明确记载两种馒头发酵时使用的酵子——“饼酵”与“白饼”，并且详细描述了它们的制作方法。“饼酵”是利用已经发酵的米汤为引子加上面粉来制作，“白饼”是先煮粥，把白酒放入粥中再于火上发酵来制作的。到了南北宋时期，“酵面”已经出现，“酵面”也就是把酵子加入面粉和成面团制作成的面肥。公元 1220 前后的元朝，“碱酵子”开始兴起，碱酵子制作时将酵引、盐与碱加适量温水，调拌均匀后再加入面粉制成面团。“碱酵子”此时已经是干燥的形式了。

酵子是我国传统发酵剂，属于多菌种混合发酵剂，酵母菌和乳酸菌通常为传统发酵剂中的优势菌种，除此之外还有一些霉菌、醋酸菌等。在面团发酵过程中，酵母菌和乳酸菌稳定共存并相互协同，酵母菌可以产气使面团蓬松，乳酸菌可以产酸和风味物质，两者共同作用有利于改善面团结构。

5.1.4 酒曲

酒曲，又名酒药、酒曲丸、酒粕、白酒药等，以米粉、米糠、谷物和中草药为原材料，自然接种微生物制得，菌群主要以酵母、霉菌及少量细菌为主要成分的微生物载体，兼具糖化发酵及生香等功能。几千年来，酒曲一直被广泛地用于酿酒、酿醋及甜酒酿等食品的生产，也常被用于面食制作，尤其是发酵面食的制作，其参与发酵过程中的糖化和酯化反应，是风味的主要贡献者。如在馒头中添加一定量的大曲可以使馒头质地适中、风味醇厚，而且馒头不易老化。

根据酒曲的制作工艺及应用情况，可将酒曲分成5大类：大曲、小曲、红曲、麸曲和麦曲。大曲通常以小麦为原料，通过生料制曲，自然接种，微生物发酵而成。小曲通常以米粉为原料，添加少量中草药，在特定温度下接种母曲发酵制得，其颗粒较大曲小，因此得名小曲。红曲因其色泽呈红色而得名，通常以大米为原料，接种红曲霉（*Monascus* spp.）发酵制成，但此类酒曲因颜色太过鲜艳，几乎不用在发酵面食中。麸曲是一种人工控制发酵的酒曲，其是在蒸熟摊凉的麸皮中接入纯种霉菌发酵而成。

5.2 常见发酵剂的制作工艺

5.2.1 酸面团的制作工艺

天然老面的基本制作方法是将面粉、水、引子（如老面头、鲜酵母、醪糟等）按一定比例混合均匀，然后放置在适宜的温度和湿度条件下进行发酵。

5.2.1.1 原料的选择

酸面团的制作原料较为简单，使用面粉、水、引子、啤酒、酒曲、土豆泥、饴糖或蜂蜜等原料，根据不同的原料和配方，可以制作出嫩酵、大酵、子母酵、老酵、戗酵和烫酵等不同种类的酸面团。这些酸面团在发酵时间、面团特性和适用产品上都有所不同。

5.2.1.2 发酵条件

酸面团的发酵过程受到温度、湿度、时间等多种因素的影响。一般来说，适宜的温度范围为20～28℃，相对湿度为75%～80%。发酵时间则根据酸面团的种类和配方而定，一般为6～48h。

5.2.1.3 酸面团的保存条件

制备好的面团可放入冷藏条件（－1～4℃）保存，避免乳酸菌在室温下代谢旺盛导致面团过酸，亦可放入冷冻室进行冷冻保存，保藏时间可超过3个月。但随着时间延长，面团中酵母菌会大量死亡，影响发酵面制品的品质。使用长期冷冻保存的酸面团作为发酵剂时，需要适量添加酵母以保持产品的品质。

5.2.1.4 酸面团的具体做法

将 2g 酵母加入 300g 水中充分溶解，加入 400g 的小麦粉，采用和面机中速搅拌 8min，放入 21℃、80%湿度的条件下发酵 24h 即制成酸面团。酸面团作为发酵剂使用时，只需将面团和水按一定比例与酸面团混合均匀即可，水的添加量是以成品面团中小麦粉的质量为基准，通常水的添加量为面粉的 75%。

5.2.2 酵子的制作工艺

酵子在中国传统发酵面食制作中有着重要的地位，民间通常使用玉米粉、大米粉和小麦粉进行糖化和发酵制得。近年来，已经衍生出来许多不同的酵子制作工艺，例如以大米粉、小麦粉、玉米面作为主要原料，引入酒曲发酵后，再补加一定量的面粉和水制成团，晒干以后制成的酵子；有的以香蕉、甜瓜等为酵引，再加入一定量的面粉制成水果酵子。其中，具有中原特色的南阳酵子主要以大米粉为原料。

根据市场研究和调查，众多的南阳酵子制备工艺中，以下六种方式最具代表性：

① 工艺 A：渣头（米酒 40g、温水 25g、大曲 2g 混合，浸泡 20min）→ 添加米粉 25g 发酵 3.5h→补加米粉 25g、水 25g 发酵 3.5h→补加米粉 25g、水 25g 发酵 2.5h→补加米粉 25g、水 25g 发酵 1.5h→补加米粉 80g 成型，利用 30℃热风的方式干燥 48h。

② 工艺 B：渣头（米酒 40g、温水 25g、大曲 2g 混合，浸泡 20min）→添加米粉 50g、水 25g 发酵 6h→补加米粉 25g、水 25g 发酵 3h→补加米粉 25g、水 25g 发酵 2h→补加米粉 80g 成型，30℃热风干燥 48h。

③ 工艺 C：渣头（米酒 40g、温水 25g、大曲 2g 混合，浸泡 20min）→添加米粉 100g、水 75g 发酵 10h→补加米粉 80g 成型，30℃热风干燥 48h。

④ 工艺 D：米酒 40g、大曲 2g、米粉 50g、温水 50g 混合发酵 6h→补加米粉 25g、水 25g 发酵 3h→补加米粉 25g、水 25g 发酵 2h→补加 80g 米粉成型，30℃热风干燥 48h。

⑤ 工艺 E：渣头（米酒 40g、温水 25g、大曲 2g 混合，浸泡 20min）→添加米粉 100g、温水 75g，在慢速搅拌（<15r/min）的情况下发酵 10h→补加 80g 米粉成型，30℃热风干燥 48h。

⑥ 工艺 F：渣头（米酒 40g、温水 25g、大曲 2g 混合，浸泡 20min）→添加米粉 100g、温水 75g，在恒温摇床内震荡发酵 10h→补加 80g 米粉成型，30℃热风干燥 48h。

5.2.2.1 生产工艺与酵子品质关系

对比不同工艺制备酵子的发酵力（图 5-1），可以看出，由工艺 C 生产的酵子发酵力最小，E、F 生产的酵子发酵力最好，且 E 比 F 稍好。

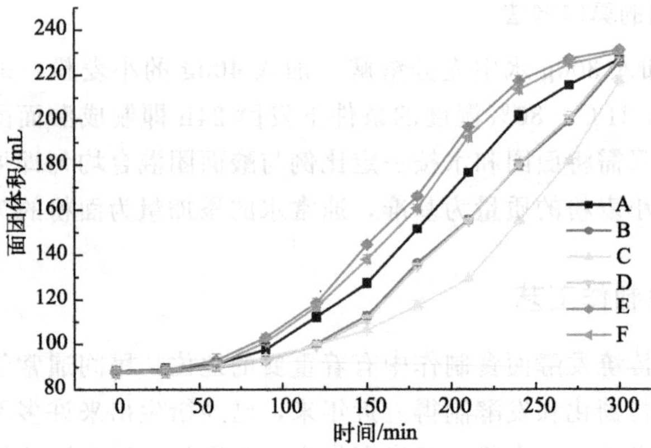

图 5-1　生产工艺对酵子发酵力的影响

样品 A、E、F 的淀粉酶活力较高且没有显著性差异，三种酵子的制作过程都不是完全静止，都有一定程度地搅拌，搅动过程中发酵产生的二氧化碳会逸散一部分，有效防止了发酵过程中 pH 大幅降低，能使淀粉酶保持比较高的活性。样品 C 的淀粉酶活性最小，可能是因为静止发酵，发酵过程中有机酸堆积使 pH 下降，使淀粉酶活性降低（图 5-2）。

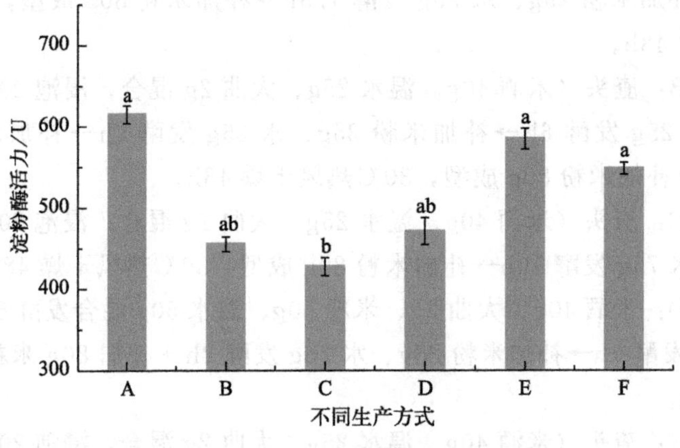

图 5-2　生产工艺对酵子淀粉酶活力的影响

样品 A、E、F 的还原糖含量比较高，样品 C 的最低。还原糖是由微生物的生长和淀粉酶的催化产生，淀粉酶活性越高、微生物越活跃，还原糖含量就越高。酵子中的还原糖可以被微生物利用，发酵产生一些中间物，有利于酵子风味形成（图 5-3）。

样品 E 的酵母菌活菌数最大，样品 A 和 F 次之，样品 C 的活菌数最小。这可能是因为样品 E、A、F 在制作过程中不是静止发酵，样品 A 是补料搅拌，样品 E 和 F 是动态发酵，在搅拌或摇晃的过程中会排出少量二氧化碳并增加发酵

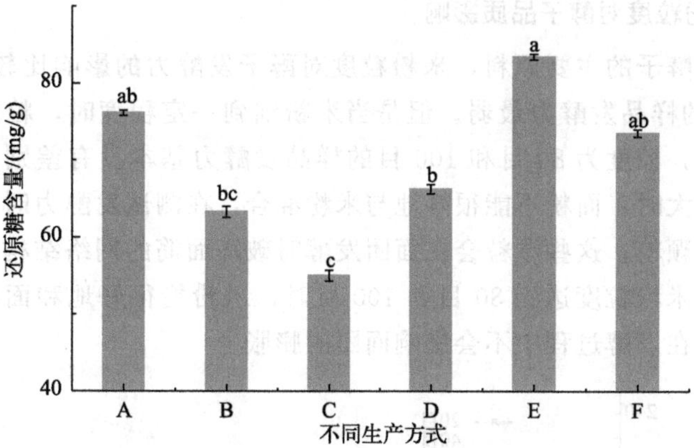

图 5-3　生产工艺对酵子还原糖含量的影响

液中的溶解氧含量，促进酵母菌生长繁殖（图 5-4）。

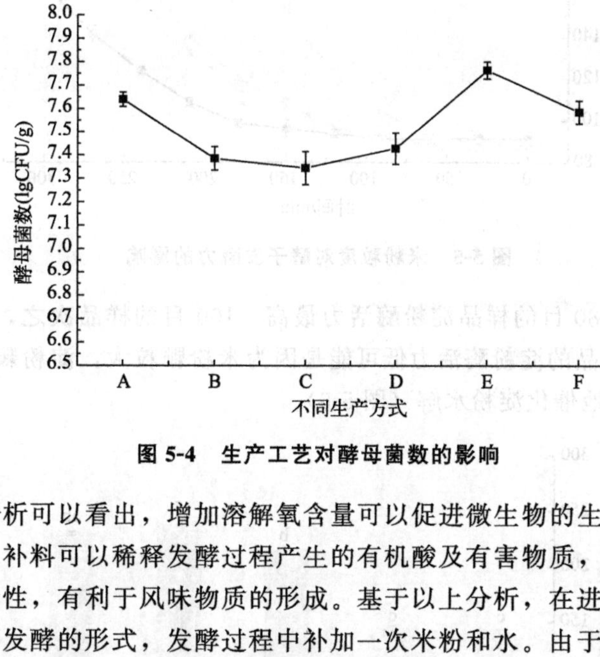

图 5-4　生产工艺对酵母菌数的影响

由以上分析可以看出，增加溶解氧含量可以促进微生物的生长繁殖，增强酵子的发酵力；补料可以稀释发酵过程产生的有机酸及有害物质，使淀粉酶可以保持比较高的活性，有利于风味物质的形成。基于以上分析，在进行工业化生产时可以采用动态发酵的形式，发酵过程中补加一次米粉和水。由于搅拌和摇晃的效果相差不大，但是考虑到摇床占地面积较大，在工厂中不易实现，所以采用搅拌的方式，利用发酵罐就能实现发酵过程中的不断搅拌。一种组合的工艺 G 如下：米酒 40g、大曲 2g、米粉 50g、温水 50g 混合均匀→慢速搅拌（<15r/min）下发酵 6h→补加米粉 50g、水 50 个 g 慢速搅拌发酵 4h→补加 80～85g 米粉成型，30℃热风干燥 48h。

5.2.2.2 米粉粒度对酵子品质影响

米粉作为酵子的主要原料，米粉粒度对酵子发酵力的影响比较大（图 5-5）。粒度为 20 目的样品发酵力最弱。但是当米粉细到一定程度时，粒度对发酵力的影响基本消失，粒度为 80 目和 100 目的样品发酵力基本没有差别。这可能是因为米粉颗粒较大时，面粉不能很好地与米粉混合，在测试发酵力时能明显感到面团中存在米粉颗粒，这些颗粒会在面团发酵时破坏面筋的网络结构，影响面团发酵膨胀。而当米粉粒度达到 80 目和 100 目时，米粉能很好地和面粉混合，没有明显的颗粒，在发酵过程中不会影响面团的膨胀。

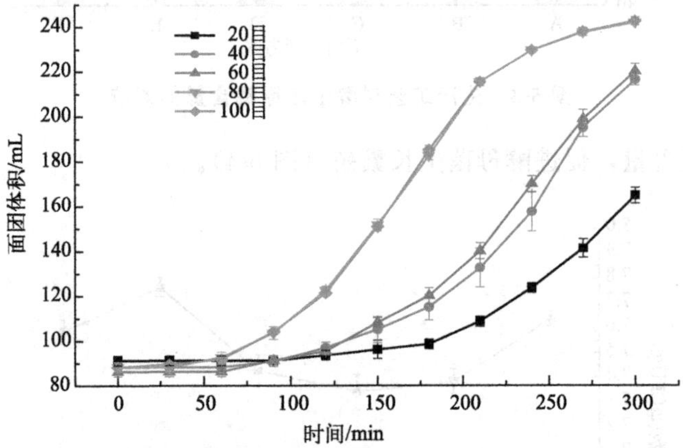

图 5-5 米粉粒度对酵子发酵力的影响

米粉粒度为 80 目的样品淀粉酶活力最高，100 目的样品次之，而 20 目样品的最低。20 目样品的淀粉酶活力低可能是因为米粉颗粒大，淀粉颗粒结合紧密，淀粉酶不能很好地催化淀粉水解（图 5-6）。

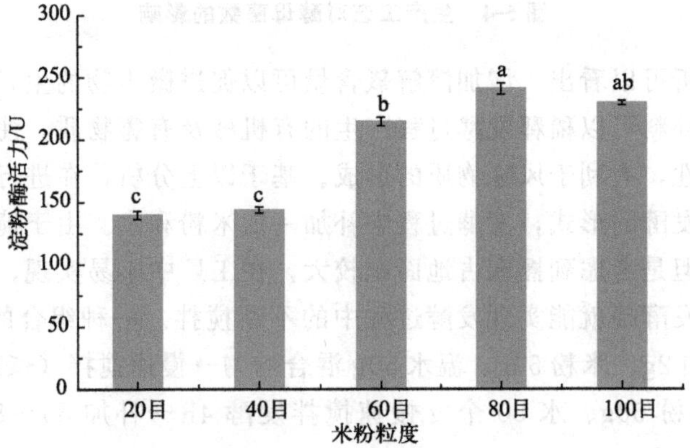

图 5-6 米粉粒度对酵子淀粉酶活力的影响

由图 5-7 可以看出，随着米粉颗粒变小，样品中的还原糖含量呈现越来越多的趋势，但是增长比较缓慢。小分子糖是由淀粉酶催化淀粉水解产生，在被微生物生长繁殖利用时会生成还原糖和风味物质的中间物质，改善酵子的风味，最终影响馒头的风味。

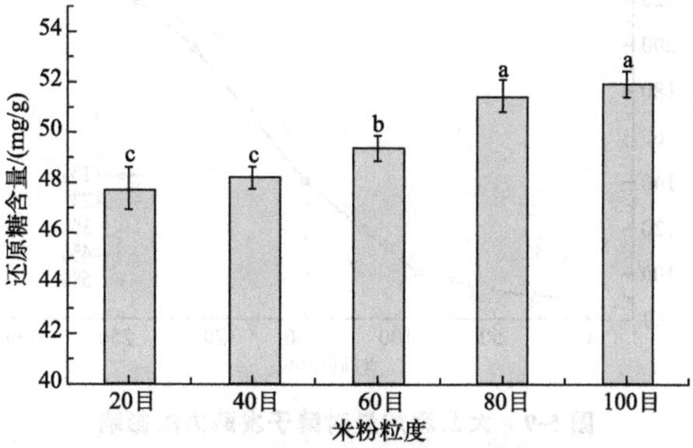

图 5-7 米粉粒度对酵子还原糖含量的影响

米粉颗粒越小，样品中的酵母菌和乳酸菌活菌数越大，且两种菌的增长趋势相同。但是 80 目和 100 目样品的差别不大，这和粒度对发酵力的影响类似。这可能是因为米粉颗粒较大且没有糊化时，微生物不能很好利用它们进行生长繁殖（图 5-8）。

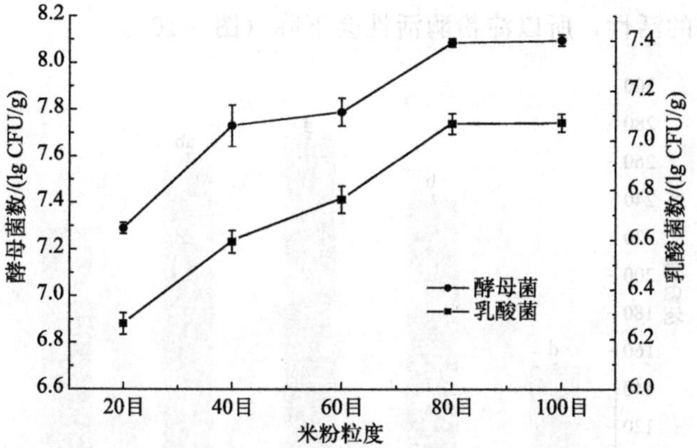

图 5-8 米粉粒度对酵子中酵母菌和乳酸菌数的影响

5.2.2.3 大曲添加量对酵子品质的影响

当大曲添加量为最大的 5%时，样品的发酵力反而没有其他样品的强；添加量为 1%～4%时，样品发酵力差别比较小，变化趋势不明显，添加量为 4%的样品最好。大曲的添加量多而样品发酵力反而较弱，这可能是因为大曲中的微生物在发酵过程中产生的液化酶较多，使面团含水量增多，面团发酵时体积变化小（图 5-9）。

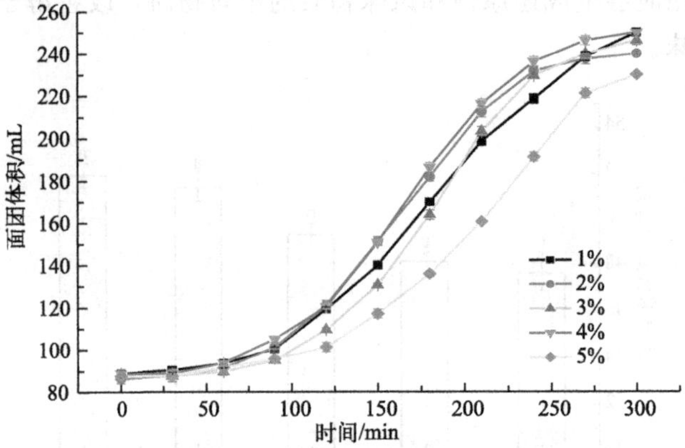

图 5-9 大曲添加量对酵子发酵力的影响

随着大曲添加量增大，样品的淀粉酶活力呈现先增大后减小的趋势，大曲添加量为 3%时酵子淀粉酶活力最大。大曲中存在较多的霉菌和各种酶系，在发酵的过程中，霉菌产生大量的淀粉酶，所以随着大曲添加量增加，酵子淀粉酶活力升高。当大曲添加量适中时，大曲的加入为发酵醪带入大量霉菌，此时霉菌活性较高，产生大量淀粉酶，淀粉酶活性较高。但是，霉菌耐酸性较差，当加入的大曲量过多时，酵母菌和其他菌群发酵产生的酒精和有机酸会抑制霉菌的活性，还会影响淀粉酶的活性，所以淀粉酶活性会下降（图 5-10）。

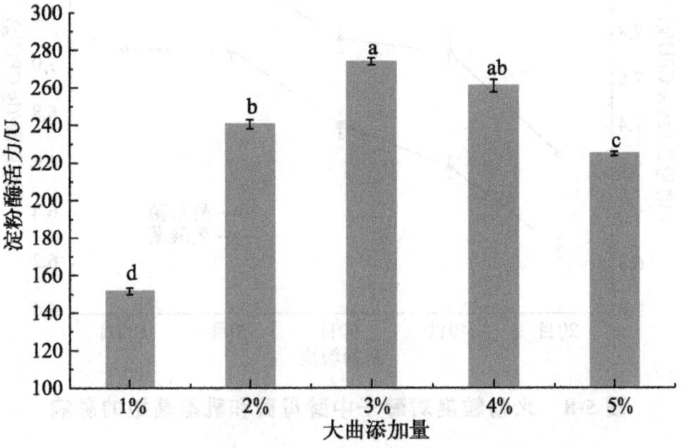

图 5-10 大曲添加量对酵子淀粉酶活性的影响

在大曲添加量为 1%～4%时，还原糖含量随大曲添加量的增大而增大，但是当大曲量再增大时还原糖含量反而下降。还原糖主要由淀粉酶催化淀粉水解产生，微生物利用还原糖进行生长繁殖，还原糖含量高说明微生物活动比较旺盛。

当大曲添加量为5%还原糖含量减少，可能是因为大曲中的酵母菌和其他菌种比较占优势，霉菌活性低（图5-11）。

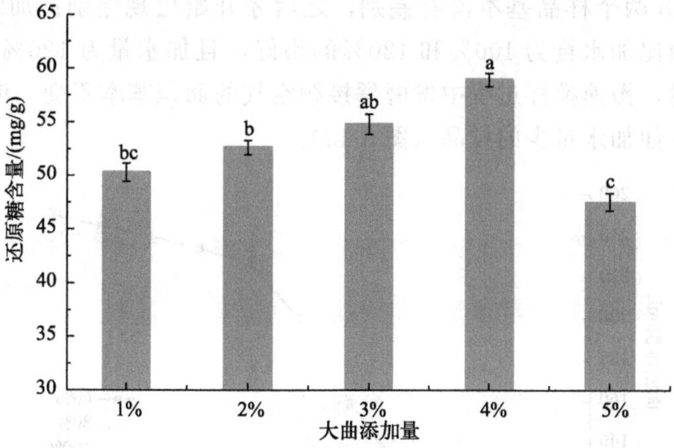

图5-11　大曲添加量对酵子还原糖含量的影响

酵子中的酵母菌数和乳酸菌数都随着大曲添加量的增加呈现先增大后降低的趋势。大曲添加量为4%时酵子中的酵母菌数最大，而当添加量为3%时乳酸菌最多。当大曲添加量增大时，引入的霉菌数量增加，产生的淀粉酶含量增加，相应的还原糖含量增加，酵母菌迅速繁殖，当酵母菌达到一定数量时，生长繁殖被抑制，数量开始下降。乳酸菌为细菌属，是原核生物，当大曲添加量较多时，其中某种微生物可能会抑制乳酸菌的生长繁殖（图5-12）。

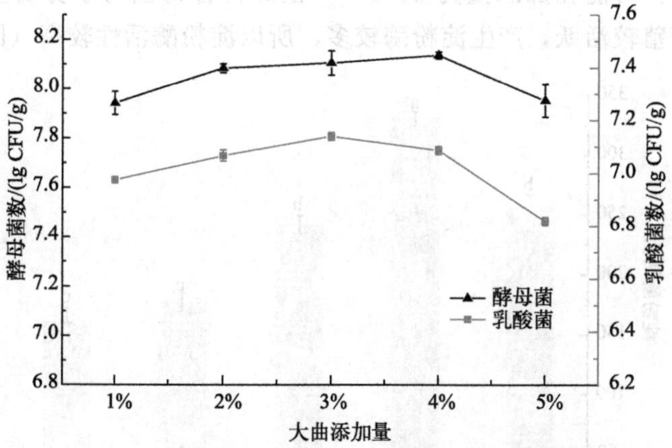

图5-12　大曲添加量对酵子中酵母菌和乳酸菌数的影响

对比以上实验结果可以看出，大曲添加量在3%～4%时，样品的各项指标都比较好，所以大曲的添加量选取3%～4%。

5.2.2.4 水分添加量对酵子品质的影响

加水量为60%和80%的样品发酵力相差不大，加水量为60%的稍好，在面团发酵前2.5h两个样品基本没有差别，之后才开始出现差别；加水量为140%的样品发酵力比加水量为100%和120%的略好，且加水量为120%的样品最小。加水量较多时，慢速搅拌过程中发酵醪接触空气的面积基本不变，溶解氧的增加有限，反倒不如加水量少的样品（图5-13）。

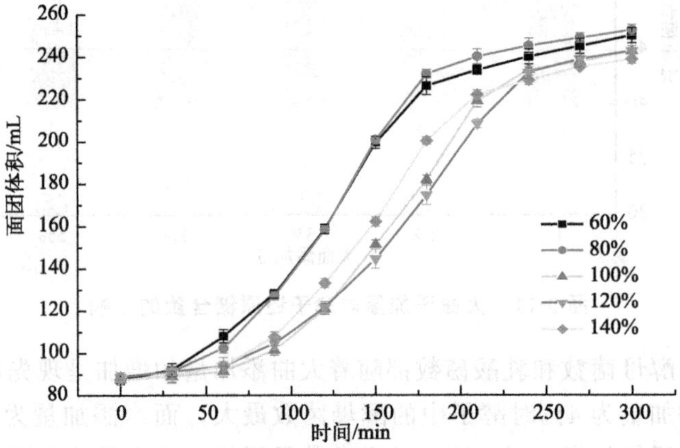

图5-13 水分添加量对酵子发酵力的影响

水分添加量为80%时样品的淀粉酶活性最高，当水分添加量超过80%时，样品的淀粉酶活性随水分添加量的增大而减小。霉菌对水分含量的要求偏低，但是也不能太低，可能在加水量为80%时，正好符合霉菌对水分含量的要求，所以霉菌生长繁殖较活跃，产生淀粉酶较多，所以淀粉酶活性较高（图5-14）。

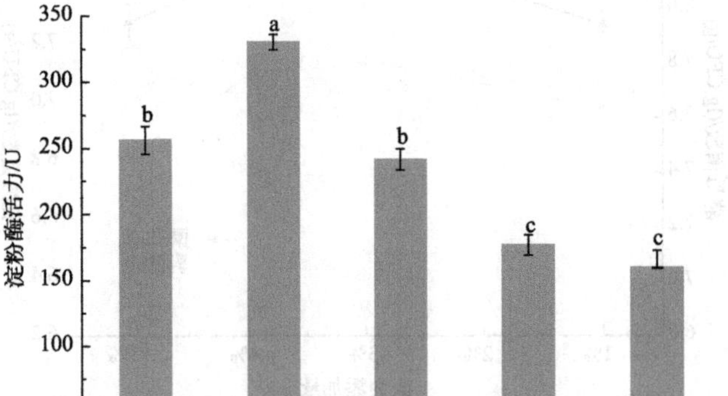

图5-14 水分添加量对酵子淀粉酶活性的影响

当水分添加量为80%时，样品中还原糖含量最多，当水分添加量大于80%

时，样品中的还原糖含量随水分添加量增大而增多（图 5-15）。

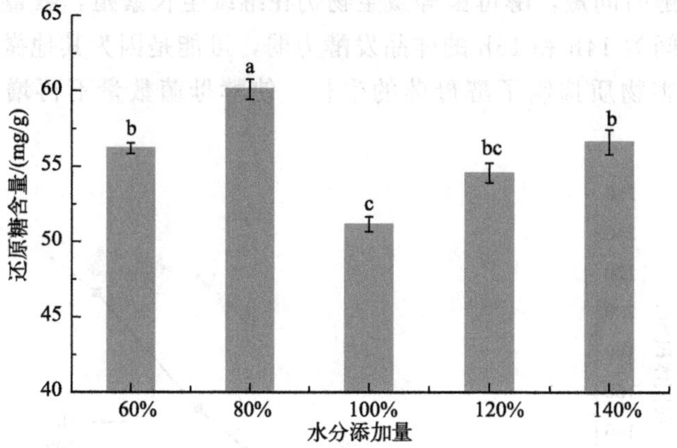

图 5-15　水分添加量对酵子还原糖含量的影响

随着水分添加量增大，样品中的酵母菌数呈现先减小后增大的趋势，而样品中的乳酸菌数则与之相反，呈现出先增大后减小的趋势。由于酵母菌对水分活度的要求比乳酸菌的低，水分添加量较少时，酵母菌活性较高，生长繁殖较快。随着水分添加量增多，发酵醪水分活度增大，乳酸菌生长繁殖加快，数量增多。在酵子的干燥过程中，随着样品中水分蒸发，还原糖、有机酸等物质浓缩，会破坏酵子中微生物的细胞结构使样品中的活菌数下降（图 5-16）。

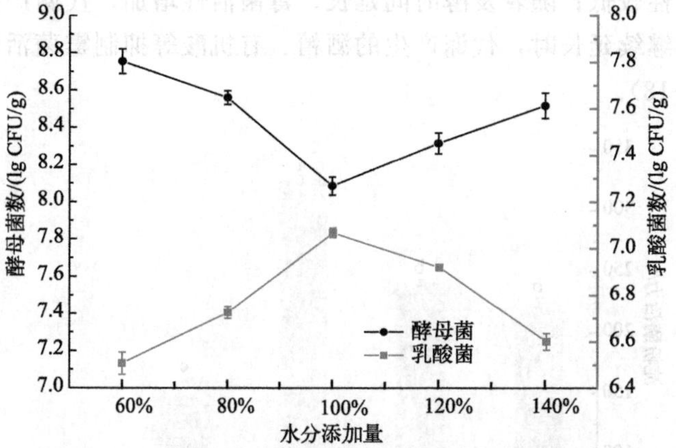

图 5-16　水分添加量对酵子中酵母菌和乳酸菌数的影响

综上所述，加水量太多时干燥过程会使微生物数量减少，再考虑到生产效率和成本，加水量选取 60％～80％较好。

5.2.2.5　发酵时间对酵子品质的影响

发酵时间为 8h 的样品发酵力最弱，发酵时间为 12h 的样品发酵力最强，发酵时间为 14h 和 16h 的样品发酵力反而下降。发酵时间为 8h 的样品发酵力较弱，可能是因为发酵时间短，酵母菌等微生物仍在继续生长繁殖，数量还没有达到最大；而发酵时间为 14h 和 16h 的样品发酵力弱，可能是因为其他微生物发酵产生的有机酸等有害物质抑制了酵母菌的生长，使酵母菌数量不再增长，甚至下降（图 5-17）。

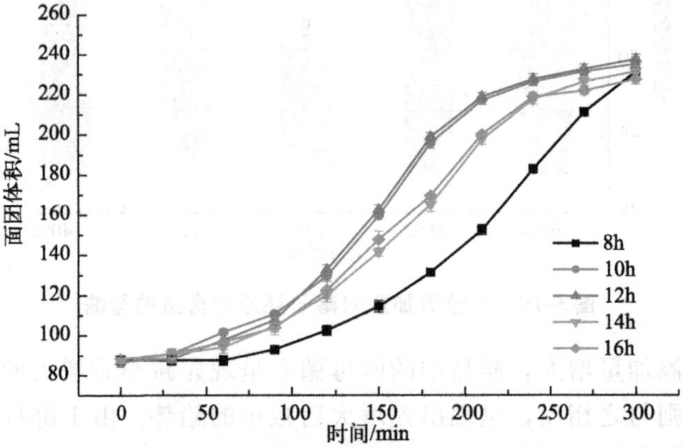

图 5-17　发酵时间对酵子发酵力的影响

随着发酵时间延长，淀粉酶活力呈现先增大后减小的趋势。发酵时间为 12h 的样品淀粉酶活力最大，16h 的最小。发酵时间短时，霉菌代谢产生的淀粉酶少，淀粉酶活性较低；随着发酵时间延长，霉菌活性增加，代谢产生的淀粉酶增加；发酵时间继续延长时，代谢产生的酒精、有机酸等抑制霉菌活性，淀粉酶活性下降（图 5-18）。

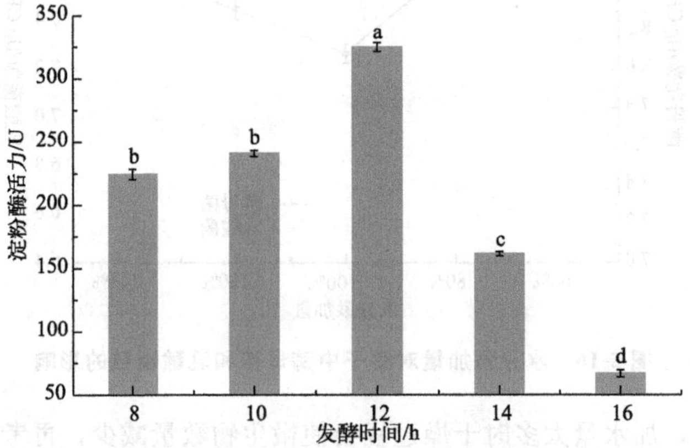

图 5-18　发酵时间对酵子淀粉酶活力的影响

发酵时间对酵子中还原糖含量的影响与对淀粉酶活性的影响趋势相同，即随着发酵时间延长，样品中还原糖含量呈现先增加后降低的趋势（图 5-19）。

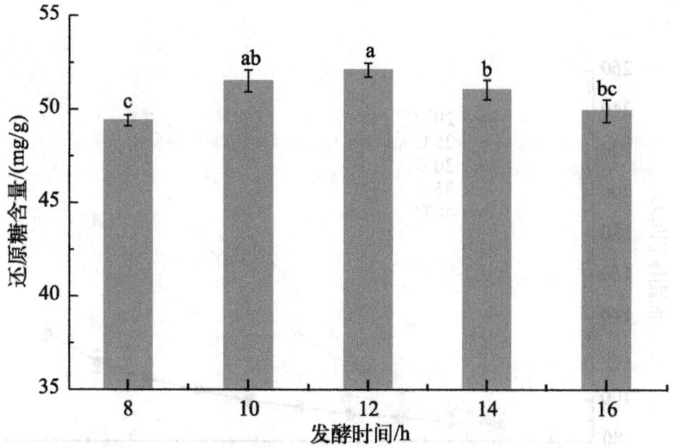

图 5-19　发酵时间对酵子中还原糖含量的影响

随着发酵时间延长，样品中酵母菌和乳酸菌活菌数都呈现先增大后减小的趋势。当发酵时间超过 10h 后，随着发酵时间延长，酵母菌数量减少较快，乳酸菌在 10～12h 之内减小较快，之后趋于平缓。随着发酵时间延长，发酵液中酒精、有机酸等有害物质积累较多，有限的资源也对微生物的生长造成限制，所以微生物的数量开始下降。由于乳酸菌比酵母菌耐酸，所以酵母菌减少较快（图 5-20）。

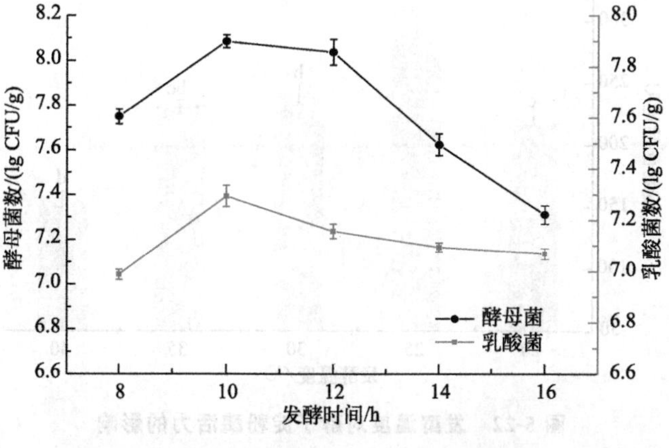

图 5-20　发酵时间对酵子中酵母菌和乳酸菌数的影响

综合分析，当发酵时间为 10～12h 时，酵子的发酵力、淀粉酶活力、酵母菌和乳酸菌数等各项性质都比较好。

5.2.2.6　发酵温度对酵子品质的影响

发酵温度对酵子发酵力的影响比较显著，发酵温度为 20℃的样品发酵力最弱，35℃样品的发酵力最强，其他样品的发酵力都较弱。这主要是因为发酵温度影响了酵母菌的生长繁殖，温度高或低都不利于酵母菌的生长，都会影响酵子的品质（图 5-21）。

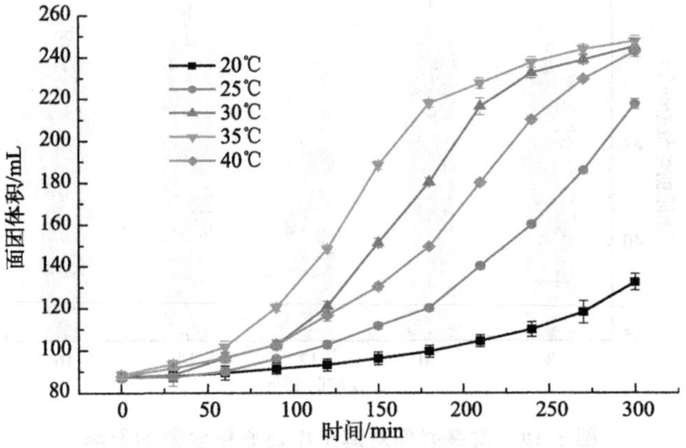

图 5-21　发酵温度对酵子发酵力的影响

发酵温度为 25℃的样品淀粉酶活力最高。当发酵温度超过 25℃时，淀粉酶活性随着发酵温度升高而降低，这是因为随着发酵温度升高，根霉菌生长代谢速度下降，产生的淀粉酶减少，淀粉酶活性降低（图 5-22）。

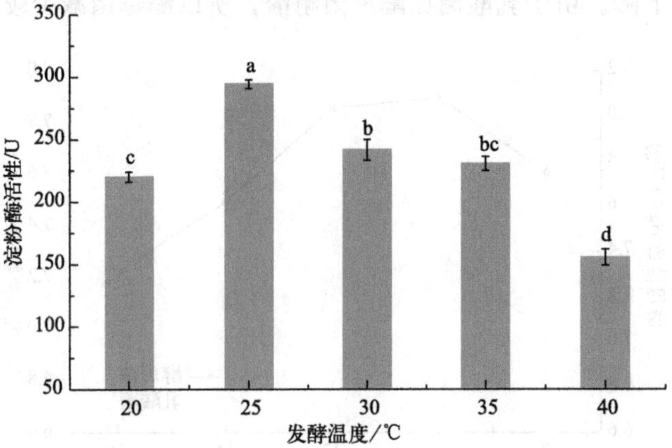

图 5-22　发酵温度对酵子淀粉酶活力的影响

发酵温度为 30℃时，样品中的还原糖含量最高。虽然 25℃时霉菌活性较高，产生的淀粉酶较多，但是温度限制了淀粉酶的活性，淀粉水解的速率下降；而 30℃时微生物生长比较活跃，对糖的需求量较大，糖化作用加强，还原糖含量积累较多（图 5-23）。

发酵温度为 30℃的样品中酵母菌数最多，35℃的样品中乳酸菌数最多。30℃的样品发酵力没有 35℃样品的好。这主要是因为 35℃的样品中乳酸菌数比较多，乳酸菌发酵产生的酶能够降解面团中的戊聚糖，降低面团黏度，有利于酵母菌的生长，乳酸菌和酵母菌的协同发酵能增大样品的发酵力（图 5-24）。

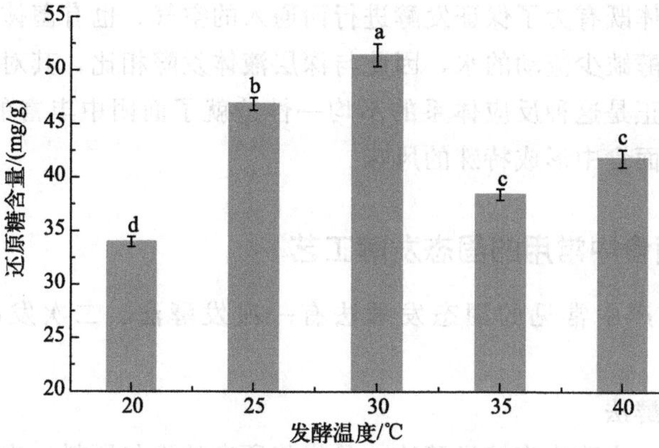

图 5-23　发酵温度对酵子中还原糖含量的影响

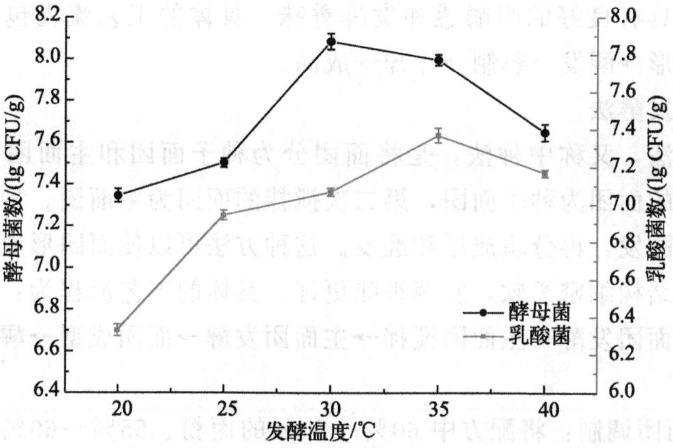

图 5-24　发酵温度对酵子中酵母菌数和乳酸菌数的影响

5.3 固态发酵技术

5.3.1 固态发酵概述

固态发酵（solid-state fermentation，SSF）是一种应用早但研究较晚的生物发酵技术。早在数千年前，世界各地的酒类、乳制品等制作工艺中可以见其端倪。近代，人们开始系统研究固态发酵也要追溯到 20 世纪 70 年代中期。近年来，成规模的固态发酵研发有了十分显著的进展。

固态发酵主要指微生物在湿润固体表面或颗粒间隙中生长，同时伴有少量水和一定量的通气。颗粒间的水主要附着在其表面，颗粒间隙被菌丝体、水和气体所填满，这些气体既有为了保证发酵进行而通入的空气，也有菌体生长产生的废气。由于固态发酵缺少流动的水，因此与深层液体发酵相比，其对反应体系的均一性要稍差，但正是这种反应体系的不均一性造就了面团中丰富的微生物体系，这有利于在发酵面食中形成特殊的风味。

5.3.2 发酵面食中常用的固态发酵工艺

发酵面食生产中常见的固态发酵法有一次发酵法、二次发酵法、三次发酵法。

(1) 一次发酵法

一次发酵法，也称为直接发酵法，是指将所有的面包原料一次混合调制成面团，进行发酵制作程序的方法。这种方法的优点是节省人工与机器操作，发酵时间较短，面包具有良好的咀嚼感和发酵香味。具体的工艺流程包括：称料→搅拌→发酵→整形→醒发→熟制→冷却→成品。

(2) 二次发酵法

二次发酵法，又称中种法，是将面团分为种子面团和主面团两次搅拌和发酵。初次搅拌的面团为种子面团，第二次搅拌的面团为主面团。种子面团与主面团混合后静置醒发，再分块成形和醒发。这种方法可以使面团形成较好的网络组织，面包内部结构细密柔软，发酵香味更好。具体的工艺流程为：称料→种子面团和面→种子面团发酵→主面团搅拌→主面团发酵→面团成型→醒发→熟制→冷却→成品。

① 种子面团调制：将配方中60%～80%的面粉、55%～60%的水，以及所有的酵母和改良剂倒入搅拌缸中，慢速搅拌至面团表面粗糙且均匀，此面团即为种子面团（中种面团）。中种面团在发酵室内发酵至原来体积的4～5倍即可。

② 主面团搅拌：中种面团放回搅拌缸中，与剩余面粉、水、糖、盐、奶粉和油脂等一起搅拌，直至面筋充分扩展。搅拌后进行短暂的延续发酵（20～30min)。

③ 发酵和整形：延续发酵后的面团进行分割和整形。整形后的面团进行最终发酵（最后发酵），通常需要在温暖的环境中进行，直到面团体积再次增大或表面开始形成裂纹。

二次发酵法的优点包括节省酵母用量，因为面团经历了两次发酵过程，酵母的繁殖环境更为理想；面包的组织结构更为细腻，口感更佳；发酵时间灵活，有助于应对不同的生产条件和设备。这种方法虽然需要较多的劳力和设备，但能够制作出品质更为稳定的面包，适合需要大量生产的场景。

(3) 三次发酵法

三次发酵法在欧洲国家非常流行，如法国、俄罗斯、意大利等地的传统面包常采用这种方法。这种方法制作出的面包风味独特，生产周期较长，但能显著提高产品的知名度和市场竞争能力。三次发酵法的工艺流程包括：第一次搅拌→第一次发酵（第一次种子面团）→第二次搅拌→第二次发酵（第二次种子面团）→主面团搅拌→主面团发酵→分块→搓圆→中间醒发→压片→成型→装盘→醒发→熟制。

① 第一次种子面团：将配方中15%的面粉、全部酵母及相应的水搅拌成面团，面团温度控制在24℃。在25～26℃、相对湿度为70%～75%的条件下发酵2～2.5h。

② 第二次种子面团：将配方中30%的面粉及相应的水混合，再加入已发酵完成第一次种子面团，搅拌成均一的面团，面团温度仍保持在25～26℃。在同一条件下进行第二次发酵，持续2～3h。

③ 主面团搅拌与发酵：将剩余的水和糖混合，加入已完成第二次发酵的种子面团，搅拌至面团散开口。再加入剩余的面粉、盐、油脂，搅拌至成熟，面团温度控制在28℃。在相同条件下进行主面团发酵，持续40～60min。

④ 成型与最终发酵：将面团切块、搓圆后，进行中间饧发14～16min。

三次发酵法的优点主要包括以下四点。

增强风味：通过多次发酵，酵母菌、乳酸菌等微生物反复吞噬淀粉或碳水化合物，在美拉德反应中唤醒更多的食材和工艺原生态风味，使面包具有浓郁的麦香和淡甜的风味。

改善质地：三次发酵法使面团中的酸度提高，从而制作出具有特殊风味的面包，如法国面包、俄罗斯面包等，这些面包具有更好的咀嚼感和柔软的质地。

延长保质期：由于发酵次数较多，面包的老化速度较慢，从而延长了面包的保质期。

提升产品质量：三次发酵法生产的面包在风味和口感上优于一次性发酵法，尤其是在高质量的传统面包生产中，能够形成鲜明的产品特色，提高市场竞争力。

5.3.3 固态发酵技术的影响因素

5.3.3.1 发酵时间

发酵条件对于决定最终产品的质量至关重要。发酵时间是一个关键因素，因为它决定了酸度水平，影响了面团体系中多种生化反应。发酵时间延长会导致面团和最终产品的pH值降低。例如，发酵4h后（30℃），面团的pH值通常在4.51～4.73之间，而最终产品的pH值在4.45～4.74之间。然而，发酵时间为10h，面团的pH值在3.30～3.50之间，最终产品的pH值在3.20～3.40之间，这取决于所使用的技术和发酵剂。pH值降低会显著影响面团的流变特性和最终产品的整体质量，这包括弹性普遍降低，面团和最终产品硬度增加，当pH值在3.8～4.1之间时，面团的延展性和最终产品的硬度增加最为明显。因此，发酵时间和 pH 值会影响最终产品体积。例如，发酵 6h 的面包显示出最高的比容。此后，随着 pH 值的下降，比容也会降低。

面筋蛋白的降解与面团发酵时间成正比，在 pH 值为≤4.0 时，分解面筋蛋白的小麦蛋白酶功能最佳。谷蛋白酶亚基的蛋白水解降解首先发生在发酵 6h 后，并在 24h 后变得更加明显。麸质蛋白水解的程度取决于酸化程度，酸化程度随发酵时间而变化，也会显著影响风味特征。面团的酸化强度也在延缓发酵面食老化方面发挥作用。因此，pH 值可以被视为决定最终产品质量的关键因素。虽然通过长时间发酵降低 pH 值可以增强面包的香气，但由于小麦粉蛋白的蛋白水解分解，它可能会对面包的质地和面团的流变特性产生不利影响。因此，微调发酵持续时间以调节 pH 值是十分必要的。

5.3.3.2 发酵温度

发酵温度是影响面团及其最终产品质量的重要因素。发酵温度的变化约占不同面团之间观察到的差异的 44.10%。最终产品的硬度受发酵温度的影响很大。一般来说，发酵温度的升高会降低最终产品的硬度并提高面包质量。例如，与 28℃之后的发酵相比，35℃的发酵导致面包的硬度较低。除硬度外，发酵温度也会对面包的弹性、内聚性和弹性值有影响。在较低的发酵温度（28℃）下，面团往往表现出更明显的弹性行为，这表现为面团中的弹性模量较高。

发酵温度对发酵过程中产生的挥发性化合物类型方面也起着决定性作用。在较高的发酵温度（35℃）下，醛类和酯类的含量明显增加，而与低温（28℃）相比，产生的醇类较少。乳酸与乙酸的摩尔比（FQ）是评估固态发酵过程有效性的重要指标。发酵温度升高会导致乳酸生成增加和乙酸值降低，从而破坏 FQ 平衡。相反，在较低或最佳温度下，乳酸产生减少，而乙酸增加，这导致 FQ 值显著降低，使其保持在 2.0～2.7 的最佳范围内，因此低温发酵通常会赋予最终产品更好的品质（如面包）。发酵温度也会影响 pH 值，在高发酵温度下，pH 值降得更快。例如，在 25℃下需要 11h，在 35℃下需要 9h 就能达到产生面团所需的理想 pH 值。

5.3.3.3 发酵类型

面团发酵的类型也会显著影响面团和最终产品的质量。以固态酸面团发酵为例，与Ⅰ型相比，Ⅱ型发酵的面包具有更大的比体积（高 41%～46%）。这是因为Ⅱ型工艺中使用的纯培养物导致面包的体积增加比Ⅰ型中的自发发酵更明显。相反，与Ⅱ型相比，Ⅰ型发酵面包表现出明显更大的咀嚼性（全麦粉和精制面粉面包分别高 3%～25% 和 117%～133%）和硬度（高 62%～80% 和 160%～270%）。除质构外，发酵类型对最终产品的外壳颜色也有显著影响，Ⅰ型发酵Ⅱ型比产生更高的 L^* 值。值得注意的是，发酵类型对 b^* 值有显著影响，例如，在 30℃条件，Ⅰ型发酵比Ⅱ型发酵的面包有更高的 b^* 值。

5.3.3.4 面粉粒度

一般来说，小麦粉的粒度会影响发酵过程、面团流变特性和最终烘焙产品的质量。面粉粒度强烈影响淀粉和蛋白质的功能特性。例如，淀粉损伤程度随着面粉粒径减小而增加，而受损的淀粉会显著影响面团的物理特性，当面粉中损淀粉浓度过高（高于12%）会导致吸水率增加，从而导致面团更柔软、更黏，这种面团在醒发过程中难以维持其膨胀，这通常会导致面包的体积减小。使用快速黏度分析仪（RVA）测定的淀粉黏度可以预测面包的最终质量为。当粒径减小时，黏度趋于增加，黏度的上升归因于损伤淀粉颗粒吸收水分的效率更高，更容易膨胀，更容易释放直链淀粉和支链淀粉，导致淀粉糊黏度增加。粒径减小还可能改变直链淀粉/支链淀粉的比例，进而影响面包的硬度。

粒径的变化也会影响蛋白质的功能。尽管面粉粒径减小总蛋白含量保持不变，但小颗粒面粉中面筋强度和面筋聚集能力得到改善，增强的面筋强度和聚集能力的结合有助于增加面包中的比容。

在全麦面粉中，面粉粒度在面团强度和延展性方面起着关键作用。全麦粉中存在的麸皮通常会破坏淀粉和蛋白质的功能，随着全麦粉粒径减小，稳定时间、面团形成时间（DT）和分解时间明显增加。所有这些都表明面团强度增强，而面团混合耐受指数（MTI）降低，这表明面团有所改善并导致面团质量更好。面粉颗粒尺寸减小，面粉组分吸水性和面筋网络增强有助于提高面团的稳定性和均匀性，从而降低过度混合或混合不足的可能性，最终提高面团的延展性和弹性。减小粒径，可以显著改善全麦粉和最终产品的颜色，有效降低其植酸含量，从而减少抗营养成分。当减小面粉粒径时，植酸浓度降低12.4%～56.9%。

5.3.3.5 蛋白质含量和质量

蛋白质含量和质量是决定面团特性和产品最终质量的关键因素。虽然测量蛋白质含量很简单，但评估蛋白质质量更为复杂，因为它包含许多蛋白质生化特性。从广义上讲，蛋白质质量可以通过各种面筋蛋白类别的相对分布来描述，这主要影响面团的流变特性。面筋蛋白可分为两大类：麦谷蛋白和麦醇溶蛋白。麦谷蛋白由高分子量（HMW）和低分子量（LMW）亚基组成，这些亚基通过分子间二硫键形成聚合物蛋白。相反，麦醇溶蛋白及其亚群α、β、ω和γ是单体的，不会在其多肽链之间形成二硫键。这些蛋白质类别的丰度可能因小麦类型和栽培品种而异。因此，这些蛋白质类别决定了最终产品的质量。具体来说，单体麦醇溶蛋白和聚合谷蛋白共同形成面筋复合物，麦醇溶蛋白主要影响面团的黏度和延展性，而麦谷蛋白则有助于面团的强度和弹性。为了实现最佳成品品质，面团的黏度与其弹性/强度之间的某种协调是必不可少的。例如，体积减小的面包通常表示存在弹性不足的面筋。虽然增强的弹性可以增加面包的体积，但过度弹性的面筋基质会减少气室的膨胀，从而导致面包体积减小。虽然一些研究阐明了蛋白质含量对发酵面食品质的重要性及其对其质量的影响，但关于蛋白质组成，特别是对蛋白质类别的相对比例的具体影响的信息有限。

虽然蛋白质含量及组成对小麦粉产品至关重要，但其也显著影响了面团的固态发酵。固态发酵过程中伴随着面筋蛋白降解，当发酵时间延长，面团中的小麦面筋结构可能会影响面团特性。因此，使用富含面筋的高蛋白面粉（10%～14%）能够承受更长的固态发酵时间（12～24h），更适合用在固态酸面团发酵技术中。此外，用高蛋白面粉制成的面团比用低蛋白面粉制成的面团产生更多的乳酸和乙酸，pH 值更低的条件适合酸面团发酵和提高面包质量。在这种酸性环境会增强了蛋白质水解，导致氨基酸和小肽的形成，这不仅有助于提高蛋白质的消化率，还有助于产生丰富风味的挥发性化合物，增强最终产品的风味。与低蛋白面粉相比，由高蛋白面粉制成的面包具有更高的水分含量、更好的孔隙率和更大的比容。

5.3.3.6 淀粉的性质和组成

小麦淀粉是面粉中的主要成分，由直链淀粉和支链淀粉组成，每种淀粉都有不同的分子组成和理化特性。直链淀粉与支链淀粉的比例是决定其是否适合特定应用的主要理化因素。如在糊化过程中，淀粉颗粒会膨胀、吸收水分并破坏其内部晶体结构，这会导致淀粉颗粒崩解，直链淀粉分子浸出，最终形成黏性凝胶。已有的研究表明较高的峰值黏度和较低的直链淀粉含量制备的最终产品较软，而高直链淀粉含量通常会导致硬度增加，这是因为淀粉的短期回生主要与直链淀粉相关，而长期回生主要与支链淀粉有关，较高的直链淀粉含量具有较快的短期回生速率，因而面包的硬度也会更高。

5.3.3.7 膳食纤维成分

小麦膳食纤维中的不溶性膳食纤维和水不可溶阿拉伯木聚糖对面团的物理特性有负面影响，而可溶性膳食纤维能够增强发酵面食的最终品质。阿拉伯木聚糖（膳食纤维的关键成分之一）有两种类型：水溶性阿拉伯木聚糖（WEAX）和水溶不可溶性阿拉伯木聚糖（WUAX）。其中，WEAX 的含量与酸面包面团的比体积呈正相关，在面团混合过程中引入 WEAX 通常会增强面团的稠度及其吸水能力，烘烤过程中 WEAX 的存在可以增强气室的稳定性并增强面团的保气能力，并改善了面包的品质，如比容（提高 25%）、面包屑结构（减少 3.5%）和硬度（减少 77%）。而 WUAX 可通过多种机制导致面团劣变：①稀释面筋蛋白和淀粉。②在面筋网络形成过程中与蛋白质争夺水分，导致面筋蛋白和淀粉的水合作用不足。③作为面筋网络形成的物理屏障，阻碍面筋网络形成。④含有这些阿拉伯木聚糖的面团表现出更坚硬的质地，恢复和黏弹性降低，拉伸强度降低。WUAX 在发酵过程中通过激活木聚糖酶转化为水溶形式，对最终产品的质量产生积极影响。

5.4 液态发酵技术

5.4.1 液态发酵技术概述

液态发酵法又称醪汁发酵法、面糊发酵法、流体酵母培养法等。其与酸面团固态发酵法有很多类似之处，只是酸面团的制作过程由固体发酵改良成液体发酵。液态发酵是利用微生物的代谢能力在液态培养基中进行生长和代谢，产生有用物质的过程。发酵过程需要控制一系列参数，如温度、时间、pH 值、氧气、营养物质等，以实现最佳的产物生成和产量。

相对传统的发酵过程，液体发酵工艺主要有以下优点，在工业条件下选择液态发酵是更优选择，因为它具有以下技术优势：①操作便捷，发酵面糊采用管路输送，解决了面团黏稠不易搬运的缺点 在工业化操作条件下更容易管理。②更容易控制发酵参数（例如温度、pH 值）和更容易添加营养物质（例如维生素、肽、碳水化合物）来调节微生物性能，品质复现性好，产品品质更稳定性；③更高的适应性，在液体酸面团中能够解决微生物代谢问题，可以轻松控制酸度、氨基酸的释放和各种芳香族成分的产生，更适于用作天然发酵剂；④产品风味独特。面糊经过一段时间的发酵，发酵过程中氨基酸的代谢分解，包括脱氨脱羧、氨基转移和侧链修饰等可能会产生酮、氨、醛、酸、醇、酯等物质，这些是形成发酵面食风味物质的基础。

5.4.2 液态发酵技术生产工艺

液体发酵剂的主要制作流程如下：发酵剂＋部分原料和辅料→液体发酵→热交换器→冷藏贮存→搅拌→延续发酵→整形→醒发→熟制→冷却→包装。

5.4.2.1 面糊发酵的基本配方

液体发酵有无面粉发酵液和含面粉发酵液两种形式。

① 无面粉发酵是发酵液中没有加入面粉，面粉主要加入到面团中。发酵液中主要是酵母与水的比例变化，一般在（4～20）：1 范围内变化。无面粉发酵所需要的时间为 45～90min。液体发酵完成以后，发酵液要冷却到 4～7℃，并放置在冷却箱内，可以贮存 24～48h，甚至更长的时间。

② 有面粉发酵：面粉 100kg，选取 10%～20%的面粉用于面糊的制备，加入总面粉质量 40%～45%的水，发酵剂（以高活性干酵母为例）为总面粉的 0.5%～1.0%，进行调制发酵，发酵时间一般为 4～24h，根据发酵温度和最终

产品需求进行调整。

5.4.2.2 液体发酵的操作要点

(1) 发酵剂的选择

与传统的固态相比，液态发酵是一个不稳定的自然系统，液态体系内环境变化相对固态更加不稳定，而微生物对可能迅速变化的环境条件更敏感。初始发酵剂的用量是影响液态发酵的关键因素，液体酸面团中初级（例如有机酸和乙醇）和次级代谢物（例如挥发性化合物和游离氨基酸）受初始发酵剂的影响。并不是所有的发酵剂都适合液体发酵，已有发酵剂都是针对固态发酵进行优化的，只有少数几种乳酸菌菌株适合单独进行液体发酵或与酵母联合发酵。混合发酵会导致对应乳酸菌菌数和酵母菌菌数含量减少。混合发酵也会降低乳酸的产生，增加乙酸的产生，乳酸菌参与发酵的各组酸面团发酵终点 pH 接近，在 3.5～4.0 之间。目前，针对液体发酵的酵母或者乳酸菌优化仍然较少，筛选优化适合液态发酵的微生物将是未来需要努力的方向。

(2) 发酵时间

在乳酸菌和酵母菌在 10^7CFU/g（以液体中面粉的质量为基准）液态发酵体系中，乳酸菌和酵母菌在 0～3h 处于延滞期，3h 后进入生长指数期，12～24h 处于生长稳定期，乳酸菌菌数稳定在 10^9CFU/mL，36h 后菌数大量减少进入生长衰亡期；酵母菌生长 24h 后进入稳定期，菌数稳定在 10^8CFU/mL。

(3) 发酵温度

温度是液态发酵过程中最为重要的控制参数之一，它决定了微生物的生长速率和产物的质量。一般情况下，单纯的酵母发酵初期温度应保持在 28～30℃，随后升高到 33℃，最后在 10℃条件下冷却，过高或过低的温度都会影响发酵效果。在混合发酵过程中，不同菌株对温度的适应范围有所不同，比如乳酸菌在较高温度下生长更快，而酵母菌在较低温度下生长更快，如何调整发酵温度取决于最终产品的需求。

5.5 液态发酵技术在面制品中的应用

5.5.1 不同发酵条件下液态面团品质的变化

5.5.1.1 面水比在液体发酵过程中的作用

随着面水比提高，面糊中酵母菌的含量总体上是提高的，同一面水比下，随着发酵时间增长，酵母菌含量总体呈现先增加后平稳的趋势。发酵前期，面水比为 0.4～0.7 的面糊中，酵母菌增长较快；在 16h 时，面水比 0.1～0.7 的面糊中酵母菌含量为 2.79、3.59、3.32、4.59、4.45、5.29、5.37lgCFU/g。面水比越低，造成微生物本身的渗透压失衡，不利于微生物的繁殖。此外，面糊的稠度下降，在搅拌过程中溶氧能力下降，酵母菌在无氧环境下生长缓慢（图 5-25）。

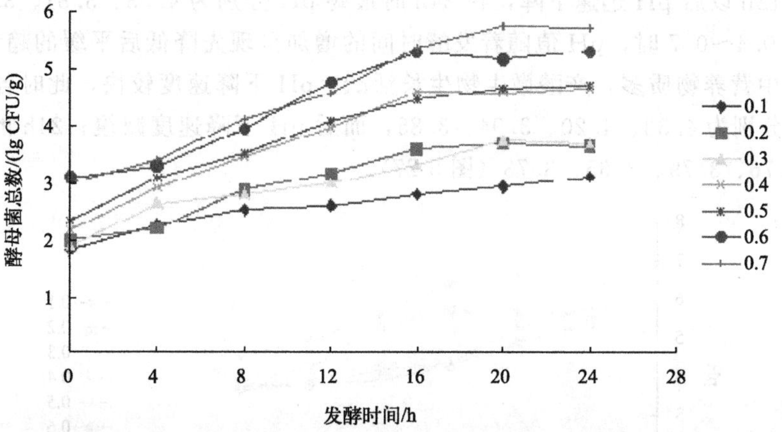

图 5-25 不同面水比的面糊中酵母菌总数变化情况

面水比为 0.1～0.3 时，随着面水比增加，面糊中乳酸菌的含量呈现递增趋势。面水比为 0.1 时，8h 以前乳酸菌增长较慢，处于延缓期；8h～24h 增长较快，处于对数期。面水比为 0.2 和 0.3 时，16h 以前面糊中营养物质丰富，乳酸菌增长较快，在 16h 时乳酸菌的含量为 7.00 和 7.59lgCFU/g，处于对数期；16h 以后，随着代谢物质积累和营养物质减少，增长趋势趋于平缓，处于稳定期。面水比为 0.4～0.7 时，乳酸菌的含量和增长趋势相近，16h 以前乳酸菌增长较快；16h 时乳酸菌的含量分别为 8.69、8.24、8.39、8.54lgCFU/g；16h 以后增长速度趋于平缓，微生物生长进入稳定期（图 5-26）。

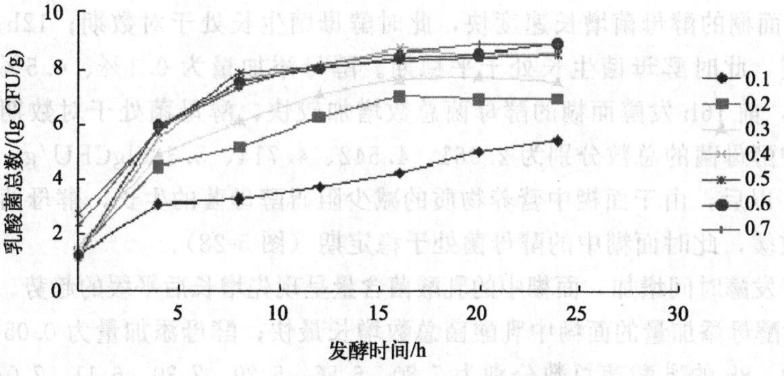

图 5-26 不同面水比的面糊中乳酸菌总数变化情况

面糊中pH值下降是由于产酸微生物，主要是乳酸菌的代谢产生了有机酸而造成的，乳酸菌通过利用葡萄糖产生乳酸。当面水比为0.1～0.3时，前12h pH值下降速度相对较慢，且面水比越高，pH下降越快；12h的pH分别为6.43、5.70、5.29，这是由于面水比越高越适合微生物的生长，微生物生长活跃，产酸较多；12h以后pH迅速下降，在24h时最终pH分别为4.53、3.81、3.91。面水比为0.4～0.7时，pH值随着发酵时间的增加呈现先降低后平缓的趋势；16h前体系中营养物质多，产酸微生物生长活跃，pH下降速度较快，此时各个面糊的pH分别为4.33、4.20、3.94、3.85，而后pH下降速度减缓；24h的pH分别为3.76、3.79、3.65、3.73（图5-27）。

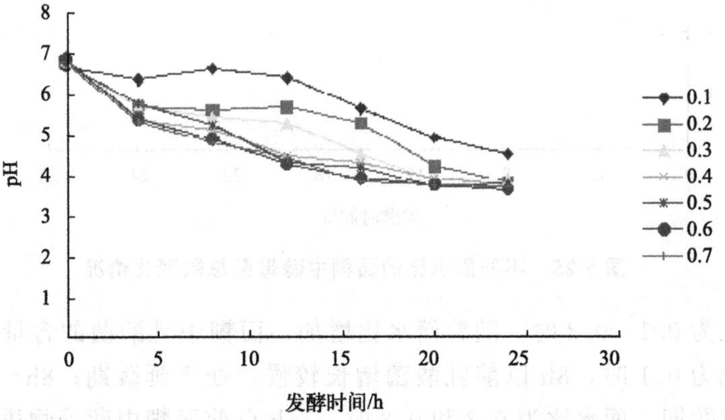

图5-27　不同面水比的面糊中pH值变化情况

5.5.1.2　酵母使用量在液体发酵过程中的作用

同一发酵时间下，随着初始酵母添加比例增长，面糊中的酵母量呈现上升的趋势。在酵母添加量为0.05%条件下，酵母的数量增长最少，4h和24h的酵母菌数量分别为1.03lgCFU/g和2.07lgCFU/g。酵母添加量为0.3%条件下，前12h发酵面糊的酵母菌增长速度快，此时酵母菌生长处于对数期；12h以后增长趋于平缓，此时酵母菌生长处于平稳期。酵母添加量为0.1%、0.5%、0.7%、0.9%时，前16h发酵面糊的酵母菌总数增加较快，酵母菌处于对数期，此时各个面糊中酵母菌的总数分别为2.961、4.542、4.714、5.385lgCFU/g；发酵时间超过16h以后，由于面糊中营养物质的减少阻碍酵母菌的生长，酵母菌的总数增长速度放缓，此时面糊中的酵母菌处于稳定期（图5-28）。

随着发酵时间增加，面糊中的乳酸菌含量呈现先增长后平缓的趋势。在8h时，0.05%的酵母添加量的面糊中乳酸菌总数增长最快；酵母添加量为0.05%～0.9%的面糊中，8h的乳酸菌总数分别为7.80、5.86、5.39、7.39、6.11、7.07lgCFU/g；24h时，不同面糊中乳酸菌总数含量差别不大，分别为9.01、8.18、8.43、8.75、8.61、8.43lgCFU/g。酵母添加比例为0.3%时，20h前乳酸菌总数增加

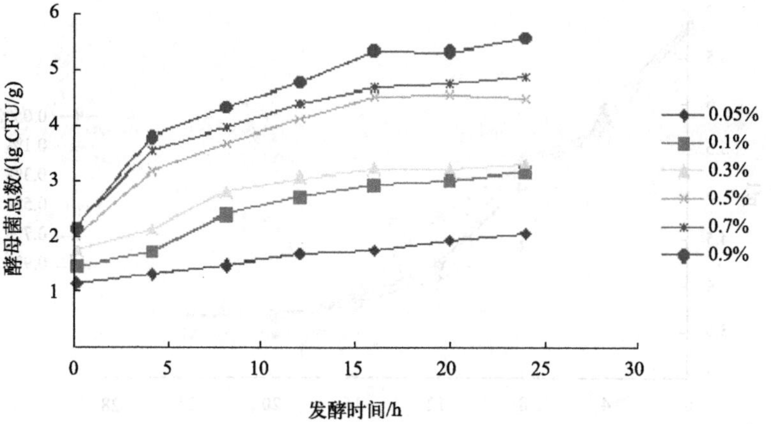

图 5-28　不同酵母添加量的面糊中酵母菌总数变化情况

较快，此时乳酸菌生长处于对数期，此后开始趋于平缓，处于稳定期（图 5-29）。

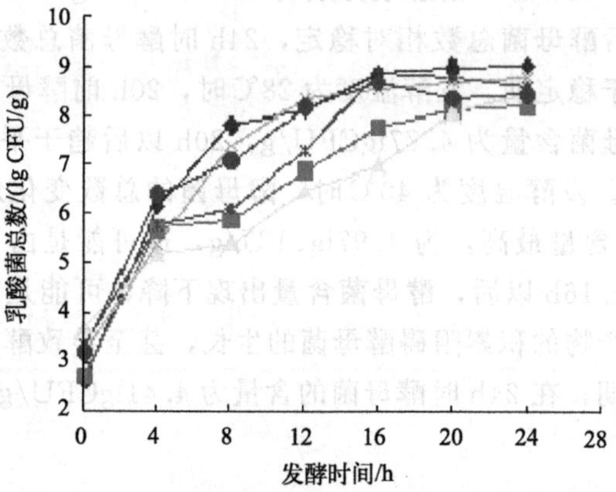

图 5-29　不同酵母添加量的面糊中乳酸菌总数变化情况

不同的面糊中，pH 值随着发酵时间的延长，pH 值的变化的总体呈现先下降后平缓的变化规律。在发酵前期，酵母添加量为 0.05%的面糊 pH 值下降速度最快，8h 时 pH 达到 4.45，原因目前尚不明确。发酵时间小于 16h 时，由于有机酸大量生成，各个面糊的 pH 值的下降速度快，酵母添加量由低到高的面糊中 pH 值分别为 3.81、3.94、4.21、4.00、3.90、3.87；发酵时间为 16h～24h 时，pH 值的变化较为平缓；24h 时不同面糊的 pH 值分别为 3.72、3.50、3.81、3.79、3.69、3.51。各个面糊的最终 pH 值都处于 3.5～4.0 之间（图 5-30）。

5.5.1.3　发酵温度在液体发酵过程中的作用

发酵温度为 22～33℃时，酵母菌总数增长速率呈现先增加后趋于平缓，在此温度区间，温度越高，酵母菌含量相对较高。22℃和 33℃的条件下，16h 前酵

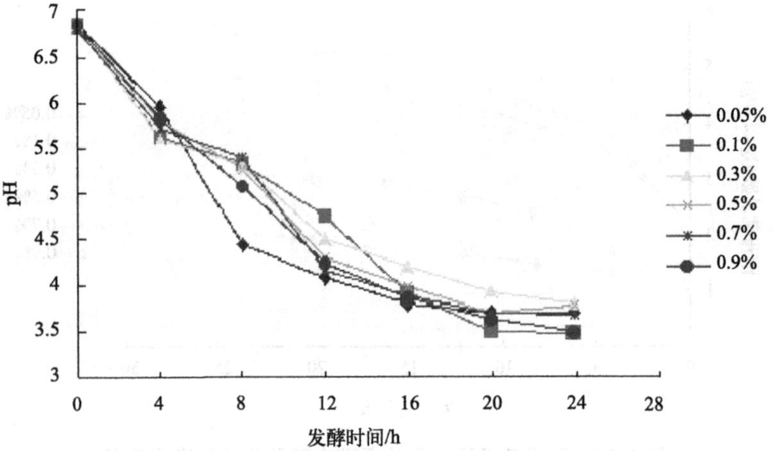

图 5-30　不同酵母添加量的面糊中 pH 变化情况

母菌总数增长速率较快，16h 酵母菌总数分别为 3.87、4.65lgCFU/g，此时酵母菌处于对数期；16h 以后酵母菌总数相对稳定，24h 时酵母菌总数分别为 4.21、4.96lgCFU/g，此时处于稳定期。发酵温度为 28℃时，20h 前酵母菌总数增加速率相对较快，20h 时酵母菌含量为 4.77lgCFU/g，20h 以后趋于平缓，24h 酵母菌含量为 4.81lgCFU/g。发酵温度为 40℃时，酵母菌的总数变化规律呈现先平缓后下降；4h 酵母菌的含量最高，为 4.97lgCFU/g，这可能是由于高活性干酵母在此温度下生长旺盛；16h 以后，酵母菌含量出现下降，可能是由于酵母菌前期生长过于旺盛，代谢产物的积累阻碍酵母菌的生长，甚至导致酵母菌死亡，此时酵母菌生长处于衰亡期；在 24h 时酵母菌的含量为 4.41lgCFU/g（图 5-31）。

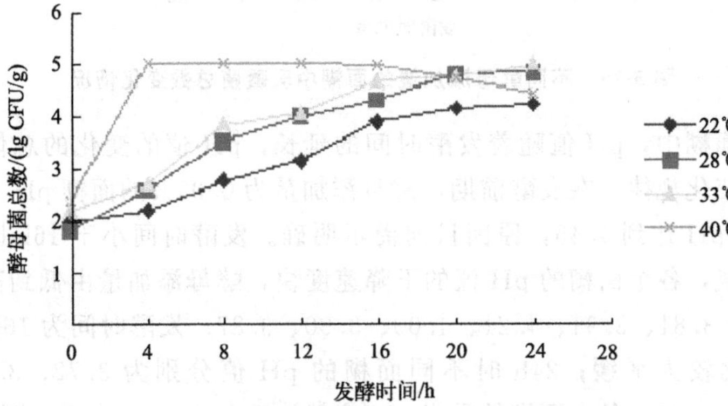

图 5-31　不同发酵温度的面糊中酵母菌变化情况

温度越高，面糊中乳酸菌的含量越高。在发酵温度为 22℃时，乳酸菌含量最低，随着发酵进行，乳酸菌总数增加缓慢，这是由于低温条件下乳酸菌生长缓慢所致。发酵温度在 28～33℃的条件下，两种面糊中乳酸菌总数的含量和变化规律相似，16h前增加速度较快，此时乳酸菌生长处于对数期，16h时面糊中乳酸菌的含量分别为8.09、8.47lgCFU/g；16h以后乳酸菌总数变化趋于平缓，此时乳酸菌生长处于稳定期；24h时面糊中乳酸菌的含量分别为8.55、8.62lgCFU/g。发酵温度为40℃的条件下，乳酸菌前期迅速生长，随发酵时间增加，乳酸菌含量略微下降，4h时乳酸菌的含量为9.36lgCFU/g，24h时乳酸菌的含量为9.04lgCFU/g（图5-32）。

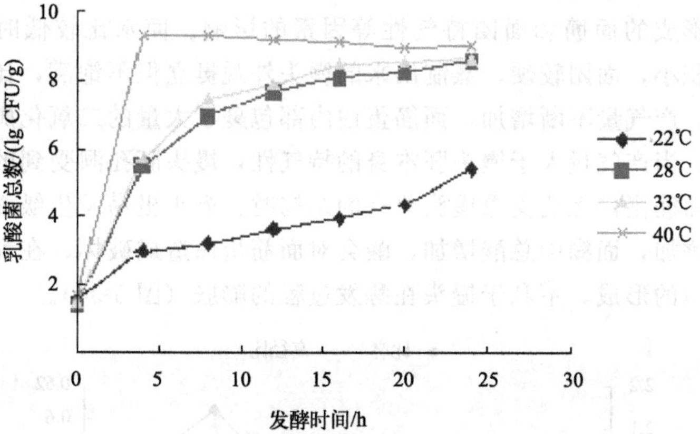

图5-32 不同发酵温度的面糊中乳酸菌变化情况

面糊的发酵温度越高，pH下降速度越快。当发酵温度为22℃的条件下，pH值的下降速度最慢；发酵温度为40℃的条件下，pH下降速度最快。温度较低时，乳酸菌等产酸微生物生长缓慢，产酸较少，pH值下降慢；随着温度升高，乳酸菌等产酸的微生物活力增强，产酸较多，pH值的下降速度快（图5-33）。

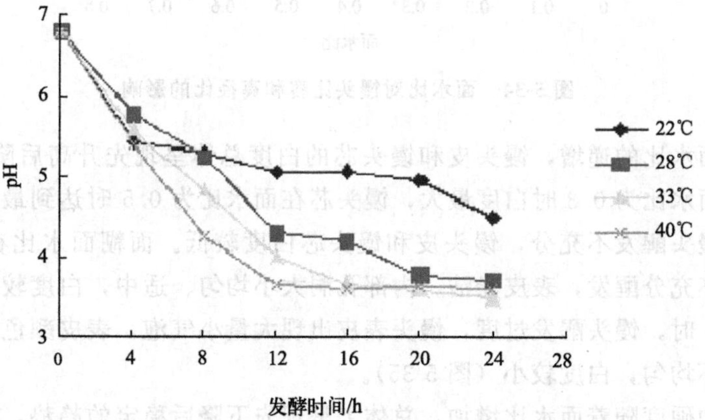

图5-33 不同发酵温度的面糊中pH变化情况

5.5.2 液态发酵条件对发酵面食品质的影响

5.5.2.1 面水比对发酵面食品质影响

馒头的比容总体上呈现先增加后减小的趋势，在面水比为 0.6 时馒头的比容最大；馒头的高径比在面水比为 0.1～0.6 时变化不大，在面水比为 0.6 是馒头的高径比最大，面水比大于 0.6 时，高径比急剧下降。馒头体积的大小主要受产气量、面团形成的面筋和面团持气性等因素的影响。面水比较低时，产气量较小，馒头体积小，面团较硬，蒸制出来的馒头外观挺立但不饱满，比容小；随着面水比增加，产气量不断增加，面筋蛋白内部包裹了大量的二氧化碳气体，形成蜂窝状结构；当产气量大于馒头胚本身的持气性，馒头胚孔洞受到的纵向力大于其横向力，面筋蛋白无法支撑馒头原有的结构时，馒头极易发生皱缩。同时，由于面水比的增加，面糊中总酸增加，酸会对面筋蛋白造成破坏，在和面时阻碍面团中面筋蛋白的形成，不利于馒头在醒发过程的膨胀（图 5-34）。

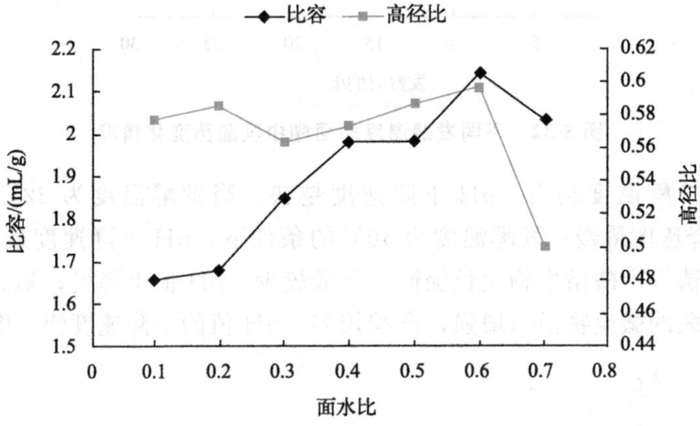

图 5-34 面水比对馒头比容和高径比的影响

随着面水比的递增，馒头皮和馒头芯的白度总体呈现先升高后降低的趋势，馒头皮在面水比为 0.3 时白度最大，馒头芯在面水比为 0.5 时达到最大。面水比较低时，馒头醒发不充分，馒头皮和馒头芯白度较低。面糊面水比在 0.3～0.5 时，馒头坯充分醒发，表皮光洁，内部孔洞大小均匀、适中，白度较高。当面水比大于 0.5 时，馒头醒发过度，馒头表皮出现大量小气泡，表皮颜色变暗，内部孔洞大且不均匀，白度较小（图 5-35）。

馒头的硬度随着面水比增加，总体上呈现先下降后稳定的趋势，在面水比为 0.4 时馒头的硬度最小，面水比为 0.1 时馒头的硬度最大。面水比较低时，产气量较小，馒头内部气孔小、孔壁厚，体积小，馒头较硬。面水比为 0.3 时硬度比 0.2 时略微增加，可能是面团中在醒发时受酸的影响，导致馒头持气性下降，比

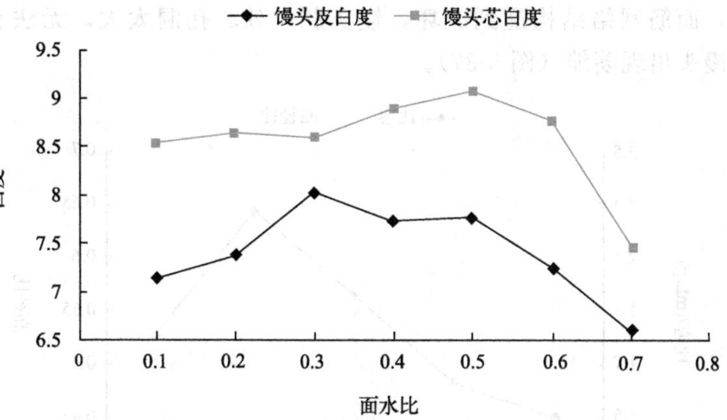

图 5-35　面水比对馒头白度的影响

容较小，硬度较大。当面水比为 0.3～0.6 时，产气量与产气速率与面团的持气性相适应，馒头胚醒发充分，气孔结构均匀、大小适中，馒头的硬度较小。当面水比为 0.7 时，面团在搅拌过程中受面糊中酸的影响，持气性降低，同时由于在醒发时产气速率大于馒头胚持气性，气孔壁破裂，馒头出现萎缩现象，使得硬度增加（图 5-36）。

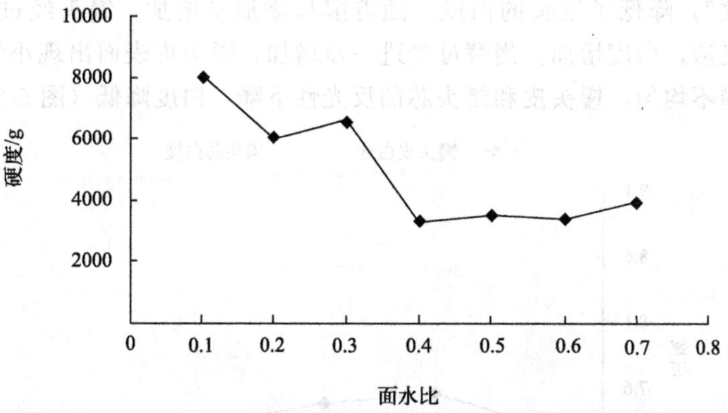

图 5-36　面水比对馒头硬度的影响

5.5.2.2　酵母添加量对发酵面食品质影响

馒头的比容随酵母添加量增加呈现先增加后减小的趋势，在酵母添加量为 0.7%时达到最大，超过 0.7%时比容下降；馒头的高径比总体呈下降趋势。这可能是由于酵母添加少时，产气量较少，馒头胚醒发程度不够，馒头胚孔洞少且小，馒头胚硬度较大，经过蒸制后的馒头外观挺立，比容较小。随着酵母添加量增加，面团面筋经过醒发后充分舒展，馒头胚硬度减小，醒发时高度下降，高径比降低，馒头孔洞增多且均匀，比容增加。当酵母添加量超过 0.7%时，馒头胚醒发过度，面筋网络结构遭到破坏，馒头胚过软、孔洞太大，无法支撑馒头结构，导致馒头出现萎缩（图 5-37）。

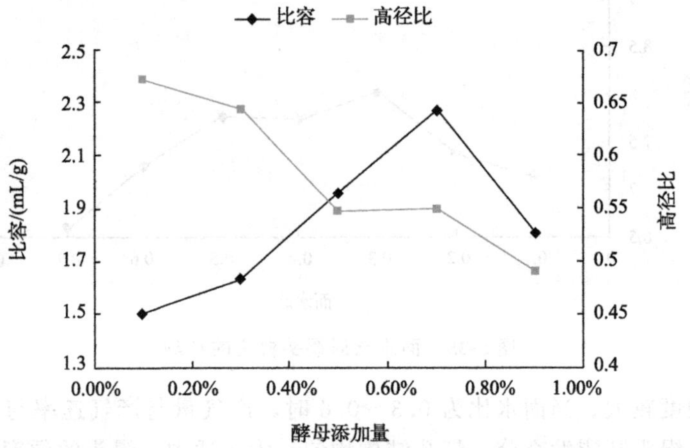

图 5-37　酵母添加量对馒头比容和高径比的影响

随酵母添加比例上升，馒头芯和馒头皮白度呈现先增加后减小的趋势。当酵母添加量较少时，馒头醒发不充分，馒头芯孔洞少且细密，色泽偏黄，馒头皮出现“蛇皮纹”，降低了馒头的白度。随着酵母添加量增加，馒头经过充分醒发，馒头表皮光洁，白度增加。当酵母量进一步增加，馒头皮表面出现小气泡，馒头芯孔洞粗糙不均匀，馒头皮和馒头芯的反光性下降，白度降低（图 5-38）。

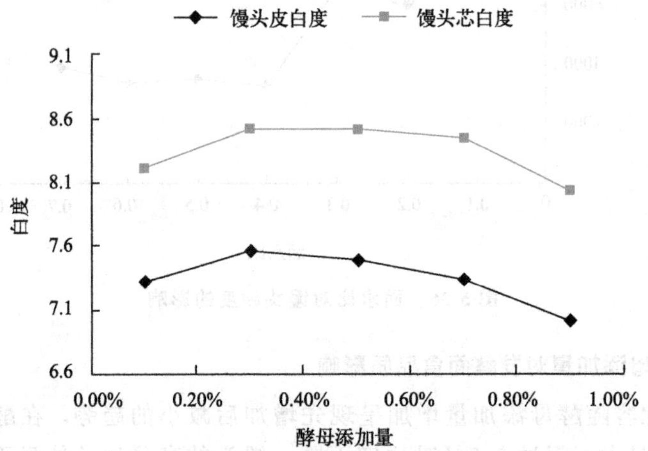

图 5-38　酵母添加量对馒头白度的影响

随着酵母添加量增加，馒头的硬度总体上表现为先下降后趋于平稳。这主要是因为酵母添加量较少时，二氧化碳的产量较少，不能使馒头胚很好的膨胀，导致馒头的硬度较大。当酵母添加量大于 0.5%时，产生的二氧化碳达到使馒头胚充分膨胀的量，蒸制出来的馒头松软，硬度小。此外，酵母添加量为 0.9%时，馒头极易发生萎缩（图 5-39）。

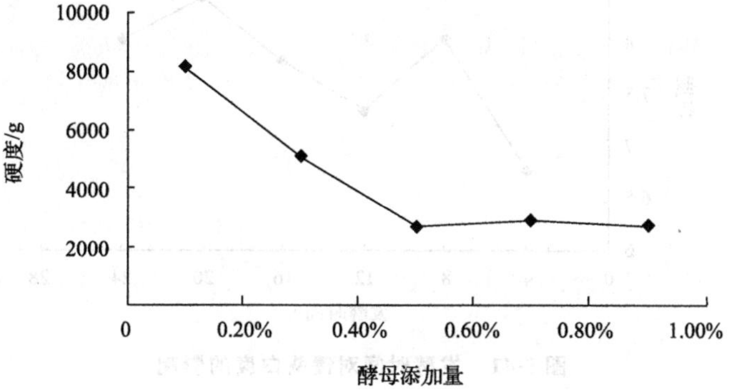

图 5-39 酵母添加量对馒头硬度的影响

5.5.2.3 发酵时间对发酵面食品质影响

随着面糊发酵时间延长，馒头的比容总体上表现出先增加后平稳的趋势；馒头的高径比呈现先降低后增加的趋势。发酵时间在 16h 前，随着面糊中酵母菌增殖，产气量增加，馒头胚醒发体积膨胀更大，比容增加。当发酵时间超过 16h 以后，可能是由于面糊中微生物的代谢产物增加，酵母菌增殖放缓，因此馒头的体积相差不大（图 5-40）。

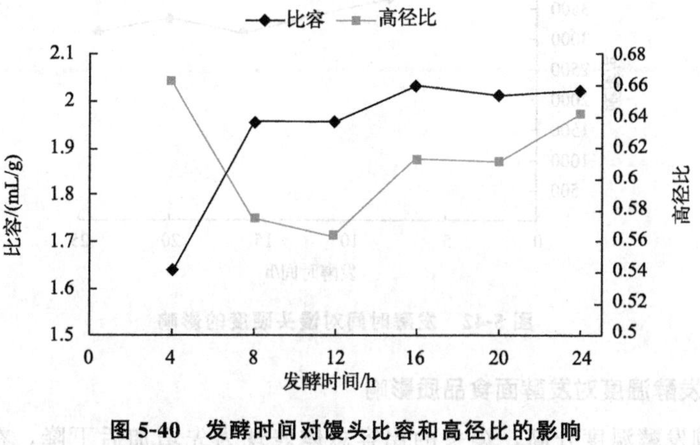

图 5-40 发酵时间对馒头比容和高径比的影响

馒头皮和馒头芯在 20h 时的白度最大，4h 时的白度最小。随着面糊发酵时间延长，馒头皮和馒头芯的白度呈现波动上升：4～8h 馒头皮和馒头芯白度上升，8～12h 馒头皮和馒头芯白度下降，12～20h 馒头的白度又开始上升，并且在 20h 时馒头皮和馒头芯的白度达到最大，发酵时间超过 20h 后馒头皮和馒头芯的白度又出现降低。白度的变化与比容有密切关系（图 5-41）。

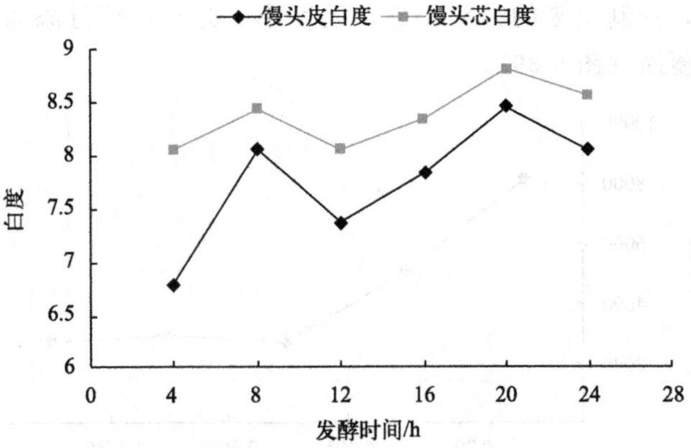

图 5-41　发酵时间对馒头白度的影响

随面糊发酵时间延长，馒头硬度总体呈现下降的趋势。当面糊发酵时间在4～16h时，随着面糊发酵时间增加，馒头的硬度逐渐下降。这可能是由于面糊中酵母菌含量增加，产气量增大，面团中包裹了较多的二氧化碳，馒头孔洞增大，体积增加，馒头变得虚软，硬度下降。当发酵时间超过16h以后，馒头的硬度变化较小，这可能是面糊经过长时间发酵以后其中微生物群相对稳定的原因（图5-42）。

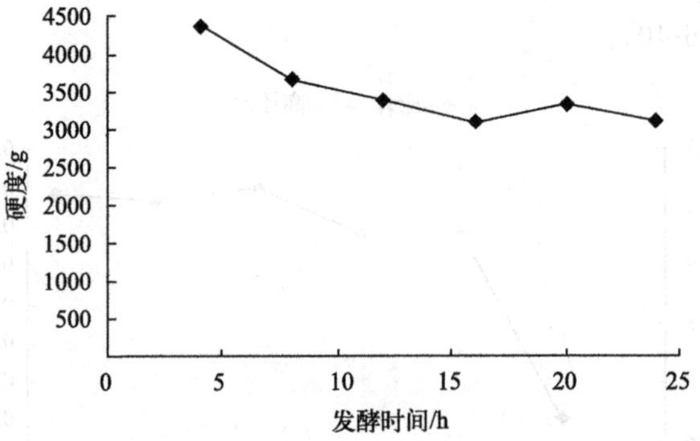

图 5-42　发酵时间对馒头硬度的影响

5.5.2.4　发酵温度对发酵面食品质影响

随面糊发酵温度升高，馒头的比容总体表现为先增加后下降，在28℃的时候馒头的白度最大；馒头的高径比呈现先下降后升高，在28℃时馒头的高径比最小。在温度较低时，面糊发酵过程中酵母菌生长较慢，产气量较小，馒头胚膨胀不充分，馒头胚较硬，所以馒头的比容较小，高径比最大。酵母的最适生长温度为28℃，当面糊发酵温度为28℃时，面糊中酵母菌的产气量能使得馒头胚膨胀，面团变软，比容变大，高径比下降。发酵温度超过28℃时，温度升高更利于乳酸菌生长，温度为33℃时，酸度偏大，破坏了面筋网格结构，馒头的比容下降。当发酵温度为40℃时，各种杂菌的快速生长使得酵母的生长受到极大影响，使得产气量减小，醒发不充分，馒头高径比大，比容小（图5-43）。

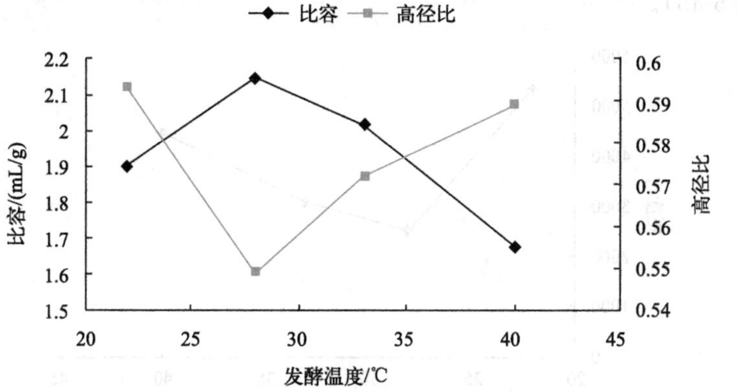

图 5-43　发酵温度对馒头比容和高径比的影响

随着发酵温度增加，馒头皮的白度呈现先增加后减小，总体差别不大；馒头芯的白度先增加再降低；22℃时馒头芯的白度最小，40℃时馒头皮的白度最低。合适的发酵温度有利于酵母的生长，有了充足的二氧化碳才能使得馒头胚充分醒发，馒头表皮光滑，白度升高，所以28～33℃的馒头皮白度较高，馒头芯内部孔洞均匀、大小适中，白度较高。温度超过40℃时，面糊的产气能力弱，馒头醒发不充分，表皮色泽不均匀、发黄，白度低（图5-44）。

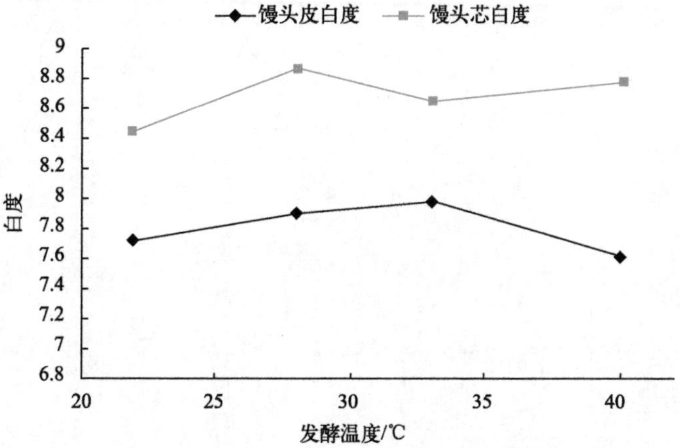

图 5-44　发酵温度对馒头白度的影响

随发酵温度增加，馒头的硬度呈现先降低后增高，在28℃时馒头的硬度达到最小。发酵温度较低时，酵母的生长缓慢，数量较少，气量不够，馒头胚醒发不充分、孔洞小，馒头的硬度较大。当温度为28～33℃时，在此温度下有利于酵母菌的生长，馒头胚醒发充分，蒸制后的馒头硬度较低。当面糊发酵温度为40℃时，经过长时间发酵，酵母菌生长受自身代谢产物和乳酸菌产物的抑制导致酵母菌出现死亡现象，醒发时的产气量不够导致馒头坯膨胀不充分，馒头的硬度较大（图 5-45）。

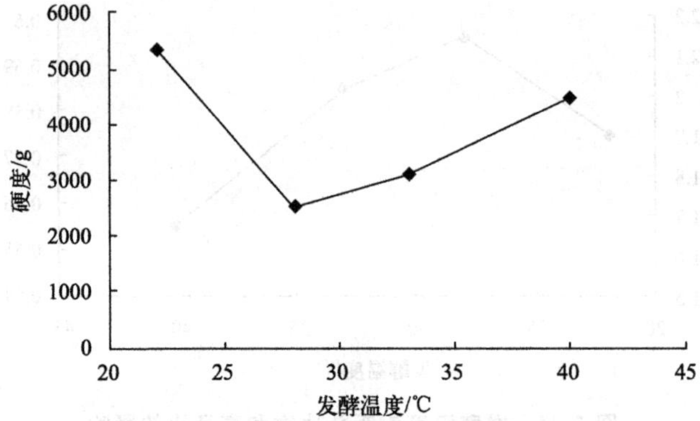

图 5-45　发酵时间对馒头硬度的影响

6 常见面食加工技术

6.1 馒头生产技术

6.1.1 馒头概述

馒头一般是指以小麦面粉为主要原料，经过和面、发酵、成型和汽蒸熟制而来的一类小麦粉方便面制食品，是很多中国人的主食。馒头又称为“馍”、“馍馍”、“蒸馍”、“饽饽”、“窝头”等，根据风味、口感不同可分为以下几种。

(1) 北方硬面馒头

北方硬面馒头是我国北方一些地区百姓喜食的日常主食。面粉要求面筋含量较高（一般湿面筋含量＞28%），和面时加水较少，产品筋斗有咬劲，一般内部组织结构有一定的层次，无任何的添加风味，突出馒头的麦香和发酵香味。依形状不同，分类有刀切方形馒头、机制圆馒头、手揉长形杠子馒头、挺立饱满的高桩馒头等。

(2) 软性北方馒头

在我国中原地带，如河南、陕西、安徽、江苏等地百姓以此类馒头为日常主食。原料面粉面筋含量适中，和面加水量较硬面馒头稍多，产品口感为软中带筋，不添加风味原料，具有麦香味和微甜的后味。其形状有手工制作的圆馒头、方馒头和机制圆馒头等。

(3) 南方软面馒头

南方软面馒头是我国南方人习惯的馒头类型。南方小麦面粉一般面筋含量较低（一般湿面筋含量＜28%），和面时加水较多，面团柔软，产品比较虚绵。多数南方人以大米为日常主食，而以馒头和面条为辅助主食。南方软面馒头颜色较北方馒头白，而且大多带有添加的风味，如甜味、奶味、肉味等。其有手揉圆馒头、刀切方馒头、体积非常小的麻将形状馒头等品种。

(4) 杂粮馒头和营养强化馒头

随着生活水平的提高，人们开始重视主食的保健性能。目前营养强化和保健馒头多以天然原料添加为主。杂粮有一定的保健作用，比如高粱有促进肠胃蠕动防止便秘的作用，荞麦有降血压、降血脂作用，加上特别的风味口感，杂粮窝头很受消费者青睐。常见的有玉米面、高粱面、红薯面、小米面、荞麦面等为主要原料，或在小麦粉中添加一定比例的此类杂粮生产的馒头产品，包括纯杂粮的薯面、高粱、玉米、小米窝头，以及含有杂粮的荞麦、小米、玉米、黑米等的杂粮馒头。

营养强化主要有强化蛋白质、氨基酸、维生素、纤维素，矿物质等。由于主食安全性和成本方面的原因，大多强化添加料由天然农产品加工而来，包括植物蛋白产品、果蔬产品肉类及其副产品和谷物加工副产品等，比如加入大豆蛋白粉强化蛋白质和赖氨酸，加入骨粉强化钙、磷等矿物质，加入胡萝卜增加维生素A，加入处理后的麸皮增加膳食纤维等。

(5) 花卷

花卷可称为层卷馒头，是面团经过揉轧成片后，不同面片相间层叠或在面片上涂抹一层辅料，然后卷起形成不同颜色层次或分离层次，也有卷起后再经过扭卷或折叠造型成各种花色形状，然后醒发和蒸制成美观而又好吃的馒头品种。花卷口味独特，比单纯的两种或多种物料简单混合更能体现辅料的风味，并形成明显的口感差异而呈现种特殊感官享受。油卷类在一些地方被称为花卷、葱油卷等，是在揉轧成的面片上加上一层含有油盐的辅料，再卷制造型而成，具有咸香的特点。油卷的辅料层上可能添加葱花、姜末、花椒粉、胡椒粉、五香粉、茴香粉、芝麻粉、辣椒粉（油）、孜然粉、味精等来增加风味，有两边翘起的蝴蝶状和扭卷编花形状。杂粮花卷是揉轧后的小麦粉面片上叠加一层杂粮面片，再压合后，经过卷制刀切成型的产品。为了保证杂粮面团的胀发持气性，往往在杂粮面中加入一些小麦粉再调制成杂粮面团。白面和杂粮面的分层，使粗细口感分明，克服了纯粹杂粮的过度粗硬口感。常用于花卷的杂粮有玉米粉、高粱粉、小米粉、黑米粉和红薯面等。甜味花卷有巧克力花卷、糖卷、鸡蛋花卷、果酱卷、豆沙卷、莲蓉卷、枣卷等。外观造型精致，洁白而美观，口味细腻甜香，冷却后仍然柔软，一些可以作为日常主食，一些是老幼皆宜的点心食品，发展潜力很大。其他特色花卷做工精细，风味口感非常特别，如银丝卷、五彩卷等，一般为宴席配餐和酒店的面点品种，也是百姓消费的高档面食。

(6) 包子

包子是一类带馅馒头，是将发酵面团擀成面皮，包入馅料捏制成型的一类带馅蒸制面食。产品皮料暄软，突出馅料的风味，风味和口感非常独特，深受全国各地百姓欢迎。包子的种类极多，一般分为大包（50～80g 小麦粉做 1 个或 2 个）、小包（50g 小麦粉做 3～5 个）两类。大、小包子除发酵程度不同外（大包子发酵足，小包子发酵嫩），小包子成型、馅心都比较精细，多以小笼蒸制，随包随蒸随售。从形状看，包子还可以分为提褶、秋叶、钳花、佛手、道士帽等。从馅心口味上看，包子也有甜、咸之别。

（7）面发糕

面发糕是一种非常虚软的馒头，其制作工艺与馒头相似。许多馒头厂将原料调制成软面团，经发酵做型或不发酵直接做型，再充分醒发，蒸出的产品可保持做成的形状，并且经常在产品表面黏附一些果脯、芝麻、葡萄干等进行装饰，也可以在产品冷却后进行裱花装饰。

（8）锅贴馒头

所谓锅贴，是边炕边蒸的馒头或饺子产品，为我国的一类传统食品。锅贴馒头又称为焦底馒头、焦痂馒头，是在熟制时，汽蒸和火炕同时加热，产品特点是表面和组织性与其他蒸制发酵食品相同，而底面焦黄香脆，是我国民间流传下来的非常特别的食品。在未出现钢精锅之前，我国百姓用尖底铁锅炒菜和煮饭，为了节省时间和能量，煮饭时在未淹水的锅壁上贴馒头、花卷、包子或饺子，当饭菜煮好时，锅贴也被蒸熟。后经过人们的摸索和改进，创造出了一些地方特色的产品，如上海生煎馒头、河南水煎包、牛舌头馍、山西小米饼和中原地带的玉米锅贴等。现今市面上的一些馒头房使用特殊的设备加工锅贴馒头或锅贴饺子，但设备一般比较简陋。该类产品在馒头厂条件下已经开始实现，但作为超市销售的冷馒头（需要复蒸），消费者不太接受，故还没有得到广泛推广。

总的来说，馒头是目前蒸制面食厂（馒头厂）的主要系列产品。是我国的特色食品，享有东方美食的赞誉，也被称为“蒸制面包（steamed bread）”。这类产品的主要特点为：

① 以小麦面粉为主要原料，所调制的面团一般具有一定的筋力。

② 以酵母为主要发酵剂，面坯必须经过发酵。

③ 采用蒸汽加热的工艺进行熟制。

④ 产品内部多为多孔结构，口感暄软而带有筋力，具有谷物本身的香味和发酵香味。

⑤ 色泽与面粉颜色接近，一般纯小麦面粉所制产品为乳白色。

⑥ 外形光滑饱满，花色造型种类繁多。

⑦ 为固体方便食品，大多热食口感较好。

6.1.2 馒头生产的主要原料

“巧媳妇难为无米之炊”，生产馒头的原料好坏直接决定了产品的质量。馒头的主要原料包括小麦粉、酵母、水、辅料、食品添加剂等。

6.1.2.1 小麦粉

小麦属禾本科作物，是世界上分布最广、种植面积最大的粮食作物之一，其种植总面积和总产量均为谷物之首，总产量占世界粮食总产量的25%左右。小麦也是我国的主要粮食作物，约占全国粮食总产量的23%，仅低于稻谷，居第二位。面筋质赋予了小麦粉特有的食用品质特性，使得以小麦粉为主要原料制成的面食品种居各类谷物食品之首。小麦粉也是馒头的主要原料。

6.1.2.2 酵母

酵母在生长繁殖过程中进行有氧呼吸和厌氧呼吸（酒精发酵），产生大量的二氧化碳。同时酵母的生长繁殖需要水分、碳源、氮源、无机盐类和生长素作为营养物。酵母的活力与温度、pH值和氧有关系，适宜温度为27～38℃，适宜的pH值在5～5.8，供氧充足有利于产生更多的二氧化碳而抑制酒精的产生。作为馒头的主要原料之一，酵母在发酵过程中的作用有以下方面：

① 使产品体积蓬松。酵母能产生二氧化碳气体，使面团膨胀，并具有轻微的海绵结构，通过蒸制，可以得到松软可口的馒头。

② 促进面团的成熟。酵母有助于麦谷蛋白结构发生变化，为整形操作、面团最后醒发以及蒸制过程中馒头体积最大限度地膨胀创造了有利条件。

③ 改变产品风味。酵母在发酵过程中能产生多种复杂的化学芳香物质，比如产生的酒精和面团中的有机酸形成酯类，增加馒头的风味。

④ 增加产品的营养价值。在酵母中含有大量的蛋白质和维生素B族，以及维生素D原、类脂物等。每克干物质酵母中，含有20～40μg硫胺素，60～85μg核黄素，280μg烟酸等。这些营养成分都提高了发酵食品的营养价值。

6.1.2.3 水

由于水是一种良好的极性溶剂，在水的循环过程中可溶解与其接触的一切可溶性物质。因此，各类天然水都含有各种化学的、生物的成分。天然水中各种成分的组成和含量是不同的，从而导致水的感官性状（色、嗅、味、混浊等）、物理化学性质（温度、电导率、氧化-还原电位、放射性等）、化学成分（各类有机物及无机物）、微生物组成（种类、数量、形态）的状况也各不相同。通常将这些性质的综合，称为水质。简言之，水质指水及其所存在的各类物质所共同表现出来的综合特性。

一般情况下，馒头生产大部分都是采用自来水。其中的感官指标、浊度、色度、微生物指标及其他安全指标都达到了国家有关饮用水的标准。其不同主要在于理化指标的差别。

（1）水质的物理指标

水体环境的物理指标很多，包括水温、渗透压、混浊度、色度、悬浮颗粒、蒸发残渣及其他感官指标如味觉、嗅觉等。

水的温度与面团的发酵息息相关，是不可忽略的重要因素。我国地域广阔，各地的温差很大，这也导致了水温的不同，即便是同一地区，由于四季的更替，水的温度亦有很大的差别。因而，在调制面团时，我们要考虑这些因素。考虑到酵母的最佳发酵温度在30℃左右，因此，一般情况下，夏天和面时，水不需加热就可直接加入进行和面；春秋季节稍稍加温到30℃就可；冬天，水最好是加热到40℃左右为佳。但无论何时，建议水温最好不要超过50℃，以免造成酵母的死亡。

被污染的水一般有令人不愉快的气味。用鼻闻称为嗅，口尝称为味，有时嗅和味是不能截然分开的。常常根据水的气味可以推测出水中所含的杂质和有害物质。水中的风味的来源可能有水生动植物或微生物的繁殖和衰亡，有机物的腐败分解，溶解气体硫化氢等，溶解的矿物质盐或混入的泥土，工业废水中的各种杂质，水消毒过程中的余氯等。不同地质条件的水有不同的气味。馒头工艺用水较多的是符合饮用水标准的自来水，可能会有杀菌剂残留的味道，或者其他净化水的试剂的味道。我国自来水主管道目前仍然以铸铁管道为主，管道有时会出现铁腥味，应该加以注意。

天然水通常表现出各种颜色。湖沼水常有黄褐色或黄绿色，这往往是由腐殖生物引起的。水中悬浮泥沙和不溶解的矿物质也常常使水带有颜色并浑浊。色度与浊度是对天然水或处理后的各种水进行水色测定时所规定的指标。

(2) 水质的化学指标

利用化学反应、生化反应及物化反应的原理测定水质指标，总称为化学指标。由于化学成分的复杂性，通常选用恰当的化学特性来进行检查或作定性、定量分析。主要的化学指标有碱度、硬度、pH值、氯离子等。

在馒头生产中经常测定的物化指标主要是水的温度、pH值、硬度、嗅与味。其他方面的应用较少，如微量分析只有在发生食物中毒等少数情况下才进行。

硬度是将水中溶解的钙、镁离子的量换算成相应的氧化钙（碳酸钙）的量，为水质标准的重要指标之一。水质硬度的表达方式（单位）有很多。我国水质硬度的标准与德国硬度（°dH）一致：100毫升水中含有1mg氧化钙（CaO）为1度（即1°dH＝10mg氧化钙/kg水）。氧化镁的量应换算成氧化钙，换算公式为1mg氧化钙＝0.71mg氧化镁。水的硬度对面团的影响较大。水中的矿物质一方面可提供酵母营养，另一方面可增强面团的韧性，但矿物质过量的硬水，会导致面筋韧性太强，反而会抑制发酵产气，与添加过多的面团改良剂现象相似。若水的硬度过大，可采用煮沸去除一部分钙离子，或者延长发酵时间的方法来弥补其对面团的影响。如水的硬度过小，可采用添加矿物盐的方法来补充金属离子。

pH值代表的是酸碱度，是水质的一项重要指标。面团的pH值与馒头的质量有十分密切的关系。pH值较低，酸性条件下会导致面筋蛋白质和淀粉的分解，从而导致面团加工性能降低；pH 值过高则不利于面团的发酵。水 pH 值的大小对馒头生产也影响较大，pH 值适中，和后面团不需特意调节 pH 值就能达到生产要求，给生产带来极大的方便。为节省库存开支，工厂生产一般是用新面粉为原料进行馒头的生产，而一般的新面 pH 值不低于 6.0，因而控制水的 pH 值也能较好地调节面团的 pH 值，优化生产工艺。水的 pH 值为 6.5 时，馒头的质量最优，这与工艺研究中面团的 pH 值对馒头质量的影响相对应。实际应用中，不同的面粉对水的 pH 值有不同的要求，故而，行之有效的方法是控制好面团的 pH 值。

综上，水质对面团的发酵和馒头的质量影响很大。在水质的诸多指标中，水的温度、pH 值及硬度对面团的影响最大。水在馒头中有以下作用。

① 蛋白质吸水、胀润形成面筋网络，构成制品的骨架；淀粉吸水膨胀，加热后糊化，有利于人体的消化吸收。

② 溶解各种干性原辅料，使各种原辅料充分混合，成为均匀一体的面团。

③ 调节和控制面团的黏稠度和湿度，有利于做形。

④ 通过调节水温来控制面团的温度。

⑤ 帮助生化反应。一切生物活动均在有水的条件下进行，生化反应包括酵母都需要有一定量的水作为反应介质及运载工具，尤其是酶。水可促使酵母的生长及酶的水解作用。

⑥ 水为传热介质，在熟制过程热量能够顺利传递。

6.1.2.4 辅料

蒸制发酵面食馒头中，除主料小麦粉外，还用到了其他很多的辅料，如杂粮面、糖、油脂、蔬菜、肉类等。下面就这些辅料进行简要的介绍。

(1) 杂粮类

近年来，在世界范围内刮起了一股声势浩大的粗杂粮旋风，在我国以蒸制粗杂粮面食为主，包括玉米面、高粱面、荞麦面、小米面、燕麦面、红薯面、黑米等蒸制面食（杂粮馒头）。原因在于人们的口味发生了变化，杂粮馒头利于人们调节口味；更为重要的是，粗杂粮均含有丰富的营养成分，大大有利于人们的身体健康。

① 玉米。玉米是馒头中使用较为频繁的一类杂粮原料，它有着十分丰富的营养价值。据测定，每 100 克玉米中含有蛋白质 8.5g，脂肪 4.3g，糖类 72.2g，钙 22mg，磷 210mg，铁 1.6mg，还含有胡萝卜素、维生素 B_1 和烟酸等维生素。其中，玉米所含的脂肪为大米或小麦面粉的 4～5 倍，而且富含不饱和脂肪酸，其中 50%为亚油酸；还含有谷甾醇、卵磷脂等，能降低胆固醇，防止高血压、冠心病、心肌梗死的发生，并具有延缓脑功能退化的作用。

玉米含有较多的纤维素，能促进胃肠蠕动，缩短食物残渣在肠内的停留时间，把有害物质排出体外，对防止直肠癌具有重要的意义。再者，玉米中赖氨酸的含量较多。玉米具有独特的香味，但口感比较粗糙。因此，将玉米面添加在小麦粉中，一方面可以改善玉米面加工品质的缺陷；另一方面又可使小麦、玉米的营养互补，达到增加营养的目的，而且还可以改善产品的口味，增加产品的品种。

② 小米。小米的营养价值高，是一种具有独特保健作用、营养丰富的优质粮源和滋补佳品。据测定，每100g小米含有的蛋白质平均值为13.24g，接近小麦全麦，高于其他谷物；而且氨基酸比例协调，特别是色氨酸、蛋氨酸、谷氨酸、亮氨酸、苏氨酸的含量高于其他粮食。每100g小米含脂肪4g、碳水化合物74g；含维生素 B_1 0.57mg、维生素 B_2 0.12mg、维生素E 5.59～22.36mg、钙29mg、烟酸1.6mg、胡萝卜素0.19mg以及镁、硒等。这些元素对人体均具有重要作用。

小米面也经常用于馒头中，有的还成为产品的主料。中医认为小米味甘、咸、微寒，具有滋养肾气，健脾胃，清虚热等功效。因此，添加小米有利于增加产品的风味，改善产品的色泽，增加产品的营养。

③ 高粱。高粱在馒头中应用也较为广泛，一方面是由于高粱面本身就有着十分诱人的色泽和香味，其产品也能刺激人的感官，且口感特殊，能够引起人们的购买欲；另一方面，高粱面有着十分丰富的营养价值，和小麦粉混用可起到很好的营养协调作用。据测定，每100g高粱中含有蛋白质8.4g、脂肪2.7g、碳水化合物75.6g、钙7mg、磷188mg、铁4.1mg。

高粱面自古就有“五谷之精”“百谷之长”的盛誉，高粱面制成的馒头有软、香、韧、糯的特色。另外，高粱具有凉血、解毒之功，可防治多种疾病。

④ 甘薯。甘薯又称为红薯、地瓜等，也是经常用于馒头中的。甘薯的天然甜味是谷物类食品原料无法比拟的。鲜甘薯熟制后富含黏液质，具有良好的黏性，口感和风味都非常好，加入面团能够改善馒头的性状，加入馅料能够增加馅料的黏结性。红薯经过切片、干燥、粉碎得到薯面（红薯面粉），储藏和运输都较鲜薯方便很多，故在馒头上也有较广泛的应用。

甘薯含有丰富的氨基酸，其中富含大米、小麦面粉中比较稀缺的赖氨酸。另外，甘薯中维生素A、维生素 B_1、维生素 B_2、维生素C和烟酸的含量都比其他粮食高，钙、磷、铁等无机物含量也较丰富。

⑤ 其他杂粮面。除上述杂粮面外，应用到馒头中的杂粮面还包括荞麦、燕麦、黑米等具有保健功能的珍贵杂粮面。荞麦中富含对人体有益的油酸、亚油酸，能起到降血脂的作用，并对脂肪肝有明显的恢复作用。燕麦中含大量人体必需的氨基酸、维生素，及皂苷等活性物质，能明显降低心血管和肝脏中的胆固醇。燕麦还含有一种燕麦糖，有独特的燕麦香味。黑米含有丰富的蛋白质、维生素和矿物质，还含有多种生物活性物质，如强心苷、生物碱、植物甾醇等，有促

进机体代谢、抗衰老、滋阴补肾、健脾暖肝、明目活血等保健功能。

有的情况下，为调节馒头的风味和营养，通常是几种杂粮混合使用，实际生产中，应根据消费者的需求和喜好来进行配料。值得注意的是，杂粮的使用受到其加工品质和价格因素的影响，在实际生产中要充分考虑。

（2）糖类

糖经常用于特别的馒头和蒸制面点。糖的种类很多，比如蔗糖、蜂蜜、葡萄糖、果糖、果葡糖浆、麦芽糖、乳糖等都可用于食品加工。馒头中常用的糖是蔗糖类，有白砂糖、黄砂糖、绵白糖等。其中白砂糖品质最优，来源充足，用途广泛。

① 白砂糖。白砂糖是纯度最高的蔗糖产品，蔗糖含量达99%以上，它是从甘蔗或甜菜中提取糖汁，经过过滤、沉淀、蒸发、结晶、脱色、重结晶、干燥等工艺而制得的。白砂糖按其晶粒大小又有粗砂、中砂、细砂之分。白砂糖的溶解度很大，并且溶解度随温度升高而增大，100℃时溶解度为82.97%。精制度越高的白砂糖，吸湿性越小。对白砂糖的品质要求是晶粒整齐、颜色洁白、干燥、无杂质、无异味。

② 黄（红）砂糖。黄砂糖或红糖的晶粒表面糖蜜未洗净，并且未经脱色，显黄色或红色。其极易吸潮，不耐保存。无机杂质较多，特别是含铜量较高，最高可达万分之二以上。此种糖内杂物、水分较多，使用时应加以预处理。因黄砂糖具有特殊的医疗保健和着色作用，加上口味独特，颜色诱人，在很多食品中有所使用。比如糖三角馒头和红糖开花馒头等产品多选用红砂糖，使得馒头的色泽和风味更加诱人。

③ 绵白糖。又称绵砂糖和白糖，颜色洁白，具有光泽，由白砂糖加入2.5%左右转化糖浆或饴糖制成，因此晶粒小均匀，质地绵软、细腻、甜度较高。蔗糖含量在97%以上。因为颗粒微小而易于搅拌和溶解，馒头、面包、饼干、蛋糕等面食加工时可直接在调粉时加入。绵白糖易结块。

糖在馒头中有着良好的工艺性能：

① 改善制品的风味。蔗糖本身是甜味剂，在食品中显示柔和纯正的甜味。糖还可以与蛋白质、脂肪以及其他成分发生美拉德反应，产生诱人的色泽和风味。

② 对面团结构的影响。由于糖的吸湿性，它不仅吸收蛋白质胶粒之间的游离水，同时会造成胶粒外部浓度增加，使胶粒内部的水分产生反渗透作用，从而降低蛋白质胶粒的胀润度，造成调粉过程中面筋形成程度降低，弹性减弱，面团变得黏软。糖在面团调制过程中的反水化作用，每增加约1%糖量，使面粉吸水率降低0.6%左右。所以，糖可以调节面团筋力，控制面团的弹塑性，以及产品的内部组织结构。

③ 调节面团发酵速度。糖可以作为发酵面团中酵母的营养物，促进酵母菌

的生长繁殖，提高发酵产气能力。在一定范围内，加糖量多，发酵速度快，单糖较多糖更有效。但当加糖量超过一定限度，会减慢发酵速度，甚至使面团发不起来，这是因为糖的渗透作用抑制了酵母的生命活动。

④ 提高制品的营养价值。糖是三大营养物质之一，蔗糖的发热量较高，约1672kJ/100g，易被人体吸收，故可以提高制品的营养价值。但肥胖病、糖尿病等患者需要控制糖的摄入量。

(3) 油脂

油脂也是馒头的重要辅助原料之一。

馒头中常用的油脂有以下几种：

① 动物油脂。常用的动物油脂是猪油。猪油中饱和脂肪酸比例较高，常温下呈半固态，可塑性、起酥性较好，色泽洁白光亮，质地细腻、口味较佳（无明显的异味）。猪油起泡性能较差，故不能作膨松制品发泡原料。对于清真食品，不宜加入猪油。其他的牛油、鸡油、羊油等动物性油脂的性能或风味不及猪油，而且来源有限，应用受到了一定的限制。

② 植物油。馒头中常用的植物油有花生油、棕榈油、棉籽油、椰子油、小磨芝麻油、大豆色拉油等。植物油中含有较多的不饱和脂肪酸，大多数在常温下为液体，带有特殊的油脂风味，其加工工艺性能不如动物油脂，一般多用作增香料、防黏剂和产品柔软剂。色拉油为高精炼度无色无味产品，在面食中使用较多。植物油经过氢化可作为人造奶油的主要原料。

③ 人造奶油。人造奶油又称人造黄油、麦淇淋、玛琪琳，是以氢化油为主要原料，添加适量的牛乳或乳制品、色素、香料、乳化剂、防腐剂、抗氧化剂、食盐和维生素，经混合、乳化等工序制成的。它的软硬度可根据各成分的配比来调整，乳化性、加工性能比猪油还好，是奶油的良好代用品。人造奶油在馒头中使用，营养价值较高，但价格也较高。

④ 动物奶油。奶油又称黄油或白脱油，它是从牛乳或其他乳制品中分离加工而来的一种较纯净的脂肪，含有80%左右的乳脂肪，还含有少量的乳固体和16%左右的水分。奶油的熔点在28～33℃，凝固点为15～25℃，常温下是浅黄色固体，高温下易软化变形，具有乳化性、可塑性、起酥性等良好的加工性能，且风味良好，营养价值较高，但价格也较高。

油脂在馒头中的主要起到以下作用：

① 改良面团物理性质。油脂具有疏水性和游离性，油脂加入面团，使在蛋白质和淀粉粒的周围形成油膜，限制了面筋的吸水和胀润，从而可以控制面团中面筋的胀润性。此外，由于油脂的隔离使已经形成的面筋微粒不易彼此黏合而形成面筋网络，从而降低了面团的弹性和韧性，提高了可塑性，使面团易定型，不易收缩变形，从而提高持气能力。

② 油脂的润滑作用。油脂在面食中最重要的作用是作为面筋和淀粉之间的

润滑剂。油脂能在面筋和淀粉之间的分界面上形成润滑膜，增加面团的延伸性，使面筋网络在发酵过程中的摩擦阻力减小，有利于膨胀，增加面团的弹性，增大产品体积，使其更加柔软。固体脂肪润滑性优于液体油。形成的薄膜能阻止淀粉的回生和干缩，使产品老化速度减缓。

③ 营养与风味。油脂具有特殊的香味，特别是动物油脂如猪油和一些植物油如芝麻油等，能为馒头增添独特的风味，使产品更加诱人。油脂也是人体必需脂肪酸的摄入源，是重要的营养素，且是脂溶性维生素的溶剂，但肥胖病、高脂血症患者应减少油脂的摄入。

（4）蔬菜

随着生活水平提高，人们对馒头提出了新的要求，为应对人民群众对馒头营养和花色品种的要求，蔬菜在此领域的应用越来越多。蔬菜不但含有大量对人体有益的微量元素，还含有丰富的维生素。用于馒头的蔬菜品种很多，有芹菜、白菜、南瓜、茄子、豆角、青椒等，也在一定程度上改变了馒头的外观。蔬菜还可以赋予产品独特的风味。下面对一些常用的蔬菜做些简单介绍。

① 大白菜。大白菜以结球紧密、整修良好，色泽正常、新鲜、清洁品质为佳。可以制作成冬菜、酸白菜、泡菜等初级产品，进一步可做成包子的馅料。

② 菠菜。菠菜是绿叶类蔬菜，以鲜嫩的叶片和叶柄供食用。菠菜含人体所需的多种微量元素，铁含量尤其高。菠菜以色正、叶片光滑鲜嫩、干爽、植株完整者品质为佳，不应有枯黄叶、花斑、抽薹、泥土等。直接将菠菜加入面团蒸制的馒头亮绿诱人，风味口感良好，营养丰富。

③ 芹菜。芹菜是绿叶类香辛蔬菜，以肥嫩的茎叶供食用，包括本芹和西芹两大类。本芹叶柄细长，香味浓郁，按叶色分为青芹和白芹；西芹是芹菜的一种变种，从国外引进，植株高大，叶柄宽厚，纤维较少，肥嫩质佳，但香味淡，又分为青柄、黄柄两类。一般应用在馒头馅料中的以本芹为佳。

④ 茴香。茴香又称茴香菜、香丝菜，是多年生草本，绿叶菜类蔬菜，以鲜嫩的茎叶供食用。茴香按叶片大小分为大茴香和小茴香两种类型，其中大茴香适宜春季栽培，抽薹早；小茴香抽薹晚，适合周年栽培。茴香在我国北方种植普遍，主要春、秋两季栽培；南方很少栽培，主要采用秋播。茴香香味浓郁，常配合肉类作为包子馅料。

⑤ 胡萝卜。胡萝卜是根菜类蔬菜，以肉质根供食用。按肉质根性质分为短圆锥、长圆锥和长圆柱三种类型。短圆锥类早熟、耐热，春夏栽培，宜生吃；长圆锥类型为中、晚熟品种，耐储藏；长圆柱类型为晚熟品种。胡萝卜含有大量维生素A，对保护人的视力有辅助作用，一般作为馅料在包子中应用或作为调色加入面团。

⑥ 韭菜。韭菜属于葱蒜类蔬菜，以嫩花茎供食用。夏秋采收上市，一般在包子制作中作为馅料和鸡蛋或肉类混用。

⑦ 香菇。香菇是人工栽培的食用菌类蔬菜，以肥厚的子实体供食用，按菌盖大小分为大叶、中叶和小叶等品系。香菇在不同的季节都可进行人工栽培，鲜品风味独特，通常用于包子类馅料中。干燥后的香菇可储存很长时间，其泡发后也是制馅的很好原料。

特别注意的是，对于加入蔬菜类的馒头，蔬菜的清洗和蒸制时间控制是十分重要的。我们既要清洗干净蔬菜，并在蒸制时使蔬菜熟透来保证产品的卫生安全，又要掌握蒸制时间的度，以使得蔬菜的营养损失最少，口感鲜嫩。

(5) 肉类

用于馒头的肉制品有生鲜肉和加工后的成品肉。肉品主要用于与蔬菜搭配加工包子的馅料，或作为馒头的层夹料使用，也可以加工成肉松、肉脯等用于馒头的装饰和调味。肉制品的蛋白质和脂肪含量较高，还含有丰富的矿物质、维生素等营养成分，有补脾胃、益气血、强筋骨等保健作用，补充了面食的营养缺陷。肉品具有特有的诱人风味，切碎后加入香辛料、调味料等适当腌制后风味更加突出，因此，生产出的肉馅包子的风味和口感非常独特，很受消费者喜爱。

① 生鲜肉。在我国常用于馒头的生鲜肉为猪肉、羊肉和牛肉等，在某些地方也有少量其他肉原料用于馒头包子，如禽肉、兔肉、狗肉、鱼肉等。大多生鲜肉作为包子的馅料使用。

生鲜肉原料要求新鲜，无病变，组织细嫩，结缔组织少，肥瘦适度。原料一般要经过分割、去皮、去骨等预处理，并根据肉馅的要求进行肥瘦搭配；然后再经过绞肉机绞碎或用刀剁细，配入葱、姜和其他蔬菜料中，并调配入调味料和香辛料后制成包子的馅料。

② 加工后肉制品。经过加工的肉制品也可用于包子馅料。目前，常用于馅料的肉制品有叉烧肉、回锅肉、扣肉、酱肉、中国火腿肉等。这些肉制品需要预先熟制和剁细，配入吸收油腻的蔬菜，作为馅料备用。

一些加工后的肉品可作为花卷类馒头的层夹料，或熟制后产品切片的夹料，作为层夹料的肉制品有肉松、腊肉、西式火腿、香肠等。

(6) 其他辅料

为了生产出特别的品种，馒头还可能用到一些其他辅助原料，如食盐、可可粉、奶粉、鸡蛋、果品等。

① 食盐。食盐又称氯化钠，是非常重要的食品调味料，在蒸制面食中常有应用。根据盐的加工精度分为精盐（再制盐）和粗盐（大盐）两种。食品添加的食盐一般为经过加工的精盐。精盐的杂质少，外观为洁白、细小的颗粒状。食盐除添加入馅料或层加料增加咸香味外，还可加入面团对其性质进行改良，增加面团的筋力而使持气性提高，杀菌防腐延长产品保质期，增白使产品光亮美观。一般面团配料中，食盐不宜过多添加，防止面团筋力过强而产品萎缩，或阻碍酵母菌的生长繁殖。

② 可可粉。将可可豆焙炒去壳研磨成酱状，冷却后即凝结成棕褐色带有香气和苦涩味的块状固体，称为可可液块。可可液块经压榨提取可可脂后的饼，再磨碎成粉即为可可粉。可可粉带有可可的香味和苦味，为棕红色粉末状产品，一般分为高脂肪、中脂肪和低脂肪品种。高脂肪可可粉油脂量在20%～24%，中脂油脂量10%～12%，低脂油脂量5%～7%。作为面团中的配料，一般选用低脂可可粉比较合适。可可粉是一种营养丰富的食品原料，不但含有高热量的脂肪，还含有丰富的蛋白质和碳水化合物。可可粉含有一定量的生物碱、可可碱和咖啡碱，它们具有扩张血管，促进人体血液循环的功能。通常添加可可粉可以生产巧克力馒头等制品。

③ 奶粉。奶粉是以鲜奶为原料，经过浓缩后用喷雾干燥或滚筒干燥而制成的。奶粉有全脂、半脂和脱脂三种类型，并且分加糖和未加糖产品。奶粉中含有丰富的蛋白质和几乎所有的必需氨基酸，维生素和矿物质亦很丰富，用作馒头生产的配料，可明显地提高制品的营养价值。奶粉添加入面团可起到增筋、增白、增香和增加营养、提高面团的吸水率、提高面团的发酵耐力和持气能力等作用，使产品口感更加柔软，外观更加美观，带有奶香，常用于高档新型品种，如奶白馒头。

④ 鸡蛋。鲜鸡蛋含有75%左右的水分，固形物中主要为蛋白质。鸡蛋中的蛋白质不仅为消化吸收率很高的营养物质，而且具有良好的乳化性、起泡性和黏结性。鸡蛋可以改善面团的延伸性和持气性，使产品组织柔软细腻；也可将鸡蛋煎炒后剁碎作为馅料使用来生产素馅包子。

⑤ 果品。常用于蒸制面食的果品有大枣、葡萄干、果脯和果酱等。晒干后的大枣，经过浸泡复原，可作为枣花馒头、枣包的辅料。果脯和葡萄干等一般用于点心馒头和发糕的点缀。果酱则用于果酱包的生产。

6.1.2.5 馒头生产中常见的食品添加剂

一些食品添加剂也可用于馒头，起到改善产品感官性状，提高制品质量，防止腐败变质等作用。为保证食品安全，国家对食品添加剂的使用有着严格的要求。《食品安全国家标准—食品添加剂使用标准》（GB 2760—2024）中没有显示馒头，说明限量添加的食品添加剂都不能用于馒头。有人把馒头归入发酵面制品，也有人将其归于面点（糕点）类。能够特定用于发酵面制品的食品添加剂仅有L-半胱氨酸及硬脂酰乳酸钠/钙，而能够用于各式糕点的食品添加剂种类较多。根据馒头产品的特性，借鉴国家标准的要求，将馒头中常用的食品添加剂归为以下几类。

(1) 食用碱

食用碱（Na_2CO_3）又称碳酸钠，俗称苏打、纯碱、碱面、食用碱等，纯品为白色粉末状物质，是面食经常使用的添加剂。其作用主要体现在以下方面。

① 降低面团酸度。

$$Na_2CO_3 + H_2O \longrightarrow NaHCO_3 + Na^+ + OH^-$$

$$NaHCO_3 + H_2O \longrightarrow H_2CO_3 + Na^+ + OH^-$$

$$H_2CO_3 \longrightarrow CO_2\uparrow + H_2O$$

它可以中和面团中的酸性。在偏酸性条件下，面筋的韧性和弹性增加，但延伸性变差，发起的面团蒸制后容易萎缩，特别是面团过度发酵产酸较多时更加明显。因此，一般情况下，馒头面团调节 pH 值近中性，可防止产品萎缩，使产品更加暄软洁白。

② 沉淀重金属。碱还可以使水中的二价或多价金属沉淀，从而降低和面水的硬度。

$$Na_2CO_3 + Ca(HCO_3)_2 \longrightarrow 2NaHCO_3 + CaCO_3\downarrow$$

$$2Na_2CO_3 + Mg(HCO_3)_2 + 2H_2O \longrightarrow 4NaHCO_3 + Mg(OH)_2\downarrow + 2CO_2\uparrow$$

这些金属的沉淀，减弱了与面团中的极性基团的作用，防止了由此引起的面团僵硬。同时也使产品色泽光亮洁白。

③ 产生香味。碱在面食中与一些有机酸反应生成有机酸盐，具有特殊的碱香味。北方一些地区的百姓比较喜爱稍带碱味的馒头。

虽然食用碱是一种安全的食品添加剂，在 GB2760—2014 中规定其可不受限制地适量添加于大部分食品类别，但碱的加入可能破坏部分 B 族维生素，蒸制后 pH 值高于 7.2 时馒头会变成黄色，影响产品外观，因此不可过量添加。

(2) 乳化剂

乳化剂是一种具有亲水基和亲油基的表面活性剂。它能使互不相溶的两相（如油与水）的界面张力下降而相互混溶，并形成均匀分散体或乳化体，从而改变原有的物理状态。

① 乳化剂可以增强面筋和面团的保气性。乳化剂可与面筋蛋白相互作用，并强化面筋网络结构，使得面团保气性得以改善，同时也可增加面团对机械碰撞及发酵温度变化的耐受性。

② 乳化剂可在面筋与淀粉之间形成一光滑薄膜层结构。形成的膜层结构给予面筋一个良好的束缚，并使得面团黏度下降，从而增加面筋蛋白质网的延展性，使产品更加柔软而易于整形。这方面以硬脂酰乳酸钠（钙）的效果最为理想。

③ 乳化剂可作为面团软化剂，增加产品的柔软度及可口性。饱和蒸馏的单甘油酸酯是最具代表性的、有效的面团软化剂。当单甘油酸酯等乳化剂加入面团时，经过搅拌而被淀粉分子吸收，与直链淀粉作用形成螺旋状复合体，从而降低淀粉分子的结晶程度，并从淀粉颗粒内部阻止支链淀粉凝聚，防止淀粉的老化、回生。它还可以减少水分从蛋白质结构中流失，延缓硬质蛋白质的形成。而以上这些都将使馒头组织柔软并保持较长时间，也就是增加馒头的抗老化能力。

④ 乳化剂与油脂等相互作用形成复合物。油脂表面张力的降低，容易分散于水中或包裹气体，从而进一步提高持气性，增大馒头体积和柔软度。油脂分散改善内部组织结构使其均匀细腻，产品色泽洁白。

在食品生产过程中，经常碰到两种乳浊液，即油包水（水/油）型和水包油（油/水）型。乳化剂是一种两性化合物，使用时要与亲水-亲油平衡值（HLB值）相适应。通常HLB值<7的用于水/油型；HLB值>7的用于油/水型。

面食中添加乳化剂的主要目的是让产品组织细腻，外观洁白，柔软抗老化，通常使用与淀粉亲和力较高的乳化剂，如各种饱和的蒸馏单油酸甘油酯、大豆磷脂、蔗糖脂肪酸酯，硬脂酰乳酸盐（SSL）等。根据作用原理，几种乳化剂的混合使用效果更好。

（3）化学膨松剂

目前在食品加工中运用较广泛的化学膨松剂是碳酸氢钠、碳酸氢铵（臭粉）和泡打粉（发酵粉）。

① 碳酸氢钠俗称小苏打，白色粉末、无臭味，为碱性膨松剂，分解温度60℃以上。其反应式为：

$$2NaHCO_3 \longrightarrow Na_2CO_3 + CO_2\uparrow + H_2O$$

受热分解后残留部分为碳酸钠，使成品呈碱性。如果使用不当不仅会影响成品口味，还会影响成品的色泽，出现黄色，故要注意用量。

② 泡打粉也称为化学发酵粉，是由碱性物质、酸式盐和填充物按一定比例混合而成的膨松剂，属复合化学膨松剂。填充物多选用淀粉，其作用是可以延长膨松剂的保存期，防止发酵粉的吸潮结块和失效，还可以调节气体产生速度，促使气泡均匀产生。

发酵粉按其作用可以为快速发酵粉、慢速（后发酵）发酵粉。快速发酵粉在面团中常温下发生中和反应释放出二氧化碳气体。慢速发酵粉入锅蒸制时才产气。

由于发酵粉是根据酸碱中和的反应原理而配制的，它的生成物显中性，因此消除了小苏打在使用中的缺点。其膨松原理在于：膨松剂中的酸性试剂与碱性物质（一般为碳酸氢钠）反应，产生二氧化碳，起到膨松作用。用量为0.3%～1.0%，添加量过多会产生异味或影响馒头的外观，且对维生素破坏很大。在使用化学膨松剂时，维持面团的pH值，对保证馒头质量是很重要的。研究表明，使用“小苏打+酸味剂”体系时，面团的pH值维持在6.4～6.6，可使馒头制品的比容即膨松度最好。

在馒头中使用的泡打粉应该是无铝（不含明矾）的产品。

（4）酶类

酶制剂具有显著的优越性：

① 酶制剂是安全的改良剂。酶本身就是活细胞产生的活性蛋白质，本身无

毒，故不会留下有害物质。

② 酶的催化作用具有高度的专一性。只对底物分子的特定部位发生作用，因而可使副反应产物降低到最低程度。

③ 酶的催化效率很高。用量相当少，成本低。

④ 操作条件温和。酶促反应通常在温和条件下进行，如常温、常压，因此可以避免剧烈操作条件下带来的各种营养成分的损失，且耗能低，易操作。

近些年，酶制剂在面粉行业的应用发展十分迅速，它以安全可靠、添加量少等优点受到关注。但目前应用到馒头上的酶制剂品种还比较有限，不过随着技术的进步和研究的深入，酶在提升馒头品质等方面的潜力将不断被挖掘，未来有望有更多种类的酶制剂应用于馒头生产，为馒头品质的改良带来新的突破和提升。以下是常用于馒头工业生产的酶类。

① 脂肪氧化酶。脂肪氧化酶对馒头面粉中的类胡萝卜素起到氧化作用，从而对馒头面粉起到漂白作用。脂肪氧化酶可以调节面团的流变学特性，增加面团的筋力，并且可以增加面团中蛋白质和淀粉的结合，改善面团的混合性和面团的质构，还可以增加面团的持气能力，使面团更易操作。但是，脂肪氧化酶在实际生产中的作用是复杂的，脂肪氧化酶的添加，会导致面团和面粉中游离巯基的形成（巯基具有活性），在实际生产中，有1%～2%的面粉成分会发生水解，其中大部分是甘油三酯，它可被脂肪酶水解成甘油和脂肪酸，脂肪酸容易分散均匀，使脂肪更容易被淀粉颗粒吸附，从而提高面团的持气能力。另外，脂肪氧化酶还会协同淀粉酶的作用，使淀粉水解效果更佳。

② 脂肪酶。脂肪酶是一种可以水解油脂的酶，它可以将面团中的甘油三酯水解成甘油和脂肪酸，脂肪酸可以与面团中的蛋白质等成分相互作用，改善面团的流变学性质和加工性能，对馒头的品质有一定影响。

③ 淀粉酶。淀粉酶可以将面团中的淀粉分解为麦芽糖等小分子糖类，为酵母发酵提供可利用的碳源，促进酵母的生长和发酵，使面团体积增大，改善馒头的口感和风味。同时，淀粉酶的作用还可以使面团更加柔软，改善面团的延展性和操作性。但是，如果淀粉酶添加过量，会导致面团过度糊化，影响馒头的结构和口感。

④ 蛋白酶。蛋白酶可以水解面团中的蛋白质，使面团中的面筋网络结构发生变化。适量的蛋白酶可以改善面团的延展性，使馒头更加松软，体积更大。但是，蛋白酶添加量过多会导致面团筋力下降，馒头不易成型，品质变差。

⑤ 葡萄糖氧化酶。葡萄糖氧化酶可以催化葡萄糖与氧气反应，产生葡萄糖酸和过氧化氢。葡萄糖酸可以降低面团的 pH 值，增强面团的筋力和弹性，改善面团的持气性，使馒头体积增大，组织更加细腻。过氧化氢则可以起到一定的漂白作用，使馒头色泽更加洁白。

⑥ 转谷氨酰胺酶。转谷氨酰胺酶可以催化蛋白质分子间或分子内的酰基转

移反应，使蛋白质分子之间形成共价键，从而增强面团中蛋白质的网络结构，提高面团的筋力和弹性，改善馒头的品质，使其体积增大，口感更加有嚼劲。同时，转谷氨酰胺酶还可以减少馒头在储存过程中的老化现象，延长馒头的货架期。

此外，乳糖酶、木聚糖酶、果胶酶等酶制剂也可能在馒头生产中使用，它们各自具有不同的作用，如乳糖酶可以分解乳糖，木聚糖酶可以水解面粉中的木聚糖等。这些酶制剂在改善馒头品质方面都发挥着重要作用，但具体的应用需要根据实际情况进行选择和控制。

(5) 其他食品添加剂

① 食用色素。在制作点心馒头时，可能要使用色素点缀产品，传统的节日供品馒头常用色素装饰。由于对主食产品的安全性比较重视，馒头使用的色素最好是天然食用色素，而且加入量要严格按照国家标准控制。

② 甜味剂。馒头可以使用的甜味剂除了前面介绍的蔗糖之外，还有饴糖、甜酒、蜂蜜等天然的甜味辅料。一般的化学合成甜味剂不允许添加入馒头面体，但有一些从天然成分中提炼或者改性而来的甜味剂还是符合国家标准的，可以使用。

6.1.3 馒头生产工艺流程及特点

目前，馒头的生产流程各厂家不尽相同，同一厂家也都采用不同的工艺方法以满足产品多样化要求。但是主要的工序是相似的，其常见的工艺如图 6-1 所示。

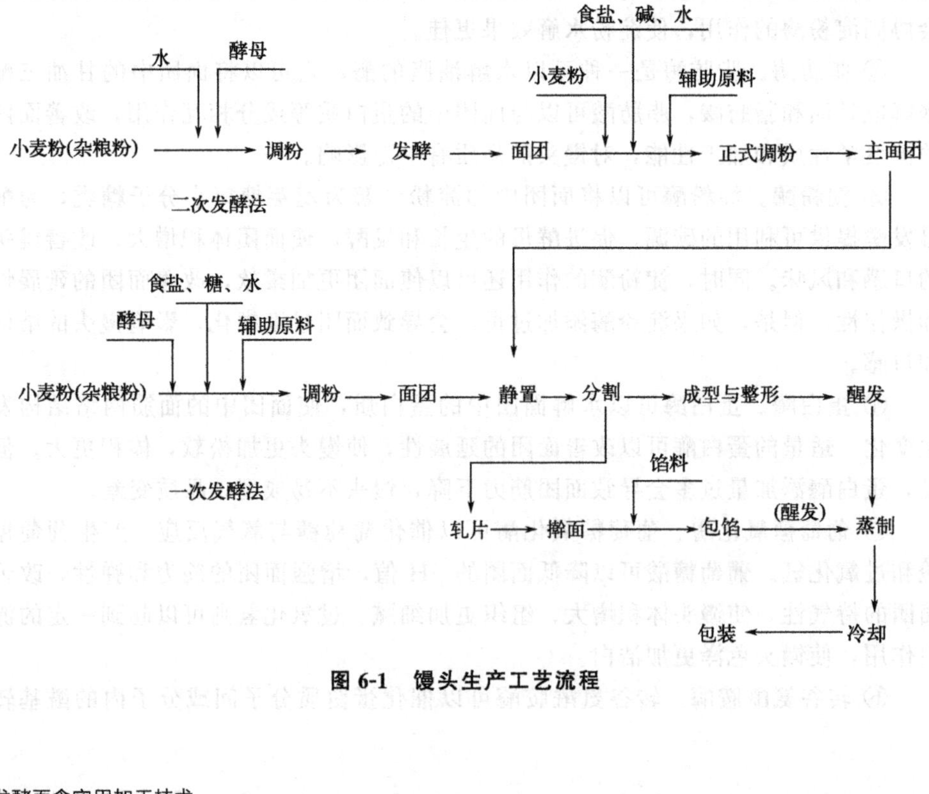

图 6-1 馒头生产工艺流程

在馒头生产过程中，其制作看似简单，实则蕴含着丰富的科学原理与精细的工艺环节。从原料的精心挑选与准备，到和面、发酵、揉面、醒发等各道工序的精准把控，每一步都对馒头的品质起着至关重要的作用。

(1) 原材料的准备

① 面粉的选择。面粉是馒头的主要原料，其品质直接决定了馒头的口感与质地。面粉通常选用中筋面粉，其蛋白质含量适中，一般在 10%～12%之间。高筋面粉面筋网络过于强韧，制作出的馒头可能口感过硬；而低筋面粉面筋形成不足，馒头易塌陷、缺乏嚼劲。

② 酵母的种类与特性。酵母是馒头发酵的关键推动者，常见的有干酵母、鲜酵母两种类型。干酵母使用方便、易于保存，活性相对稳定；鲜酵母发酵活力强，但保存期较短，需冷藏储存。酵母在适宜的温度、湿度条件下，利用面粉中的糖分进行有氧呼吸与无氧发酵，产生二氧化碳气体，从而使面团膨胀、松软，赋予馒头独特的蜂窝状结构和风味。

③ 水的质量要求。水在馒头制作中不仅参与面团的形成，还影响着酵母的活性。应选用清洁、无异味、符合饮用水标准的水，硬度适中为宜。硬度过高的水可能会影响面团的筋性和发酵效果，而太软的水可能导致面团过于稀软，不易操作。

(2) 和面

① 和面的作用机制。和面过程是将面粉、酵母、水以及其他辅料充分混合，形成均匀的面团。通过搅拌和揉压，面粉中的蛋白质与水结合形成面筋网络，这一网络结构能够包裹住发酵产生的气体，为馒头的膨胀提供支撑。其目的是使各种原料充分分散和均匀混合，形成质量均一的整体：加快面粉吸水、胀润形成面筋的速度；扩展面筋，促进面筋网络的形成。使面团具有良好的弹性和韧性，改善面团的加工性能；拌入空气有利于面团发酵。

② 工艺参数控制。加水量通常为面粉重量的 45%～55%，具体需根据面粉的吸水性进行适当调整。若加水量过少，面团过硬，面筋形成不充分，馒头口感干涩、粗糙；加水量过多，面团过软，难以成型，且在发酵和蒸制过程中容易塌陷。搅拌时间过短，原料混合不均匀，面筋形成不足；搅拌时间过长，面筋可能被过度搅拌而断裂，面团失去弹性和韧性。生产一般采用低速搅拌 5～10min，使原料初步混合，然后转高速搅拌 3～5min，强化面筋形成。

(3) 发酵

① 发酵的原理。发酵过程主要是酵母的代谢活动。在有氧环境下，酵母进行有氧呼吸，大量繁殖并产生二氧化碳和水；随着氧气逐渐消耗，酵母转入无氧发酵，产生酒精和二氧化碳。二氧化碳气体在面团中形成气泡，使面团体积膨胀，而酒精在蒸制过程中挥发，为馒头增添独特的风味。

② 面团发酵的目的主要是为了使酵母大量繁殖，产生二氧化碳气体，促进面团体积的膨胀，使面团和馒头得到疏松多孔、柔软似海绵的组织和结构。酵母

的增殖也使得酵母菌数量增加，活性提高，有利于后续的醒发。发酵还可产生发酵的风味，使馒头具有诱人的发酵香甜味。特别是馒头的老面味必须由面团的发酵来实现。发酵使面团发生一系列物理化学变化，从而使得面团性状改变，从而改善馒头产品口感。使馒头的口感柔韧筋道适中，绵软适口。

③ 环境条件控制。发酵温度一般控制在 30～38℃之间。温度过低，酵母活性受到抑制，发酵速度缓慢，甚至可能导致发酵不完全；温度过高，酵母繁殖过快，发酵过程过于剧烈，面团容易产生酸味，且面筋网络可能被破坏，影响馒头的品质。适宜的湿度为 70%～80%，保持面团表面湿润，防止表面干燥结皮，影响发酵效果，可以通过在发酵容器中放置湿布或使用发酵箱来控制湿度。发酵时间通常为 1～2h，但具体时间受酵母用量、温度、湿度等多种因素影响。判断发酵是否完成可通过观察面团体积，一般发酵至原体积的 2～2.5 倍，且面团内部呈蜂窝状，手指轻按面团，凹坑缓慢回弹即可。

(4) 揉面

① 揉面的目的。发酵后的面团内部充满二氧化碳气体和酒精，揉面操作主要是排出面团中的二氧化碳，使面筋网络重新排列，增强面团的筋性和韧性，从而使馒头内部组织更加细腻、均匀，外观更加光滑。

② 揉面的技巧与方法。揉面时应采用合适的力度和手法，将面团放在案板上，通过反复折叠、挤压、揉搓，使面团由粗糙变得光滑。揉面一般需要 10～15min，直至面团表面无明显气泡，切开面团，内部气孔均匀细小。手工揉搓面团的示意图如下（图 6-2），基本要领在于揉面时用力要轻重适当，要用“浮力”，俗称“揉面得活”。特别是发酵膨松的面团更不能死揉面，否则会影响成品的膨松。揉面要始终保持一个光洁面，不可无规则地乱揉面，否则面团外观不完整，无光洁，还破坏其面筋网络的形成。揉面的动作要利落，揉面均、揉面透、有光泽；达到“三光”，即面光、手光、案板光。手工揉面及成型时为了防止面团粘手和案板，常适当撒一些干面粉于案板上，俗称“扑粉”“扑面”“布面”“薄面”“薄粉”“燥粉”。

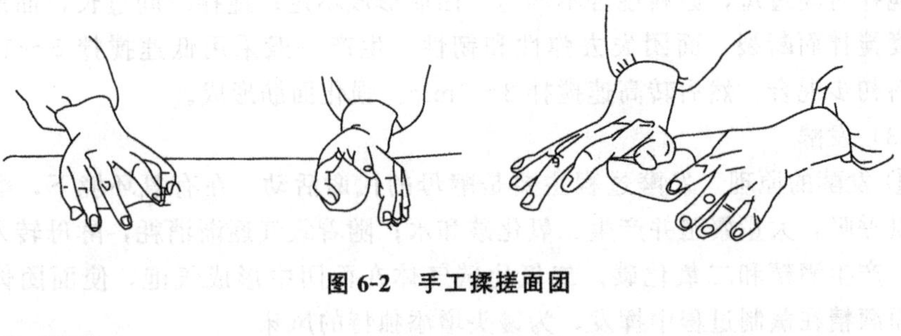

图 6-2 手工揉搓面团

(5) 醒发

醒发又称为饧发、饧馍。醒发是面团的最后一次发酵，在控制温度和湿度的条件下，使经整形后的面团（馒头坯）达到应有的体积和性状。它是馒头生产最重要的必需步骤之一，其操作的成败，直接影响产品的终端品质。醒发实际上是发酵过程，该过程的基本原理和作用与面团发酵基本相同。

① 醒发的目的。馒头生坯经揉轧和成型后，处于紧张状态，僵硬而缺乏延伸性。醒发使面团的紧张状态得到恢复，使面坯变得柔软且延伸性增加，有利于其膨胀并防止收缩（萎缩）。在醒发过程，面筋进一步结合，网络充分扩展，增强其延伸性和持气性，以利于体积的保持。当然，面团也可能因发酵作用使面筋蛋白水解或破坏。馒头的生产可能采用主面团发酵法和主面团不发酵直接成型醒发的工艺，无论主面团发酵与否，醒发过程的发酵都是不容忽略的。

② 醒发的意义。醒发是馒头制作的最后一次发酵过程，在蒸制前让馒头坯进一步膨胀，使面筋网络更加松弛，以便在蒸制过程中更好地容纳蒸汽，从而使馒头体积增大、口感更加松软。

③ 醒发条件与判断。醒发温度一般控制在 28～32℃，湿度保持在 80%～90%。醒发时间为 15～20min。醒发好的馒头坯体积明显增大，手感轻盈，用手指轻轻按压，面团能够缓慢回弹且不留下明显凹痕。

6.2 空心挂面生产技术

6.2.1 空心挂面概述

空心挂面为传统的手工拉制挂面，在江苏，河北有较悠久的历史和拥有较大的生产量。从加工工艺上看，与机制挂面和挤压成型的通心粉有着本质的区别。因而在风味、口感上较其他面条制品有明显的特点，筋力强，久煮不烂，心部空心，复水性好，咸度适中，滑润爽口。挂面之所以形成空心，决定于它独特的加工工艺。空心挂面是一种具有独特风味和口感的传统面食，以其内部中空，食之柔滑，易熟、易消化且富有发酵风味而得名。它起源于中国古代，经过长期的发展和传承，在一些地区形成了具有地方特色的制作工艺和风味特点。

空心挂面的外观细长，面条中间有贯通的空心，这使得面条在烹饪时更容易入味，口感也更加爽滑筋道。其表面光滑，色泽洁白或微黄，具有一定的光泽度。

从口感上来说，空心挂面煮熟后口感爽滑，富有弹性，咀嚼时有独特的韧性和嚼劲，且空心结构使得面条在口中能够更好地吸附汤汁和调料的味道，给人带来丰富的味觉体验。

在营养价值方面，空心挂面主要由面粉制成，富含碳水化合物，能够为人体提供能量。同时，面粉中还含有一定量的蛋白质、维生素和矿物质等营养成分。此外，一些空心挂面在制作过程中可能会添加鸡蛋、蔬菜汁等辅料，进一步增加了其营养价值和风味。

空心挂面在一些地区的饮食文化中占有重要地位，常常作为传统节日、婚庆宴席等重要场合的特色食品，象征着团圆、长寿等美好寓意。

6.2.2 空心挂面的基本配方

生产挂面的主要原辅料有小麦面粉、水、食盐、食用碱以及食品添加剂等，原辅料的质量对挂面生产的工艺效果、产品得率、产品质量等都会产生影响，因此，了解各种原辅料的性质是非常重要的。

(1) 小麦面粉

小麦面粉是挂面生产的主要原材料。小麦面粉质量的优劣直接影响挂面的生产过程以及成品质量，而面粉的质量又取决于小麦品种和面粉加工方法，因此，必须对面粉及其原料小麦有一定了解。

(2) 水

水是制作空心挂面的主要原料，加入量仅次于面粉。水的质量与制面工艺和挂面质量有密切关系。

① 水质对面质的影响。水的 pH 值对挂面生产工艺和质量有影响。若 pH 值较低，酸性条件下会导致面筋蛋白质和淀粉分解，从而导致面团加工性能降低。和面用水的碱度一般要求控制在 30mg/kg 以下；如果碱度过大，会使面筋质被部分溶解，使面团弹性降低，使面团加工性能降低，用水浸泡时，汤中可溶性物质增加。水的硬度影响制面工艺和产品质量，硬度高会使小麦面粉的亲水性能变劣，使吸水速度降低，和面时间延长；硬水中的钙、镁离子与小麦面粉中的蛋白质结合，会降低面筋的弹性和延伸性，降低面团的黏度和工艺性能；钙、镁等金属离子与面粉中淀粉结合，影响淀粉在和面过程中的正常膨润，也会降低面团的黏度，进而影响其加工性能。水的硬度与面团黏度的关系如表 6-1 所示。

表 6-1 水的硬度与面团黏度的关系

水的硬度/度	强力粉黏度/(Pa·s)	薄力粉黏度/(Pa·s)	淀粉黏度/(Pa·s)
0	4.1	3.56	0.62
5	3.35	2.05	0.46
10	2.25	1.82	0.445

② 水在制面生产中的作用。小麦面粉中的淀粉吸水湿润，将没有可塑性的干面粉转化为有一定可塑性的湿面团，为面条成型准备条件；小麦面粉中的蛋白质吸水膨胀，相互黏结形成湿面筋网络，而使面团产生黏弹性和延伸性；调节面

团的湿度，便于轧片；水能溶解盐、碱等可溶性辅料；水在蒸面时可促使淀粉糊化。

水在制面中具有重要作用，水质的好坏对生产工艺和产品质量均有影响，因而国内外制面生产厂家在选择制面生产用水时，除了按照一般饮水标准外，还提出了水质方面的其他要求。日本对制面用水提出了严格要求，如表 6-2 所示。我国内地对制面用水还没有统一规定，目前各生产厂家一般使用未经软化的自来水，其硬度在 25 度以上，属于硬水范围，影响制面效果。国内制面厂家生产用水标准推荐值如表 6-3 所示。

表 6-2　日本制面用水标准

气味	硬度/度	铁含量/(mg/kg)	碱度/(mg/kg)
无	<10	<0.1	<30

表 6-3　制面生产用水标准推荐

气味	硬度/度	pH 值	碱度/(mg/kg)	铁含量/(mg/kg)	锰含量/(mg/kg)	其他
无	<2	5～7	<30	<0.1	<0.1	符合自来水标准

(3) 食品添加剂

挂面生产中常用的食品添加剂有食盐、食用碱、增稠剂、氧化剂、蛋及其制品、色素以及磷酸盐类等。

① 食盐。食盐是生产面条的主要的食品添加剂。其化学成分是氯化钠，食盐的加入量和加入方法对制面工艺的影响很大。

食盐有收敛面筋组织的作用，能够增强湿面筋的弹性和延伸性，改善面团的工艺性能，可以减少挂面的湿断条，提高正品率；由于盐水有较强的渗透作用，因而在和面时可使小麦粉吸水快而均匀，容易使面团成熟；食盐有一定的保湿作用，在烘干时，湿面条不会过快干燥，容易控制干燥条件，但加盐过多，干燥就会困难，要延长干燥时间；食盐也有一定的抑制杂菌生长和抑制酶活性的作用，能防止面团在热天很快酸败；食盐也起着一定的调味作用。

② 食碱。挂面生产使用的碱一般指纯碱，化学名称叫作无水碳酸钠，是一种白色的粉状或粒状的固体。它易溶于水，也易吸潮，也是制作面条的重要辅料之一。

食碱（碳酸钠）和食盐（氯化钠）对面筋质有相似的作用，也能收敛面筋质。碱的作用能使面团弹性更大，但在提高延伸性方面比盐的作用差。碱性作用，能使面条出现淡黄色，起着色作用，但色泽不明亮；能使面条产生一种特有的碱性风味，吃起来比较爽口不黏，煮时不浑汤；能使湿切面不容易酸败变质，便于流通销售。

③ 增稠剂。食品增稠剂是一种能改善食品的物理性质，增加食品的黏稠性，

赋予食品以柔滑适口性，且具有稳定乳化状态和悬浊状态作用的物质。从上述特性看，食品增稠剂应属胶体性质的物质，分子中应有许多亲水基团，如羟基、羧基、氨基和羧酸根等，能与水发生水化作用。增稠剂经水化后以分子状态分散于水中，形成高黏度的单相均匀分散体系，所以，食品增稠剂为亲水性高分子胶体物质。增稠剂的种类很多，分天然和化学合成两类。天然增稠剂主要是从海藻和含多糖类黏质的植物提取的，如海藻酸、淀粉、阿拉伯树胶、瓜尔豆胶、卡拉胶、果胶和琼脂等；其次是从含蛋白质的动植物制取的，如明胶、酪蛋白及酪蛋白钠等；少量的是从微生物制取的，如黄原胶（汉生胶）等。化学合成增稠剂有羧甲基纤维素钠（CMC）、藻酸丙二醇（丙二醇藻酸酯）、羧甲基纤维素钙、羧甲基淀粉钠、磷酸淀粉钠、乙醇酸淀粉钠、甲基纤维素和聚丙烯酸钠等。

6.2.3 空心挂面生产工艺流程及特点

手工空心挂面作为传统面食中的经典之作，其制作工艺蕴含着丰富的文化内涵和科学原理，历经数代传承与发展，形成了一套严谨而精细的操作流程。它的生产工艺基本遵循和面、醒面、划条、三醒三盘、上杆绕条、醒面、分面、醒面、抻面、干燥、包装的操作流程。从最初的和面到最后的包装，每一个环节都紧密相连，共同塑造了空心挂面独特的品质与口感，在传统食品领域中占据着重要的地位，是中华民族饮食文化的瑰宝之一（图 6-3）。

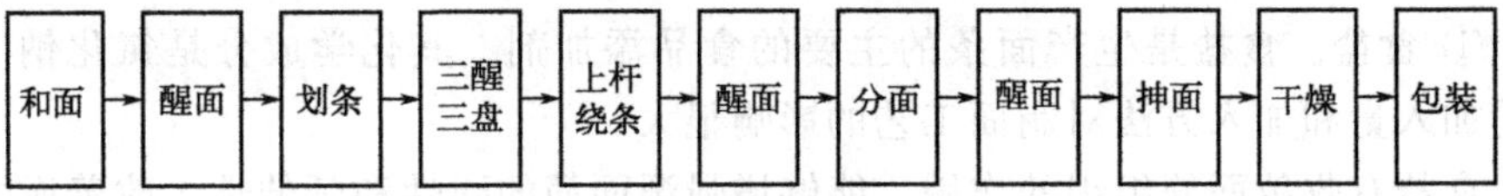

图 6-3 空心挂面生产工艺流程

① 和面。和面是手工空心挂面制作的首要环节，为整个生产过程奠定了坚实的基础。在此步骤中，精准的原料配比至关重要。通常选用高筋面粉，其较高的蛋白质含量（12%～14%）能够形成强韧的面筋网络，为后续空心挂面的拉伸与成型提供必要的支撑力。水的用量需根据面粉的吸水性进行细致调整，一般占面粉重量的 30%～35%，水温保持在 20～25℃，确保面粉能够均匀吸水，形成软硬适中、光滑且具有良好韧性的面团。盐的添加量为面粉重量的 1%～2%，盐不仅能增强面筋的韧性，使其更加紧实有力，还能在一定程度上调节面团的发酵速度，提升挂面的口感风味。在搅拌过程中，先低速搅拌使原料初步混合，避免面粉飞扬，随后转高速搅拌 15～20min，直至面团呈现出细腻、光滑且富有弹性的状态，用手拉扯面团能形成薄而透明的面筋膜，此时面筋网络已初步构建完成。

② 醒面。刚和好的面团，内部面筋处于紧张收缩状态，醒面过程则给予其足够的时间进行自我调整和舒展。将面团放置在温度 25～30℃、湿度 60%～

70%的环境中，覆盖湿布或置于发酵箱内，防止表面干燥结皮。

③ 划条。经过醒面后的面团，用擀面杖擀成厚度 1～1.5 cm 的均匀薄片，随后，用划条刀或锋利的菜刀，将面片切成宽度 5～8mm 的粗面条，要求切条宽度均匀一致。

④ 三醒三盘。通过多次醒面与盘条的交替操作，逐步强化面筋网络，使面条更加紧实、富有韧性，使得面条内部形成中空环境。

⑤ 上杆绕条。将划好的粗面条均匀地撒上一层玉米淀粉，以有效防止粘连，然后手工将面条盘绕在面盆内，盘条时要注重面条之间的松紧度适中，避免过紧导致拉伸困难或过松影响面筋形成。盘好后放置在温度 28～32℃、湿度 70%～80%的环境中醒面 20～30min。

6.3 面包生产技术

6.3.1 面包概述

面包是焙烤食品中历史最悠久、消费量最多、品种繁多的一大类食品。在欧美等许多国家，面包是人们的主食。英语中将面包称为 bread，是食物、粮食的同义词。一些葡萄牙语国家将面包称为 pan，也是粮食的意思。可见面包在一些国家如同我国的馒头、米饭一样是饮食生活中不可缺少的食品。面包虽在我国被称作方便食品或属于糕点类，但随着国民经济的发展，面包一定会在人们的饮食生活中占据越来越重要的地位。面包是以小麦粉为基本材料，再添加其他辅助材料，加水调制成面团，再经过酵母发酵、整形、成型、烘烤等工序完成的。面包与饼干、蛋糕的主要区别在于面包的基本风味和膨松组织结构主要是靠发酵工序完成的。作为食品，面包有以下特点：

① 具有作为主食的条件。面包经发酵和烘烤不仅最大限度地发挥了小麦粉特有的风味，营养丰富、味美耐嚼、口感柔软，而且主食面包适于与各种菜肴相伴，也可做成各种方便快餐（热狗、汉堡包等）。这一特点是糕点、饼干不易办到的。由于这一特点，西方国家有 2/3 的人口以面包为主食。

② 有方便食品的特点。面包的流通、保存和食用的适应性比馒头、米饭好。面包可以在 2～3d，甚至更长一些时间，保持其良好的口感和风味，在保存期限内可以随时食用，不用特别地加热处理，很适于店铺销售或携带餐用。而馒头因需要热蒸现卖，不仅商品化的难度大，而且在家庭食用也不很方便。

③ 对消费的需求适应性广。从营养到口味、从形状到外观，面包在长期的历史中发展成为种类特别繁多的一类食品。例如，有满足高档消费要求的，含有

较多油脂、干酪和其他营养品的高级面包；还有方便食品中的三明治、热狗；还有具有美化生活功能、丰富餐桌的各类花样面包。作为功能性营养食品，它在一些发达国家被规定为中小学生的午餐，里面添加了儿童生长发育所需的所有营养成分和维生素，已经取得了明显效果。例如，日本少年儿童的平均身高比起第二次世界大战后增加了10cm以上，据说这是与中小学实行标准面包供给制，改善了青少年的营养结构有很大关系。

面包虽然有以上优点，但由于生活习惯和生产等原因，面包在我国的发展水平还较低，如主食面包的生产和消费还停留在一般糕点的位置。近年来，中国面包市场呈现不断上涨的态势，2018—2023年我国面包市场规模从379亿元增长到了599亿元。2023年我国面包市场产量进一步增长至230万吨以上，与2021年底相比新增约10万吨，同比增长4.6%。但我国人均面包消费量仅1.65公斤，远低于德国80公斤、意大利50公斤，而与我国饮食习惯相近的日本人均消费量达到9.1公斤，大约是我国人均消费量的5.5倍。由此可见，我国面包行业的成长空间还很大。随着国民经济的发展、生活节奏加快及西方饮食文化的影响，面包生产将对我国人民的主食工业化、商品化、科学化发挥越来越大的作用，未来对面包的需求会越来越大。

6.3.2 面包生产的基本配方

生产面包最基本的原料是面粉、酵母、盐和水，这些原料缺少任何一种都不能生产面包。在面包配方中常见的其他配料为油脂、糖、牛奶或奶粉，以及氧化剂、表面活性剂、防霉剂、各种酶制剂等食品添加剂，各种成分在面包的生产中都发挥着相应的作用。

① 面粉。面粉是面包中最主要的成分，根据小麦品种、加工工艺等不同，可分为高筋面粉、中筋面粉和低筋面粉。高筋面粉蛋白质含量较高，一般在12%～14%，其面筋网络形成能力强，能够赋予面包良好的韧性和弹性，使面包在发酵和烘焙过程中保持膨胀状态而不塌陷，适合制作如法式面包、全麦面包等需要较强筋度的面包品种。中筋面粉蛋白质含量适中，为10%～12%，在家庭烘焙中应用较为广泛，可制作多种常见的面包类型，其面筋网络既能提供一定的支撑力，又使面包口感相对柔软。低筋面粉蛋白质含量在8%以下，面筋形成较少，用于制作口感酥脆、质地疏松的面包或糕点，如丹麦面包等，通过与高筋面粉搭配使用，可调节面团的筋度，实现不同的口感效果。面粉功用是形成持气的黏弹性面团，面粉中的淀粉在烘焙过程中糊化，吸收面团中的水分，使面包内部组织变得松软，并为酵母发酵提供糖分来源。蛋白质中的麦谷蛋白和麦醇溶蛋白在加水搅拌后形成面筋，面筋具有伸展性和弹性，能够包裹住发酵产生的二氧化碳气体，从而使面包膨胀并形成细密的蜂窝状结构。

② 酵母。酵母是基本配料之一，其主要作用是将可发酵的碳水化合物转化为二氧化碳和酒精，产生的二氧化碳气体使面团起发，生产出柔软蓬松的面包。除产气外，酵母对面团的流变学特性具有显著的作用，同时还能给面包增加蛋白质及维生素等营养成分。

③ 起酥油。在面包的生产中，油脂是一种必需的配料。首先，能使面包较长时间保持柔软性和可口性；其次，与不用起酥油的面包相比，添加起酥油的面包体积增加约10%；最后，油脂在面团中也起增塑剂的作用。因此，如果增加起酥油的用量，就必须减少水的用量，反之亦然。油脂的使用必须掌握好添加的时间和限量，面包生产中油脂的用量一般占面粉重的5%～10%，油脂用量过多或加入时间过早，都会阻止面筋大量形成，因此，油脂应在最后一次调制面团时加入。面包用起酥油通常是固体或半固体的猪油、奶油、人造奶油和熔化起酥油等。

④ 水。水是面包的基本成分，它是一种增塑剂和溶剂。水在面包制作中不仅参与面团的形成，还影响着面团的物理性质和酵母的活性。面包生产中用水应有利于酵母繁殖，有利于形成良好的面包组织结构。面包用水应硬度适中，符合国家饮用水的标准。若用软水，会使面团过于柔软发黏，缩短正常的发酵时间，常使面包达不到质量标准；若水的硬度过大则会使面团韧化，造成发酵速度迟缓，使面包发白、口感粗糙。

⑤ 盐。食盐的用量为面粉质量的1%～2%。它能够增强面筋的韧性和强度，使面团更加紧实，有助于面团在发酵和烘焙过程中保持形状，防止塌陷和变形。同时，盐还具有调味作用，能够提升面包的风味，使其口感更加丰富、平衡，掩盖酵母发酵产生的不良气味。适量的盐还可以控制酵母的发酵速度，避免发酵过快，使面团有足够的时间形成良好的面筋网络和发酵风味。用前必须溶解、过滤，用量不能过高，应避免与酵母直接混合。

⑥ 糖。面包配方中添加糖，一是为酵母发酵提供可利用的碳源，并提供面包甜味；二是在烘烤时，由于糖的焦糖化作用和美拉德反应，使产品达到理想的色、香、味。常用的糖主要有蔗糖（白砂糖、黄砂糖、绵白糖）、饴糖、淀粉糖浆、蜂蜜等。砂糖添加时，应先用温水溶解或将其碎成150～200目的糖粉，再与面粉混合。如果直接混合会使面包表面存在可见的糖粒或糖粒在高温烘烤时熔化，造成面包表面发麻及内部产生孔洞。

⑦ 表面活性剂。工业化生产面包，产量大、流通时间长，要求面包具有一定的保鲜期。使用表面活性剂可增强面团的持水能力，改善面团的机械可操作性。同时，其能抑制熟面包中淀粉的凝沉（即面包陈化、淀粉老化）现象，使面包能较长时间保持柔软。最常用的表面活性剂是α-甘油酸酯、硬脂酰乳酸钠(SSC)、羟乙基甘油酸酯（EMG)、甘油二酸酯等，它们的用量约为面粉质量的0.5%。

⑧ 氧化剂。面包生产中用的氧化剂主要为抗坏血酸和过氧化钙等，用量在百万分之几的水平。氧化剂能改善面团的筋力，抑制蛋白质分解酶的活性，使面包具有较好的体积和组织结构。氧化剂主要应用于受冻伤或虫害的面粉或蛋白质含量低的面粉。在一般情况下，面粉中蛋白质分解酶是没有活性的，如添加巯基（—SH）化合物（如谷胱甘肽、半胱氨酸等）可恢复其活性，使面筋蛋白质分解，影响面团的质量。发芽小麦或新麦磨制的面粉中，均含较多的还原型谷胱甘肽等激活剂，若使用这类面粉做面包，必须加入适量的上述氧化剂，抑制面粉中蛋白质分解酶的活性。添加时先用30℃左右水将氧化剂溶解，如采用二次发酵工艺，则应在第二次调粉时加入。

⑨ 乳品。在面包配方中使用牛奶，除能明显地提高面包营养价值外，还能改进面团的流变特性，促进面团中油与水的乳化，调节面筋胀润度，提高面包的新鲜度和柔软度。若使用奶粉，则必须先用适量的水将奶粉搅拌成乳状液，不可将奶粉直接加入调粉机中，以免结块。

⑩ 防霉剂。面包中通常使用丙酸钙作防霉剂。丙酸钙是一种白色结晶颗粒或结晶性粉末，常用含一个结晶水的盐，对光和热稳定。

6.3.3 面包生产工艺

（1）直接发酵法

直接发酵法，又称一次发酵法。面包生产的工艺流程可分成三个基本工序：和面、发酵、烘烤。最简单的面包制作方法是一次发酵法。采用该方法时，将所有配料一次混合成成熟的面团，然后进行发酵。在发酵期间，将面团翻揉一次或数次，将气体排出面团。发酵后，将面团分割成大小一致的块状，揉圆，成型，放入烤盘中，再进行一次发酵（醒发）以增大体积，最后置入烤炉中烘烤。一次发酵法所需的发酵时间变化较大，长者达3h，短者基本上不需发酵。与其他工艺相比，用该工艺制成的面包具有良好的咀嚼感，有较粗糙的蜂窝状结构，风味较差。直接发酵法面包烘焙流程如图6-4所示。

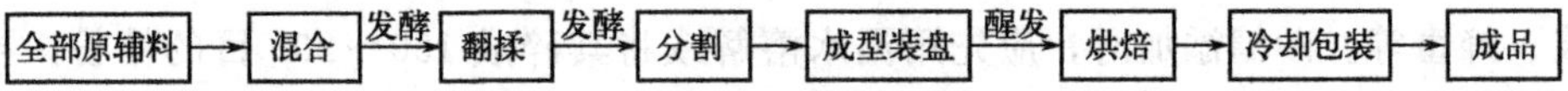

图6-4　直接发酵法的工艺流程

（2）中和发酵法

中和发酵法也称二次发酵法。目前，世界上较流行的面包生产工艺是二次发酵法。先将部分面粉（约占配方用量的1/3）、部分水和全部酵母混合至刚好形成疏松的面团（约10min），发酵3～5h，然后将剩下的原料加入，进行第二次混合，揉和成成熟面团。然后进行中间醒发（静置）20～30min，使面团松弛，再按一次发酵法那样分割、成型和醒发，最后烤制成品。二次发酵法生产的面包柔软，具有细微的海绵状结构，风味较好，产品质量不易受时间和其他操作条件的影响。中和发酵法面包烘焙流程如图 6-5 所示。

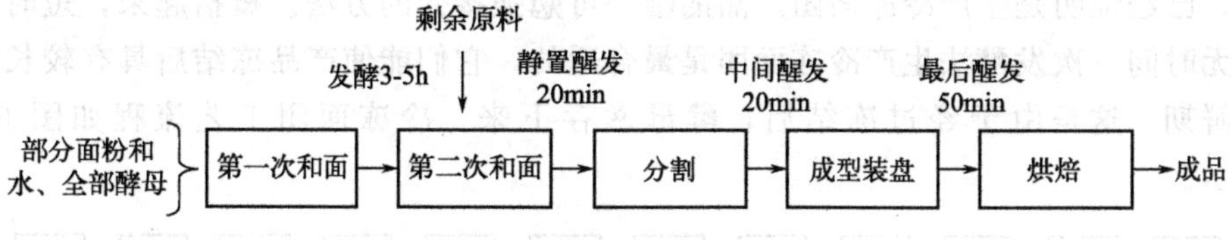

图 6-5 中和发酵法的工艺流程

（3）快速烘焙工艺

为提高面包生产效率，改进面包质量，产生了一种用液体酵母代替鲜酵母或活性干酵母的快速烘焙工艺，又称连续烘焙新工艺。该工艺采用筛选的优良菌种，先用营养液培养液体酵母，利用与一次发酵法相似的调粉工艺，面团混合至成熟后，进行短期预发酵，其目的是使面团松弛，面筋获得正常的弹性、韧性和延伸性。预发酵 30～40min，接着分割、成型、醒发。醒发是此工艺中最关键的工序，其成败直接影响产品质量，醒发宜在 36～38℃、相对湿度 85％条件下进行，时间约 1h，以面包坯发至最大体积的 70％～80％为宜。醒发完成后，按一般面包的烘焙方法烤制。该工艺生产周期短、机械化连续生产、流程简单、面包酸度小，工艺流程如图 6-6 所示。

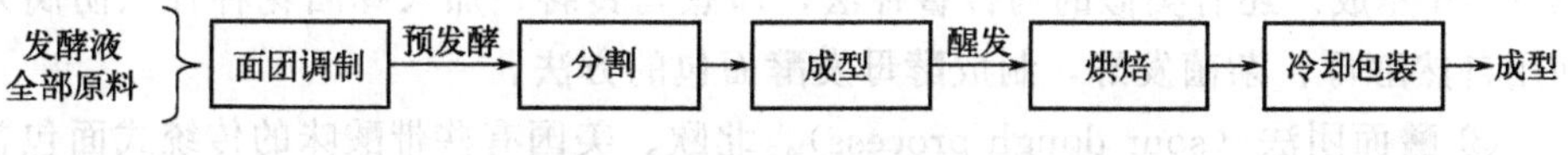

图 6-6 快速烘焙工艺流程

（4）液体发酵法

液体发酵法就是借助于液体介质来完成面团的发酵，它最初是由美国乳粉研究所研究出来的。该方法是先将酵母置于液体介质中，经几小时的液体繁殖，制成发酵液，然后用发酵液与其他原辅料搅拌成面团。欧美等国家多采用此法进行大批量自动化连续化生产面包。液体发酵法能够缩短了面团发酵时间，提高了生产效率、能够从原辅料处理到成品包装可实现全部自动化和连续化生产、提高面包的贮存期，延缓老化速度、缩短发酵时间。其工艺流程如图 6-7 所示。

原料混合→液体发酵→热交换器→冷藏贮存→面团调制→面团发酵→整形→烘焙→醒发→冷却→包装

图 6-7 液体发酵法工艺流程

（5）冷冻面团法

冷冻面团法是指大多数冷冻面团产品的生产都采用快速发酵法，即短时间或无时间发酵。许多研究证明，应用长时间发酵的工艺方法对冷冻面团生产是最不理想的。因此，在任何发酵方法中，用二次发酵法生产的冷冻面团产品贮存时间最短，保鲜期缩短。这是由于在较长的种子面团发酵期间酵母被活化所致。这种活化作用使得酵母在冷冻和解冻期间更容易受到损伤。液体发酵法发酵时间很短，已经证明是生产冷冻面团产品的唯一可勉强接受的方法。概括起来，短时间或无时间一次发酵法生产冷冻面团是最合适的，它们能使产品冻结后具有较长的保鲜期。这是由于经过冻结后，酵母幸存下来。冷冻面团工艺流程如图 6-8 所示。

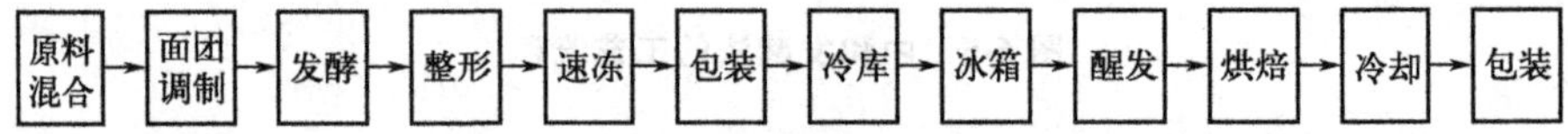

图 6-8　冷冻面团工艺流程

（6）其他方法

① 酒种法。将酿酒（米酒、醪糟）的曲（starter）添加于面团，以产生和丰富面包的香味，多用于果子面包。随着酵母工业的进步和人们对微生物化学认识的深入，发酵已不仅仅只是膨发气体的来源，而且也成为风味物质的来源，人们把注意力越来越多地集中到后者。

② 啤酒花种法，啤酒花种法是以啤酒花种（hops）为酵母发酵的方法。酒花引子的制法是将啤酒花（30 份）加入沸水（1440 份）煮 40min，过滤后加入面粉（200 份），在 45.6℃下放置 5～6h，再加啤酒（72 份），在 26.7℃静置 24～48h 熟成。还有类似的马铃薯种法，即煮马铃薯，加入啤酒花种汁（防腐），利用自然酵母、杂菌发酵，制成酵母发酵面包的方法。

③ 酸面团法（sour dough process）。北欧、美国有些带酸味的传统式面包常用此法（我国北方的馒头、锅盔、烧饼在农村的做法类似于此法），即不仅利用酵母，还更多地利用乳酸菌、醋酸菌发酵。酸面团主要有两种：大麦酸面团（rye sour）、小麦酸面团（wheat sour）。

④ 中面法（浸渍法，soaker and dough method）。将 10%左右的面粉和酵母留出，把其余的材料全部调制成中面，在水中经一定时间浸泡后，再加入留下的材料，捏和成主面团发酵，再进行后工序。这种方法主要解决面筋太硬的问题，经一段时间蛋白酶的作用，面筋伸展性变好。

⑤ 老面法（old dough process）。老面法是利用陈面团为酵母发酵的方法，我国北方农村的馒头也常采用这种方法。以上几种基本都属于自然发酵法，因各自有独特的风味和传统，在人们厌烦了油腻、过甜的新式面包的时代，又常怀念一些乡土风味，所以这些面包在欧美国家相当普遍。

⑥ 延迟面团法（retarded dough process）。延迟面团法也称冷藏面团法。这是制造丹麦式牛角可颂等需要裹入大量油脂的面包常用的方法，是将面团调制好后，发酵或静置，然后辊轧折叠夹裹油脂（或不经折叠油脂工序）后将面团放入冷库中，放入冷库的面团称为延迟面团（retarder）。在冷库中放置半天或一昼

夜，成型、烘烤。冷库温度为2～4℃（半天放置），如要放置1d以上，则温度可低一些（－5～2℃）。延迟面团制作的主要目的：与“千层酥”面团相同，当面团含油脂、糖太多时，需要很长的时间才能使面筋水化作用充分，在烘烤时淀粉才能更好地糊化；在延迟时间中，发酵缓慢进行，面团有少量的膨胀。由于水化和膨胀使得面筋的膜变得更薄。据美国资料，如保存48h，冷库温度应为0.5～1℃，相对湿度为95％～97％。

6.3.4 面包的制作及生产操作要点

6.3.4.1 主食面包

（1）法国面包

面包是法国人的主食之一，面包制造业在法国食品工业中占有相当重要的位置，面包工厂和面包作坊在法国城乡星罗棋布。

法国面包品种和花样都很多，如细长的小面包、棍状面包、大圆面包和花形面包等。其中棍状面包的外形很像棍子，略带咸味，面包心松软，外皮脆，是法国人最常食用的一种主食面包。

① 采用一次发酵法制作法国面包。

原料配方：高筋面粉100份，水58份，鲜酵母2份，酵母食物0.25份，食盐2份，糖2份，油2份。

其操作要点：除油外所有原材料放入搅拌缸内慢速拌2min，加油后改用中速拌约15min，使面筋扩展；搅拌后面团温度26℃；基本发酵165min；分割滚圆后松弛15min，然后整形；最后发酵约40min，至2/3程度时取出在表面切裂口；烤炉230℃，焙烤30min。

② 采用二次发酵法制作。

原料配方：种子面团（高筋面粉75份，水45份，鲜酵母2份，糖0.25份）、主面团（高筋面粉25份，水13份，糖2份，食盐2份，油2份）。

操作要点：种子面团原料放入搅拌缸内慢速2min，中速2min搅拌成团，面团温度24℃；基本发酵4h；主面团内原材料搅拌至面筋扩展，面团温度28℃；延续发酵20min后分割；分割滚圆后松弛15min，然后整形；最后发酵约40min，至2/3程度时取出在表面切裂口；烤炉230℃，焙烤30min。

（2）维也纳面包

维也纳面包在一般硬式面包中具有良好的香味和味道，同时有薄、脆及金黄色的外皮。它与其他硬式面包的区别是配方内含有奶粉，奶粉中含有乳糖成分，可增加面包外表漂亮的颜色，它所使用的面粉含蛋白质量较高。在制作方面，基本发酵的时间应稍为缩短，故酵母用量应略为提高。维也纳面包内部组织与一般白面包不同，多孔而颗粒较为粗糙，在烘焙时需用较长的时间，以使外表和中心部位完全熟透，这样才能得到良好的香味。维也纳面包整形的式样很多，最普遍的是棒状形、橄榄形和辫子形。维也纳面包需要醒发足够的时间，当完成醒发时，橄榄形和棒状形的面包，其表面应用利刃从两边横切斜形裂口 2～3 处，辫子面包则应先在表面刷水，后撒上一层芝麻，即可进炉烘焙。烘焙维也纳面包同样需要蒸汽，在面包坯进炉前烤炉内就需要有低压蒸汽，直到面包表面产生颜色才可将蒸汽关掉。

原料配方：

高筋面粉 100 份，水 60 份，糖 3 份，油 4 份，奶粉 3 份，鲜酵母 2 份。

其操作要点：

① 除油外所有原料放入搅拌缸内用慢速拌 2min，加油后用中速搅拌至面筋扩展。

② 面团温度 26℃。

③ 基本发酵 160min。

④ 分割后松弛 15min，然后整形。

⑤ 最后发酵 40min。

⑥ 烤炉 205℃，烘焙 30～40min。

⑦ 烤炉加蒸汽，如无蒸汽则进炉前用清水刷一遍。

（3）意大利面包

意大利面包在一般硬式面包中所使用的配方与法国基本相同，仅使用面粉、水、盐和酵母四种。除了以上四种主要的原料外，意大利面包最大的特色就是在搅拌时，需要加一点其他面包所剩余的老面团，这些老面团在意大利面包内可增加发酵的香味，所以其制作经过大致与法国面包相同，但是法国面包表皮的特质是松脆，而意大利面包的表皮要厚而硬。因此其醒发可不必进入标准的醒发室内，仅置于车间中任其自然发酵。因为车间环境温度不够高，面包在进炉前表皮已干燥结皮，所以进炉烘焙后会产生厚而硬的外壳。

意大利面包的式样很多，有橄榄形、球棒形和绳子形等多种，也有用两条面团像编绳似的结在一起，但其两端则任其张开。橄榄形和球棒形在进炉前也需要像维也纳面包一样用刀在表面割成各种不同的条纹。意大利面包切割处的刀痕进炉后裂开的程度较维也纳面包大而脆。

原料配方：

高筋面粉 100 份，水 58 份，食盐 2 份，鲜酵母 2 份，老面团适量。

操作要点：

① 所有原料放入搅拌缸用慢速拌 2min 后，改用中速搅至面筋扩展。

② 搅拌后面团温度 26℃。

③ 基本发酵 160min。

④ 最后发酵 40min。

⑤ 烤炉温度 205℃，烘焙 35～40min。

⑥ 烤炉加蒸汽，如无蒸汽设备，在进炉前用清水刷抹面包表面。

(4) 荷兰脆皮面包

荷兰脆皮面包最大的特色就是在面包表皮上涂上一层米浆，此米浆经烘焙后产生了脆的特性，并增加了面包的香味。

原料配方：

面粉 100 份，水 80 份，糖 15 份，鲜酵母 2 份，油脂 40 份，食盐 4 份，米浆 20 份。

操作要点：

① 在于首先将糖、酵母溶于水中，再加入面粉拌匀。

② 米浆加热至温度为 30℃。

③ 发酵 30min 后，加入油脂、盐拌匀即可使用。

④ 面包坯醒发完成后，用刷子将米浆涂在其上面，再入醒发室继续醒发 10min 左右即可进炉烘焙。由于面包表面涂有米浆，烘焙后的面包表面形成了漂亮的裂纹。

⑤ 烤炉内要有蒸汽，才能使面包表面流动性好，产生龟裂纹。

(5) 德国面包

普通面包大都用小麦粉制成，而德国面包却是用高品质的黑麦研磨的全麦面粉制成的。由于黑麦外壳十分坚硬，研磨前必须浸水。另外，其烘焙方法亦较特殊，需在高温的烤箱内烤较长时间，使面包外观呈现较深的颜色。其纤维坚实、味道可口。

德国面包业采用特殊的包装技术，以真空聚乙烯纸或罐包装，未开封的面包可长期保存达六个月。目前德国生产的面包至少有 200 种，大致可分为全麦面包、乡村面包、黑麦面包、葵花籽面包、亚麻仁面包、卡登面包（添加葵花籽的椭圆形片状面包）、维力面包（小麦胚芽面包）、五谷面包及裸麦面包等种类。

原料配方：

面粉 100 份，糖 2 份，奶粉 3 份，食盐 2 份，鲜酵母 4 份，油脂 4 份，乳化剂 0.8 份，水 51 份。

操作要点：

① 面团搅拌，同常规方法。

② 发酵室温度 30℃，相对湿度 70%，发酵 30min。

③ 分块后搓成圆形。

④ 静置 10min。

⑤ 成型，将面坯压片、卷成长圆筒状，接缝处朝下，置于烤盘中。

⑥ 醒发，同常规方法醒发完成后用刀片在面坯表面割 0.5cm 的裂口。

⑦ 烘焙，180℃时入炉烘焙，炉内要有加热水蒸气，保证面包表面裂口开花。

(6) 罗宋面包

罗宋面包又称塞克面包，它是欧洲最著名的无糖主食面包之一，在我国已有了100多年，深受广大消费者欢迎。这种面包形状为梭形或橄榄形，表面有裂口，皮脆心软，麦香味浓，清香爽口，耐咀嚼，风味独特。

原料配方：

种子面团（面粉30份，鲜酵母0.3份，水16份）、主面团（面粉70份，食盐1份，水39份）。

操作要点：

① 搅拌，将鲜酵母、水搅拌后，加入面粉搅拌成种子面团，面团温度为25℃。

② 在发酵室温度27～28℃，发酵4h左右。罗宋面包种子面团不宜过多，否则面包外形不规整，表面裂口不规则。

③ 搅拌，将水和种子面团搅拌散开，再加入剩余的面粉和盐，搅拌成主面团，面团温度28℃，罗宋面包面团不宜过软，应稍硬为好。

④ 在30℃条件下，发酵1～1.5h。如果面团发酵未成熟，可进行翻面，面团发酵最好嫩一些，否则不易操作，烘焙时面包表面裂口不规整。

⑤ 根据需要分块，然后搓圆。

⑥ 静置10～15min。

⑦ 面团静置后压片，然后卷、搓成橄榄形状。

⑧ 将面包坯接缝向上放在干面粉袋上醒发；当醒发完成时，用刀顺面包坯纵向中间割一条裂口，稍松弛后即可入炉烘焙。

⑨ 传统制法常用木炭炉，且不用烤盘，而是使用一个长柄木铲，把面包坯放入木炭炉内用余热烘焙成熟。罗宋面包要求炉温低，湿度大，否则表面不易裂口。入炉前和入炉中间要向炉内喷水增加湿度。炉内湿度大，能使烤出的面包表面光亮并具有焦糖的特殊风味。如果没有木炭炉，也可以使用电烤炉和平烤盘，但风味不如木炭炉。

(7) 菲律宾面包

原料配方：

面粉100份，糖2份，奶粉3份，食盐2份，鲜酵母4份，老酵面适量，油脂4份，乳化剂0.8份，奶油2份，温水51份。

操作要点：

① 和面，将老酵面置于搅拌机中，倒入奶粉、食盐、鲜酵母、油脂、乳化剂，搅拌均匀，然后倒入面粉和温水拌透，最后加入奶油，搅拌成光滑的面团。

② 中间发酵，将拌好的面团压成薄片，对折再压薄，如此反复几次，然后卷成圆柱形，分割成10个小团，搓成光滑的圆球，盖上布，静置10min。

③ 醒发，将球坯搓成鸡蛋状，放入烤盘，用利刀在面上划5条深约5mm的均匀裂口，将面包坯放入箱温35℃、相对湿度80%的醒发箱，醒发0.5h左右。

④ 刷牛奶，待面包坯体积增加 1 倍时，在表面刷层牛奶。

⑤ 烘焙，烤炉温度 200℃，烘焙 10min 左右，待表面呈金黄色，即可出炉，趁热再涂层牛奶，以增光泽。

6.3.4.2 甜面包

(1) 快速发酵甜面包

原料配方：

面粉 100 份，水 46 份，白砂糖 18 份，鲜鸡蛋 4 份，活性酵母夏天 1.2 份（冬天 2 份），奶粉 1 份，食盐 1 份，面包改良剂 0.3 份，黄油或奶油 3 份，豆油 2 份，奶精 0.15 份，香兰素 0.07 份。

操作要点：

① 原辅料处理。按实际用量称量各原辅料，并进行一定处理。用 10 倍量的温水对酵母进行活化处理，面粉需过筛，食盐和面包改良剂与面粉混匀，黄油或奶油需水浴熔化，冷却后备用。

② 搅拌。将配方内的面粉、白砂糖、食盐、香兰素和面包改良剂等干性物料先放入调粉机内，再倒入活化后的活性酵母、水、蛋液，先低速搅拌约 3min，再中速搅拌至面团表面呈光滑状，大约 7min；停止搅拌，按配方加入黄油或奶油、豆油等油脂，再中速搅拌至面团成熟（大约 10min）；调好后的面团温度控制在 26℃左右。成熟的面团表面光滑，有弹性，用手能撕出面筋薄膜。

③ 面团的发酵。调好的面团装入不锈钢盆，在发酵箱内进行发酵。发酵条件为温度 28℃左右，相对湿度 70%～80%，基本发酵 2h，经翻面后再延续发酵 1h 左右，发至成熟。

④ 分块。发酵结束后取出全部面团，按要求分割成重量相等的小块面坯，每块面坯都必须用台秤称量，以保证重量的一致，面坯的重量按下式计算：

面坯重量＝成品重量×110%

⑤ 搓圆。手工搓圆的要点是手心向下，用五指握住面团，向下轻压，在面板上顺着一个方向迅速旋转，就可以将不规则的面坯搓成球形，面坯搓圆后置于烤盘中，烤盘须事先涂上油；静置，将搓圆后的面坯用保鲜膜或防油纸盖住，在面案上放置 12～18min，使面筋松弛，利于做型。

⑥ 做型。按照不同的品种及设计的形状采用相应的方法做型。

⑦ 醒发，将成型装盘后的面坯送入醒发箱内，醒发条件为温度 38～40℃，相对湿度 80%～90%，醒发时间 55～60min。

⑧ 烘焙。将醒发好的面团放入事先预热好的烤炉中，入炉以 180～240℃的温度烘烤 5min（根据面包大小选择合适炉温），取出刷蛋液上色（也可以先刷，但容易塌陷），再入炉烘烤，一般需要再烘烤 10～40min，烘烤至表面呈金黄色，烤熟为止。

⑨ 冷却、包装。将烤熟的面包从烤炉中取出，自然冷却后包装。

(2) 一次发酵法甜面包

原料配方：

高筋面粉 80 份，低筋面粉 20 份，水 50～58 份，糖 16～29 份，油 8～12 份，鸡蛋 0～10 份，奶粉 4 份，食盐 1.5 份，鲜酵母 3 份。

操作要点：

① 面团调制。其他原辅料用慢速搅拌 2min，加油后改用中速将面团搅拌至完成阶段，面团温度 26℃。

② 发酵 2.5h。

③ 面团分块重量 50g，中间醒发 15min。

④ 成型，表面刷蛋水后，醒发约 1h。

⑤ 炉温 200℃左右，烘焙 10～12min。

⑥ 冷却、包装。将烤熟的面包从烤炉中取出，自然冷却后包装。

(3) 二次发酵法甜面包

原料配方：

种子面团（高筋面粉 75 份，低筋面粉 25 份，糖 16～20 份，油 8～12 份，鸡蛋 0～10 份，奶粉 4 份，鲜酵母 2 份，食盐 1 份，水 10～15 份）、主面团（高筋面粉 5 份，低筋面粉 20 份，糖 16～29 份，油 8～12 份，鸡蛋 0～10 份，奶粉 4 份，鲜酵母 1 份，食盐 1 份，水 10～15 份）。

操作要点：

① 种子面团原料慢速搅拌 2min，中速搅拌 2min 成面团，面团温度 24℃。

② 主面团中高筋面粉、低筋面粉、糖、奶粉、鲜酵母、食盐、水等搅拌均匀，再加入种子面团，搅拌至面筋扩展，面团温度 28℃。

③ 发酵。面团分割重量 50g，中间醒发 15min。

④ 成型，表面刷蛋水后，醒发约 1h。

⑤ 炉温 200～205℃，烘焙 10～15min。

6.4 油炸面制品生产技术

6.4.1 油炸面制品分类

油炸制品加工时，将食物置于一定温度的热油中，油可以提供快速而均匀的传导热能食物表面温度迅速升高，水分汽化，表面出现一层干燥层，形成硬壳。然后，水分汽化层便向食物内部迁移，当食物表面温度升至热油的温度时，食物内部的温度慢慢趋向100℃，同时表面发生焦糖化反应及蛋白质变性，其他物质分解，产生独特的油炸香味。

油炸传热的速率取决于油温与食物内部之间的温度差和食物的导热系数。在油炸热制过程中，食物表面干燥层具有多孔结构特点，其孔隙的大小不等。油炸过程中水和水蒸气首先从这些大孔隙中析出，然后由热油取代水和水蒸气占有的空间。水分的迁出通过油膜，油膜界面层的厚度控制着传热和传质进行，它的厚度与油的黏度和流动速度有关。与热风干燥相似，脱水的推动力是食品内部水分的蒸气压之差。由于油炸时食物表层硬化成膜，食物内部水蒸气蒸发受阻，形成一定蒸气压，水蒸气穿透作用增强，致使食物快速熟化，因此油炸制品具有色泽金黄、外脆里嫩、口味干香的特点。

油炸面制品是指以面粉为主要原料经和面、醒发、成型、油炸等工艺制作的各类食品，既包括传统小吃，如天津大麻花、油炸馓子、猫耳朵等，也包括现代大工业生产的休闲食品，如干脆面、面制江米条、沙琪玛、小麻花等。油炸面制品作为一种传统的休闲食品，近年来工业化生产发展迅速，产品摆脱了传统作坊式生产所导致的含油量高、品种单一、不够健康时尚等缺陷，工业化产品多为规模化大生产，产品含油率大幅度降低，产品更健康，产品形式也越来越多样化，产品口味、产品包装越来越时尚，深受年轻消费者喜欢。

6.4.1.1 传统手工油炸面制品

① 天津大麻花。天津大麻花作为油炸面制品的典型代表，具有独特的制作工艺与风味。其选料精细，通常采用优质面粉、白砂糖、芝麻、花生等原料。在和面过程中，加入适量的水、酵母、碱面等，充分揉制，使面团光滑且富有韧性，醒发至合适程度。成型时，将面团搓成粗细均匀的长条，再通过独特的手法扭成麻花状，外观造型美观且规整，往往个头较大。油炸环节，使用优质植物油，精准控制油温在150～180℃，炸至金黄色，外皮酥脆香甜，内部柔软细腻，具有浓郁的麦香味与香甜味融合的独特风味。其精湛的制作工艺和独特口味，成为天津地区的特色美食名片，深受当地居民及游客喜爱，在全国范围内也具有较高的知名度，常作为特色礼品赠送。

② 油炸馓子。油炸馓子在多地都有其独特的制作方式，一般以面粉为主要原料，辅以盐、水、鸡蛋等。面团调制相对较硬，通过反复揉搓增加面团的筋性，然后饧面。制作时，将面团擀成薄片，切成均匀的细条，通过盘绕、拉伸等手法制成馓子的形状，其形态多样，有粗细之分、形状之别，如有的呈细如发丝的圆形长条盘绕状，有的则为较粗的扁条编织状。油炸温度较高，为180～200℃，可瞬间使馓子膨胀定型。成品口感酥脆，咸香可口，可作为零食直接食用，也是北方部分地区逢年过节、婚丧嫁娶等场合餐桌上的传统美食，搭配其他菜肴，丰富了饮食的口感层次。其在当地饮食文化中占据重要地位，承载着人们

的饮食传统与情感记忆。

6.4.1.2 现代工业化油炸面制品

① 沙琪玛。沙琪玛的工业化生产流程较为复杂精细。首先将面粉、鸡蛋、水、泡打粉等混合制成面团，经过多次醒发、擀压后，切成均匀的面条状，再通过油炸使其膨化，油炸温度为150～170℃。炸好的面条与熬制好的麦芽糖、白砂糖、葡萄糖浆等混合搅拌均匀，倒入模具成型，冷却后切块包装。其口感松软绵密，香甜可口，有浓郁的蛋香味和糖香。沙琪玛的口味也在不断创新，除了传统的原味，还推出了葡萄干、蔓越莓、坚果等多种口味和添加物的产品，满足消费者对于营养和口味多元化的需求。其包装形式多样，从散装称重到独立小包装，适应不同的销售场景，无论是作为日常零食还是节日礼品，都广受欢迎。在中式糕点类油炸面制品中，其以独特的口感和丰富的口味选择，拥有稳定的消费群体，展现了传统美食在现代工业化进程中的创新活力与市场适应性。

② 小麻花。现代工业化生产的小麻花在原料上与传统麻花类似，但在工艺和口味上有了更多创新。采用优质面粉、食用油、白砂糖、鸡蛋等原料，通过自动化和面设备保证面团质量均匀稳定，醒发后利用机械成型，制成大小一致、形状规整的小麻花坯。油炸过程中，严格控制油温在160～180℃，炸至金黄色，确保口感酥脆。口味方面，除了原味，人们还开发出了甜辣味、海苔味、烧烤味等多种新颖口味，满足不同消费者的味蕾需求。其包装设计精美时尚，多采用小包装形式，方便食用和携带，在电商平台和线下零售渠道均有良好的销售表现，成为休闲食品市场中的热门品类之一。其凭借小巧便携、口味多样、价格亲民等优势，吸引了众多年轻消费者，进一步推动了油炸面制品在现代市场的发展与变革，适应了当下消费市场对于食品便捷性、趣味性和创新性的追求趋势。

6.4.2 油条的生产工艺及制作

油条是一种物美价廉的方便食品，通常作为早餐食用，在餐饮业有一席之地。传统的油条制作，往往是街头摆一油锅，现炸现卖。部分经营者以谋利为目的，往往不考虑油脂的氧化酸败对消费者造成的危害，不及时更换新油，所以有一部分街头油条很不卫生。传统的制作方法一直使用明矾和小苏打，即“明矾法”炸制油条（碱矾盐油条），明矾是一种以硫酸铝为主要成分的复合盐类，含有大量的铝元素。科学试验证明，过量摄入铝对人体有一定的危害，因为这种含铝物如沉积在骨骼中，可使骨组织密度增加，骨质变得疏松；如沉积在大脑中，可使脑组织发生器质性改变，出现记忆力衰退甚至痴呆；沉积于皮肤，可使皮肤弹性降低，皮肤皱纹增多。尤其是老年人，多吃含铝油条更容易引起老年性痴呆。因此，世界卫生组织已于1989年正式把铝确定为食品污染物，并要求加以控制。所以，无铝膨松剂在油条上的应用具有很重要的意义。

用无铝膨松剂制的油条是在面粉中加入膨松剂、食盐和水调制成面团经炸制而成的，有的还加入了发酵粉。因为其中不使用明矾，故称它为无矾油条。该油条中不使用明矾，避免了含铝物对人体的损害，同时也具有碱矾盐油条的色泽金黄、质感膨松、饱满和酥脆的特点；而且在调制面团、面团的成型、出条和炸制等方面，都具有碱矾盐油条不可比拟的优越性。

6.4.2.1 制作工艺

“明矾法”油条的制作工艺与“无铝膨松剂法”油条的制作工艺见图 6-9。

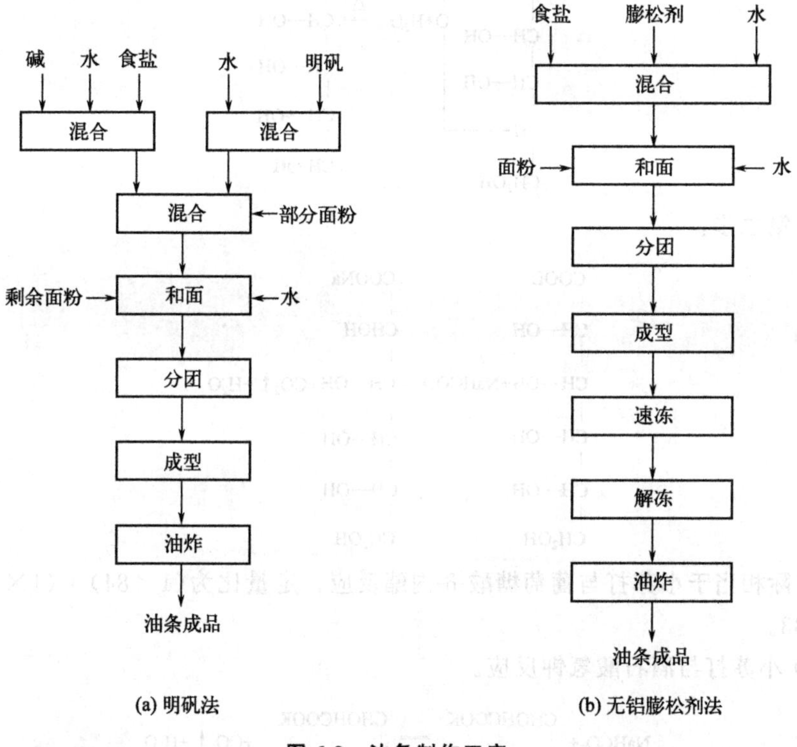

图 6-9 油条制作工序

6.4.2.2 油条的生产原理

（1）明矾法

传统配方原理传统配方制作油条主要是利用食用碱（$NaHCO_3$ 或 Na_2CO_3）与明矾相互反应产生 CO_2 气体，产生的 CO_2 气体受热膨胀使油条坯胀发，达到膨松目的。化学反应式如下：

$$2AlK(SO_4)_3 \cdot 12H_2O + 6NaHCO \xlongequal{} Al_2O_3 \cdot H_2O + K_2SO_4 + 3Na_2SO_4 + 6CO_2\uparrow + 24H_2O$$

（2）无铝膨松剂法

新型配方同样是利用可与食用碱反应产生 CO_2 气体，但本身又不含铝的一些物质按照试验确定的比例配合。下面是试验所用的几种材料单独与小苏打作用的反应原理：

①小苏打与葡萄糖酸-δ-内酯反应分两步进行。

A. 第一步：

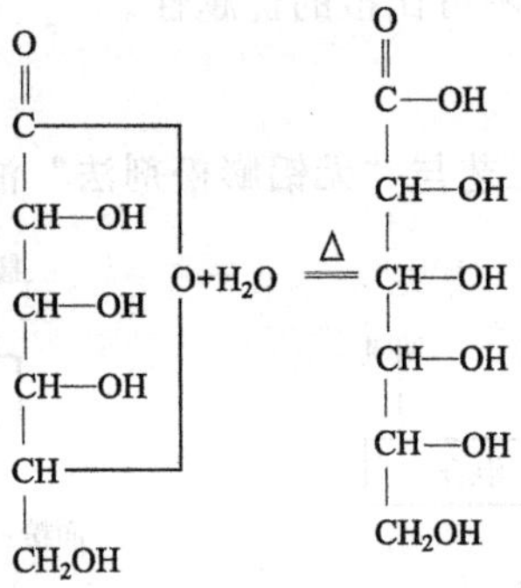

B. 第二步：

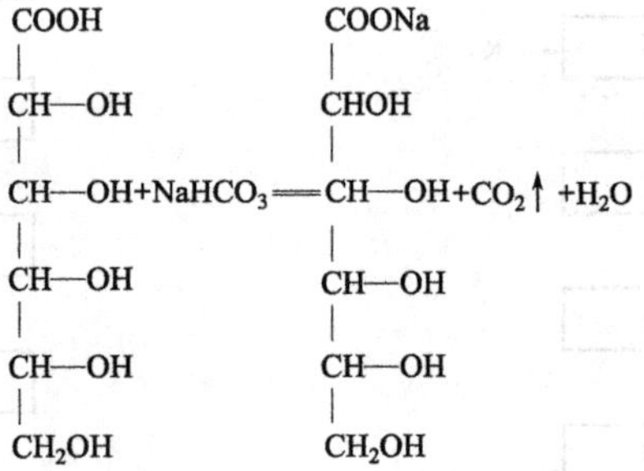

实际相当于小苏打与葡萄糖酸-δ-内酯反应，定量比为(1×84)∶(1×196)=1∶2.33。

② 小苏打与酒石酸氢钾反应。

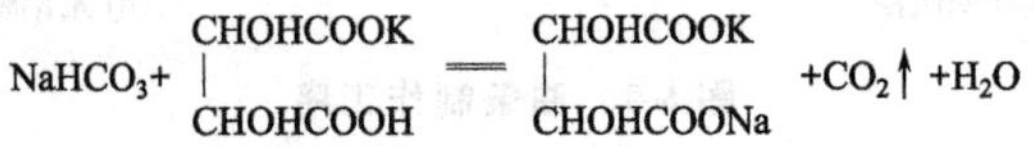

定量比为(1×84)∶(1×188)=1∶2.24。

③ 小苏打与磷酸二氢钙反应。

$$2NaHCO_3 + Ca(H_2PO_4)_2 \!=\!=\!= NaHPO_4 + CaHPO_4 + 2CO_2\uparrow + 2H_2O$$

定量比为(2×84)∶(1×232)=1∶1.38。

最优无铝膨松剂配方（质量分数）：小苏打 2.5%，葡萄糖酸-δ-内酯 2.5%，酒石酸钾 1.2%，磷酸一氢钙 2.4%，乳化剂（单甘酯）0.45%，增剂（CMC）0.5%。

6.4.2.3 “无铝膨松法”油条操作要点

① 按试验配方要求的量称取各种原料，混合于同一容器内。如有大的结团、晶块应预先研碎。

② 将温度30℃左右、质量相当面粉重65%的温水徐徐注入盛有膨松剂原料的容器内，同时加以搅拌使料融化。

③ 将融化好的膨松剂溶液均匀地加入定量称好的面粉中，调成皮色滑润的面团，然后在面团表面抹上植物油静置4h。

④ 在面案上刷一层油，再将醒好的面团拿出，摊拉成长条放于面案上，然后擀压成宽8～9cm、厚1cm的薄面带。

⑤ 把面带切成宽2.5cm左右的窄条且两两相叠。

⑥ 当锅里炸油烧热到180℃（表面温度）的温度后，即用双手轻捏切成窄条的两头，拉长到25～30cm下油锅炸制。

⑦ 待油条炸起浮上油面，要注意拨动翻转，让两面均呈金黄色，随之捞出，冷却后即可食用。

6.4.2.4 注意事项

① 油条面团的调制对油条的体积膨胀率影响很大，面团硬度要适中。加水量要根据实际要求添加，加入单甘酯和CMC后加水量要适当增加。

② 油温也是影响油条品质的另一大因素。油温过低，油条不能很好地胀发；油温太高，容易出现夹生现象，并且油温过高会影响油条的外观色泽。

③ 面团静置时间也是影响油条膨胀率的一个关键因素。时间太短，面团面筋网络没有很好地形成，会影响其持气性。

6.4.3 麻花的生产工艺及制作

麻花是中国的一种特色食品。用两三股条状的面拧在一起，油炸而成。天津以生产大麻花出名，山西稷山麻花以油酥出名，苏杭藕粉以原始工艺出名，而湖北崇阳以小麻花出名。

麻花的主要产地有天津麻花、山西稷山麻花、陕西咸阳麻花、湖北崇阳麻花、江浙苏杭麻花等。天津以生产大麻花出名，河南汝阳以纯手工传统工艺八股麻花出名，陕西咸阳以咬金大麻花出名，苏杭以手工藕粉麻花出名，而山西稷山麻花是咸的，一尺左右长（有大小几种），有普通的和油酥的，每根都多次扭转抻拉折叠而成，色香味诱人，做主食和零食都可。

麻花的制作方法分为以下步骤，其工艺流程见图6-10。

图6-10 麻花生产工艺流程

① 麻花原料：面粉、花生油、盐、水。

② 将面粉放盆中，倒入面粉400g，面粉加入45g油、5g盐，用手将面粉和

油搓匀（油多则后面难操作），搓透后加水揉成面团（面团不可太硬），盖湿布饧 20min。

③ 将饧好的面团拿出再次揉均，搓成长条切出小剂子，盖湿布再饧 10min。

④ 饧好后均匀地搓成细长条，两头向不同方向搓上劲，合并两头捏紧。

⑤ 再重复一次，做成麻花生坯。

⑥ 依次做好所有的小剂子，成麻花生坯。

⑦ 锅内放多油烧至 3 成热时下入麻花生坯（2 成热的油温变化不大用手置于油锅上面微微感觉有点热）。

6.5 常见发酵面点的制作工艺

6.5.1 蒸制类

6.5.1.1 紫薯馒头（表 6-4）

表 6-4 紫薯馒头制作工艺

工艺流程	技术要求
原料配方	面粉 300g、紫薯 2 个、牛奶 130g、白糖 70g、奶粉 10g、酵母 4g
原料处理	紫薯去皮洗净，切块后上锅蒸熟，蒸好的紫薯用勺子压成泥，放凉备用
和面	将面粉、牛奶、白糖、奶粉和酵母混合均匀，加入适量水，揉成光滑的面团
发酵	将揉好的面团盖上湿布，放置在温暖处发酵 1h，直至面团体积变为原来的两倍大。
揉面排气	发酵完成后，将面团取出，揉面排气，确保面团内部的气泡被充分排出
分割造型	取三分之一的白面团加紫薯泥揉成紫薯面团，将剩下的白面团分成小剂子，紫薯面团也分成小剂子。取一白面团擀成圆形，放入揉圆的紫薯面团，包好收口用刀子在其表面划十字
二次发酵	将造型好的馒头放入蒸锅，盖上锅盖，进行二次发酵 20min
蒸制	大火蒸 15min，关火后焖 3min 即可
注意事项	选择新鲜、优质的紫薯，以保证馒头的口感和外观；控制水量和揉面力度，避免面团过湿或过硬；发酵时间和温度要控制好，以确保馒头的蓬松度；蒸制过程中要注意火候和时间，以免影响馒头的口感和质地

6.5.1.2 奶香馒头（表 6-5）

表 6-5 奶香馒头制作工艺

工艺流程	技术要求
原料准备	面粉 500g、牛奶 265g、白糖 100g、猪油 10g、酵母 5g、泡打粉 5g、盐 1g

续表

工艺流程	技术要求
和面	面粉、酵母、泡打粉和匀，置案板上，中间扒一个窝，放入猪油、盐，用牛奶把糖调化，倒入窝中，抄成雪花状，再揉成面团，饧 5min。
整形	将饧好的面团反复揉搓光滑，擀成长方形薄片，再由内向外卷成筒状，筒要卷紧。再用刀从左至右砍成麻将形状，放入刷过油的蒸笼里，盖上笼盖发酵。
蒸制	待完全发起后，旺火沸水蒸 8min 左右取出即可。
注意事项	酵母、泡打粉要先与面粉和匀，糖先用水溶化；搓条同时不宜撒粉过多；放生坯在蒸笼里时注意馒头间距离，太近蒸熟后会粘在一起

6.5.1.3 双色馒头卷（表 6-6）

表 6-6 双色馒头卷制作工艺

工艺流程	技术要求
原料准备	中筋面粉 500g、速溶酵母 3.5g、细砂糖 35g、泡打粉 3g、色拉油 20g、胡萝卜汁 130g、菠菜汁 130g
原料处理	将面粉、细砂糖、泡打粉、色拉油和酵母混合均匀，加入适量水，揉成光滑的面团，分别加入胡萝卜汁、菠菜汁，发酵得到发面面团、胡萝卜汁面团、菠菜汁面团
整形	将发面面团分成两份均等的面团，分别擀成长条的面皮；胡萝卜汁面团及菠菜汁面团也分别擀成长条的面皮。
分割造型	分别将胡萝卜汁面皮及装菜汁面皮各置于白面皮上，卷成长条状，并以每个 20g 为分量切成块状，分别做成螺旋形馒头
蒸制	将做好的螺旋形馒头放入水已煮沸的蒸笼，用小火蒸 8～10min 即可
注意事项	酵母、泡打粉要先与面粉和匀，糖先用水溶化；卷制时要尽量紧实，避免蒸制后层次松散

6.5.1.4 八宝馒头（表 6-7）

此品是由北宋时期的“太学馒头”逐渐改制而成，风味独特，素雅大方，果味四溢，甘甜香浓，别有风味。

表 6-7 八宝馒头制作工艺

工艺流程	技术要求
原料配方	主料：精粉 400g、老面 150g、碱面 5g 辅料：核桃仁 50g、葡萄干 25g、糖青梅 25g、冬瓜脯 25g、橘饼 25g、红枣 25g、糖马蹄 50g、白糖 150g、熟面 100g、果味香精 2 滴
原料处理	核桃仁用温水闷一下去皮，剁成碎末粒；糖青梅、红枣涨发后洗净，切成丝；糖马蹄切成小筷子丁；冬瓜脯、橘饼放在一起剁成米粒状；葡萄干用温水稍微浸泡一下，待其松软后一破为二(或剁碎)。然后将以上原料放在一起，对入白糖、熟面、果味香精掺匀，拌成八宝馅
和面	精粉、老面(温水 澥开)放入盆内，加清水约 200g 抄匀，和成面块，醒 30min。面发酵后兑入碱水，盘柔均匀

续表

工艺流程	技术要求
分割整形	将和好的面搓成长条，分成 20 个面剂，擀成圆皮（边薄中间厚），包入 25g 八宝馅，将口捏严（注意跑糖）
蒸制	剂口向下上笼蒸熟，下笼后，在馒头顶端印上一个红色的八角形花纹即成
注意事项	将包好的八宝馒头生坯放入蒸笼，馒头之间要间隔一定距离，防止蒸制过程中相互粘连

6.5.2 煮制类

6.5.2.1 玉米发酵挂面（表 6-8）

表 6-8 玉米发酵挂面制作工艺

加工程序	技术要求
原料配方	玉米粉 40g、高筋小麦粉 60g、酵母粉 1%、温水（35℃）50～55g、盐 0.5g
操作要领	将玉米粉与小麦粉混合均匀，温水溶解酵母后缓慢加入，揉成光滑面团，醒发 10min。面团置于 30℃、湿度 75%环境中发酵 1.5～2h，体积膨胀至 1.5 倍。发酵后反复揉搓排出气泡，增强面筋网络。擀成薄片后切条，或使用压面机成型。面条静置 15min 后再煮制。
注意事项	玉米粉比例不宜超过 50%，否则面条易断 发酵温度须严格控制在 28～32℃，避免酸味过重 煮制时水沸后下面，点冷水两次防粘连

6.5.2.2 荞麦酸浆发酵面条（表 6-9）

表 6-9 荞麦酸浆发酵面条制作工艺

加工程序	技术要求
原料配方	荞麦粉 30g、中筋小麦粉 70g、老面酸浆 15g、温水 40g、食用碱 0.3g
操作要领	老面酸浆与温水混合静置 30min 激活菌群；混合荞麦粉与小麦粉，加入活化酸浆揉面，35℃发酵 3h 至蜂窝状；发酵后加入碱水中和酸味，揉匀后醒面 20min；用压面机反复压制至光滑，切条后晾 10min 定型。
注意事项	荞麦粉需过筛去除粗粒 酸浆发酵易产酸，需用碱精准调节至 pH 6.0～6.5 煮面时须宽水大火，避免荞麦面条粘连

6.5.2.3 高粱-黑米复合发酵面条（表 6-10）

表 6-10 高粱-黑米复合发酵面条制作工艺

加工程序	技术要求
原料配方	高粱粉 25g、黑米粉 15g、高筋小麦粉 60g、酵母＋乳酸菌（1∶1）1.2g、红糖 2g、温水 48g

加工程序	技术要求
操作要领	红糖溶于温水，加入酵母和乳酸菌活化 10min；杂粮粉与小麦粉混合，倒入菌液揉至面团光滑，醒发 20min；第一阶段，28℃发酵 1h；第二阶段，冷藏发酵(4℃)12h 增加风味；面团回温后压面，切条后喷洒淀粉防粘。
注意事项	黑米粉需提前焙炒去除生味 冷藏发酵需密封防失水 杂粮粉总占比不超过 40%，否则影响延展性

6.5.3 烤制类

6.5.3.1 奶黄面包（表 6-11）

表 6-11 奶黄包制作工艺

加工程序	技术要求
原料配方	内馅：鸡蛋 60g、淀粉 16g、吉士粉 10g、奶粉 20g、清水 45g、细砂糖 4g、黄油 16g 面团：高筋面粉 150g、低筋面粉 50g、酵母粉 1/2 小匙、奶粉 2 大匙、细砂糖 30g、盐 1/4 小匙、鸡蛋 30g、清水 40g、汤种 95g、黄油 25g 汤种：高筋面粉 25g、低筋面粉 100g
操作要领	内馅制作：①黄油隔水化成液态，加糖打散、加入蛋液搅匀、再倒入清水搅匀。②淀粉、吉士粉、奶粉混合，倒入黄油调成面糊。③锅内温水小火，将面糊加热至糊状，拌好内馅 面包制作：①按照中种法制作好基础发酵面团。②称取发酵面团总量，分割成 6 等份，并滚圆，盖膜松弛 10min。③将面团成圆饼形、包入内馅，向上收拢，把收口黏紧。烤盘刷油放入面团进行第二次发酵，直至膨大至 2 倍。面包坏表面刷上薄薄全蛋液，撒上少许白芝麻，即可入烤
焙烤温标	烤箱于 200℃预热，以上下火 180℃，中层烤 18～20min
注意事项	黄油打发加糖及各种粉料后，调成面糊要均匀，否则影响包馅操作 擀团包馅收拢收口要黏紧，防止内馅外流

6.5.3.2 紫薯面包（表 6-12）

表 6-12 紫薯面包制作工艺

加工程序	技术要求
原料配方	高筋面粉 250g、水 100g、鸡蛋约 50g、奶粉 10g、酵母 3g、盐 2g、糖 25g、黄油 20g、紫薯 100g
操作要领	将除了盐和黄油以外的所有材料放入和面机中，开启和面功能；形成面团后，加入黄油和盐，打出手套膜，然后开始醒面，设置醒面时间为 40min；将面团排气，分割成四份，每份揉圆并松弛 20min；一层面皮一层紫薯馅重复三次，边缘捏紧，擀大一些，中间用杯子扣出圆形，再分成 16 份。拿起两条面团，各翻转两次，捏紧，形成花纹；放在温暖处发酵至 1.5 倍大，撒少许干粉，放入预热好的烤箱中，以 160 度烘烤 30min

续表

加工程序	技术要求
焙烤温标	烤箱于200℃预热，以上下火180℃，中层烤18～20min
注意事项	在面团擀成长方形后，均匀涂抹馅料，卷起来并捏紧封口，可以帮助防止烘烤过程中馅料流出 烘烤前在面团表面刷上适量的鸡蛋液，可以增加面包的光泽和口感

6.5.4 油炸类

6.5.4.1 油饼（表6-13）

表6-13 油饼制作工艺

加工程序	技术要求
原料配方	高筋面粉500g、温水280g、酵母粉6g、盐5g、香豆粉（或姜黄粉）3g、植物油（炸制用）适量
操作要领	面粉＋盐＋香豆粉混合，酵母温水化开和面，发酵1.5h至蜂窝状；面团分80g剂子，擀成0.5cm厚圆饼，中心戳孔（防鼓包）；盖布醒发30min；油温180℃，炸至两面鼓起，捞出沥油
注意事项	戳孔深度需穿透面饼，否则易炸裂 油香需趁热食用，冷却后复炸可恢复酥脆 香豆粉可用孜然粉替代增香

6.5.4.2 发酵开口笑（表6-14）

表6-14 发酵开口笑制作工艺

加工程序	技术要求
原料配方	低筋面粉400g、鸡蛋2个、酵母粉3g、白糖60g、温水50g、芝麻（裹面用）适量、泡打粉2g
操作要领	酵母＋温水＋白糖激活，加鸡蛋搅匀，倒入面粉揉成团，28℃发酵1h；面团搓条切小剂子（约10g/个），搓圆后蘸水滚芝麻；芝麻球静置20min膨胀；冷油下锅，小火升温至160℃，炸至自然裂口、色泽金黄
注意事项	必须冷油下锅，升温过快会导致不裂口 低筋面粉使口感更酥松 可加1g小苏打替代泡打粉增脆

6.5.4.3 发酵红糖炸糕（表6-15）

表6-15 发酵红糖炸糕制作工艺

加工程序	技术要求
原料配方	面团：糯米粉300g、普通面粉100g、酵母粉4g、温水200g 红糖馅：红糖80g＋熟面粉20g＋芝麻15g 油（炸制用）：适量

续表

加工程序	技术要求
操作要领	糯米粉＋面粉混合，酵母用温水化开后倒入，揉团发酵 40min；面团分 30g 剂子，包入红糖馅（约 8g/个），压成圆饼；盖湿布二次醒发 20min；油温 150℃下锅，炸至浮起后翻面，升温至 180℃复炸 10s 上色
注意事项	糯米粉与面粉比例 3∶1 防开裂 红糖馅须加熟面粉防爆浆 初炸低温定型，复炸高温酥脆

6.5.4.4 软麻花（表 6-16）

表 6-16 软麻花制作工艺

加工程序	技术要求
原料配方	中筋面粉 500g、温水（35℃）240～260g、酵母粉 5g、鸡蛋约 50g、白糖 50g、盐 3g、植物油（和面用）20g
操作要领	温水＋酵母＋白糖搅拌至溶解，静置 5min 出泡沫；面粉中加盐，倒入酵母水、鸡蛋、植物油，揉成光滑面团；盖保鲜膜，30℃发酵 1～1.5h 至 2 倍大；面团排气后搓长条，切成剂子，搓细条后对折拧成麻花状；麻花胚盖湿布醒发 15min；油温 160～170℃，炸至两面金黄，控油捞出
注意事项	发酵不足会导致麻花发硬，过度发酵易吸油 油温过高易外焦内生，需全程中小火 可添加 5g 泡打粉提升酥松度（与酵母分开溶解）

7 小麦制品仓储管理

7.1 小麦制品的仓储管理概述

7.1.1 仓储概述

7.1.1.1 仓储的概念与性质

(1) 仓储的概念

“仓”也称仓库，是存放、保管、储存物品的建筑物或场所的总称，可以是房屋建筑、大型容器、洞穴或其他特定的场地，具有存放和保护物品的功能；“储”表示收存以备使用，具有收存、保管、交付使用的意思。“仓储”则为利用仓库存放、储存未使用物品的行为。简言之，仓储就是在特定的场所储存物品的行为。

仓储是由于社会产品出现剩余和产品流通的需要而形成的。当产品不能被即时消耗掉，需要专门的场所堆放时，就产生了静态仓储。而将物品存入仓库以及对存放在仓库里的物品进行保管、控制、提供使用等管理，就形成了动态仓储。可以说，仓储是对有形物品提供存放场所、物品存取过程和对存放物品的控制、保管的过程。仓储在整个物流过程中具有相当重要的作用，马克思在《资本论》中说道：“没有商品的储存就没有商品的流通。”有了商品的储存，社会再生产过程中的物流过程才能正常进行。

(2) 仓储的性质

① 仓储是物品生产过程的持续。这是因为仓储活动是社会再生产过程不可缺少的环节，物品从脱离生产到进入消费，一般要经过运输和储存，所以，仓储是物品生产过程的持续。

② 仓储提升了物品的价值。第一，仓储活动和其他物质生产活动一样具有生产力三要素（劳动力——仓储作业人员；劳动资料——仓储设备与设施；劳动对象——储存保管的物资），生产力创造物品及其价值。第二，仓储活动中的有些环节提升了物品的价值，例如加工、包装和拣选等活动就提升了物品的价值。第三，仓储中劳务的消耗、资产的消耗与磨损，即仓储发生的费用要转移到库存物品中去，构成其价值增量的一部分，从而导致库存物品价值的增加。

③ 仓储活动发生在仓库这个特定的场所。

④ 仓储的对象既可以是生产资料，也可以是生活资料，但必须是实物动产。

⑤ 仓储活动所消耗的物化劳动和活劳动一般不改变劳动对象的功能、性质和使用价值，只是保持和延续其使用价值。

7.1.1.2 仓储的功能

仓储主要是对流通中的物品进行检验、保管、加工、集散和转换运输方式，并为其解决供需之间和不同运输方式之间的矛盾，提供场所价值和时间效益，使物品的所有权和使用价值得到保护，加速物品流转，提高物流效率和质量，促进社会效益的提高。概括起来，仓储的功能可以分为如下几个方面。

(1) 调节功能

仓储在物流中起着“蓄水池”的作用。一方面仓储可以调节生产与消费的关系，如销售与消费的关系，使其在时间上和空间上得到协调，保证社会再生产的顺利进行。另一方面，仓储还可以实现对运输的调节。因为物品从生产地向销售地流转，主要依靠运输完成，但不同的运输方式在运向、运程、运量及运输线路和运输时间上存在着差距。一种运输方式一般不能直达目的地，需要在中途改变运输方式、运输线路、运输规模、运输方式和运输工具，以及协调运输时间和完成产品倒装、转运、分装、集装等物流作业，还需要在物品运输的中途停留，即仓储。

(2) 检验功能

在物流过程中，为了保障物品的数量和质量准确无误，明确事故责任，维护各方的经济利益，要求必须对物品及有关事项进行严格的检验，以满足生产、运输、销售以及消费者的要求，仓储为组织检验提供了场地和条件。

(3) 集散功能

仓储把生产单位的物品汇集起来，形成规模，然后根据需要分散发送到消费地区。通过一集一散，衔接产需，均衡运输，提高了物流速度。

(4) 加工功能

保管物在保管期间，保管人根据存货人或客户的要求，对保管物的外观、形状、成分构成及尺度等进行加工，使保管物发生所期望的变化。

(5) 配送功能

根据客户的需要，对物品进行分拣、组配、包装和配发等作业，并将配好的物品送货上门。仓储配送功能是仓储保管功能的外延，提高了仓储的社会服务效能，也就是要确保仓储商品的安全，最大限度地保持商品在仓储中的使用价值，减少保管损失。配送功能可概括为完善了输送及整个物流系统；提高了末端物流的经济效益；通过集中库存，可使企业实现最低库存或零库存；简化手续，方便用户；提高供应保证程度。

7.1.1.3 仓储活动的意义

仓储活动是由物品的生产和商品之间的客观矛盾决定的。商品在从生产领域向消费领域转移过程中，一般都要经过仓储阶段，这主要是由商品生产和消费在时间上、空间上以及品种和数量等方面的不同步所引起的。也正是在这些不同步中，仓储活动发挥了重要的作用。

（1）搞好仓储活动是社会再生产过程顺利进行的必要条件

商品由生产地向消费地转移，是依靠仓储活动来实现的。可见，仓储活动之所以有意义，是因为生产与消费在空间、时间以及品种、数量等方面存在矛盾。尤其是在现代化大生产条件下，专业化程度不断提高，社会分工越来越细，随着生产的发展，这些矛盾又势必进一步扩大。因此，在仓储活动中，不能采取简单地把商品生产和消费直接联系起来的办法，而需要对复杂的仓储活动进行精心组织，拓展各部门、各生产单位之间相互交换产品的深度和广度，在流通过程中不断进行商品品种地组合，在商品数量上不断加以集散，在地域和时间上进行安排。通过搞活流通，搞好仓储活动，发挥仓储活动在生产与消费中的纽带和桥梁作用，借以克服众多的相互分离又相互联系的生产者之间、生产者与消费者之间在生产与消费地理上的分离，衔接生产与消费时间上的不一致以及调节生产与消费在方式上的差异，在建立一定的商品资源的基础上，保证社会再生产的顺利进行。具体来讲，仓储活动主要从以下几个方面保证社会再生产过程的顺利进行。

① 克服生产与消费地理上的分离。从空间方面来说，生产与消费的矛盾主要体现在地理上的分离。在自给自足的自然经济里，生产者同时就是其自身产品的消费者，其产品仅供本人及其家庭消费。随着商品生产的发展，商品的生产者逐渐与消费者分离。生产的产品不再是为了本人的消费，而是为了满足其他人的消费需要。随着交换范围扩大，生产与消费在空间上的矛盾也逐渐扩大。在社会化大生产的条件下，随着生产的发展，这种矛盾进一步扩大，这是由生产的客观规律所决定的。

② 衔接生产与消费时间上的背离。商品的生产与消费之间有一定的时间间隔。在绝大多数情况下，今天生产的商品不可能马上全部卖掉，这就需要商品的仓储。有的商品是季节性生产，常年消费；有的商品是常年生产，季节消费；还有的商品是常年生产、常年消费。无论何种情况，在商品从生产过程进入消费过程之间，都存在一定的时间间隔，在这段时间间隔内，形成了商品的暂时停滞。

③ 调节生产与消费方式上的差别。生产与消费的矛盾还表现在商品的品种与数量方面。专业化生产将生产的商品品种限制在比较窄的范围内。生产的专业化程度越高，工厂生产的产品品种就越少，但是消费者要求更广泛的品种和更多样化的商品。另外，生产越集中，生产的规模越大，生产出来的商品品种却较少。在生产方面，每个工厂生产出来的产品品种比较单一，但数量很大；而在消费方面，每个消费者需要广泛的品种和较少的数量。因此，整个流通过程就要求不断在众多企业所提供的品种上加以组合，在数量上不断加以分散。

商品的仓储活动不是简单地把生产和消费直接联系起来，而是一个复杂的组织过程，在商品的品种和数量上不断进行调整。只有经过一系列调整之后，才能使遍及全国各地的零售商店向消费者提供品种、规格、花色齐全的商品。

(2) 搞好仓储活动是合理使用并保持商品原有使用价值的重要手段

任何一种商品，在它生产出来以后至消费前，其本身的性质、所处的条件，以及自然的、社会的、经济的和技术的原因，都可能使其运用价值在数量上减少，在质量上降低，如果不创造必要的条件，就不可避免地会受到损害。因此，必须进行科学管理，加强对商品的养护，搞好仓储活动，以保护好处于暂时停滞状态的商品的使用价值。同时，在商品仓储过程中，努力做到流向合理，加快流转速度，注意商品的合理分配，合理供料，不断提高工作效率，使有限的商品能及时发挥最大的效用。

(3) 搞好仓储活动，是加快资金周转、节约流通费用、降低物流成本、提高经济效益的有效途径

仓储活动是商品在社会大生产过程中必然会出现的一种形态，这对整个社会再生产，对国民经济各部门、各行业的生产经营活动的顺利进行，有着巨大的作用。然而在仓储活动中，为了保证物资的使用价值在时空上顺利转移，必然要消耗一定的物化劳动和活劳动。尽管这些合理费用的支出是必要的，但由于它不能创造使用价值，因而，在保证物资使用价值得到有效的保护，有利于社会再生产顺利进行的前提下，费用支出得越少越好。那么，搞好仓储活动，就可以减少在仓储过程中的物质消耗和劳动消耗，就可以加速商品的流通和资金的周转，从而节省费用支出，降低物流成本，开拓“第三利润源泉”，提高物流社会效益和企业的经济效益。

(4) 物资仓储活动是物资供销管理工作的重要组成部分

物资仓储活动在物资供销管理工作中有特殊的地位和重要的作用。从物资供销管理工作的全过程来看，其包括供需预测、计划分配、市场采购、订购衔接、货运组织、储存保管、维护保养、配送发料、用料管理、销售发运、货款结算以及用户服务等主要环节。各主要环节之间相互依存、相互影响，关系极为密切。其中许多环节属于仓储活动，与属于“商流”活动的其他环节相比，所消耗和占用的人力、物力、财力多，受自然的、社会的各种因素影响大，组织管理工作有

很强的经济性，既涉及政治经济学、物理、化学、机械、建筑和气象等方面的知识，又涉及物流的专业知识和专业技能，与物资经济管理专业的其他课程，例如产品学、物资经济学、物资计划与供销管理、物资统计学和会计学等都有直接的密切关系。因此，仓储活动直接影响到物资管理工作的质量，也直接关系到物资从实物形态上确定分配供销的经济关系的实现。

7.1.2 仓储管理

7.1.2.1 仓储管理的含义

简单地说，仓储管理就是指对仓库及仓库内储存的商品进行的管理，是仓储企业为了充分利用所拥有的仓储资源来提供仓储服务所进行的计划、组织、控制和协调的活动。具体来说，仓储管理包括仓储资源的获得、仓储管理、经营决策、商务管理、作业管理、仓储保管、安全管理、劳动人事管理以及财务管理等一系列管理工作。

仓储管理是经济管理与应用技术相结合的交叉学科。仓储管理将仓储领域内的生产力、生产关系以及相应的上层建筑中的有关问题进行综合研究，以探讨仓储管理的规律，并不断促进仓储管理的科学化和现代化。

仓储管理的内涵随其在社会经济活动中的作用不断扩大而变化。仓储管理从单纯意义上的对货物存储管理发展成物流过程中的中心环节，其功能已不再是单纯的货物存储，而是兼有包装、分拣、流通加工以及简单装配等增值服务功能。因此，广义的仓储管理应包括对这些工作的管理。

7.1.2.2 仓储管理的任务

仓储管理的基本任务就是满足客户需求，科学合理地做好商品的入库、保管保养和出库等工作，为客户创造价值，为企业创造利润。

（1）利用市场经济的手段获得最大的仓储资源的配置

市场经济最主要的功能是通过市场的供求关系调节经济资源的配置。市场配置资源是以实现利润最大化为原则的，这也是企业经营的目的。配置仓储资源也应以所配置的资源能获得最大利益为原则。仓储管理需要营造本仓储企业的局部效益空间，吸引资源的进入。其具体任务包括：根据市场供求关系确定仓储建设，依据竞争优势选择仓储地址，以生产差别产品决定仓储专业化分工和确定仓储功能，以所确定的功能决定仓储布局，根据设备利用率决定设备配置等。

（2）以高效为原则组织管理机构

管理机构是开展有效仓储管理的基本条件，是一切管理活动的保证和依托。生产要素，特别是人的要素，只有在良好组织的基础上才能发挥出作用，实现整体的力量。仓储管理机构的确定需围绕着仓储经营的目标，以实现仓储经营的最终目标为原则，依据管理幅度和因事设岗、责权对等的原则，建立结构简单、分工明确、相互合作和促进的管理机构和管理队伍。

仓储管理机构因仓储机构的属性不同，分为独立仓储企业的管理组织、附属仓储管理机构的管理组织。一般都设有：内部行政管理机构、商务、库场管理、机械设备管理、安全保卫、财务以及其他必要的结构。仓储内部大都采用直线职能管理制度或者事业部制的管理组织机构。随着计算机应用的普及，仓储管理机构趋向于少层次的扁平化结构发展。

(3) 以高效率、低成本为原则组织仓储生产

仓储包括货物入库、堆存、出仓的作业，仓储物验收、理货交接，在仓储期间的保管照料、质量维护、安全防护等。仓储企业应遵循高效、低耗的原则，充分利用机械设备、先进的保管技术、有效的管理手段，实现仓储快进、快出，提高仓库利用率，降低成本，不发生差、损、错事故，保持连续、稳定的生产。仓储管理的中心工作就是开展高效率、低成本的仓储生产管理，充分配合客户的生产和经营。

(4) 以不断满足社会需求为原则开展商务活动

商务工作是仓储对外的经济联系，包括市场定位、市场营销、交易和合同关系、客户服务以及争议处理等。仓储商务工作是经营仓储生存和发展的关键工作，是经营收入和仓储资源的充分利用的保证。从功能上来说，商务管理是为了实现收益最大化，但是作为社会主义的仓储管理，必须遵循不断满足社会生产和人民生活需要的原则，最大限度地提供仓储服务。满足市场需要包括数量和质量两个方面。仓储管理者还要不断掌握市场的变化发展，不断创新，提供适合经济发展的仓储产品。

(5) 以优质服务、讲信用树立企业形象

企业形象是指企业展现在社会公众面前的各种感性印象和总体评价的整合，包括企业及其产品的知名度、社会的认可度、美誉度、客户的忠诚度等方面。企业形象是企业的无形财富，良好的企业形象能促进产品的销售，也为企业的发展提供良好的社会环境。作为服务行业的仓储企业，其面向的对象主要是生产、流通中的经营者，其企业形象的树立主要通过服务质量、产品质量、诚信和友好合作来获得，并通过一定的宣传手段在潜在客户中推广。在现代物流管理中，对服务质量的高标准要求、对合作伙伴的充分信任促使仓储企业建立良好的企业形象。具有良好形象的仓储企业才能在物流行业中占有一席之地，适应现代物流的发展。

(6) 通过制度化、科学化的先进手段不断提高管理水平

任何企业的管理都不可能一成不变，都需要随着形势的发展不断发展。仓储企业的管理也要根据仓储企业的经营目的、社会需求的变化而改变。管理也不可能一步到位，一开始就设计出一整套完善的管理制度实施于企业，这不仅教条，而且不可行。仓储企业的管理也要从简单管理到复杂管理，在管理过程中不断补

充、修正、提高、完善，实行动态的仓储管理。

仓储管理的动态化和管理变革，既可以促进管理水平的提高，提高仓储效益，也可能因为脱离实际，不符合人们的思维习惯或者形而上学，使管理的变革失败，甚至趋于倒退，不利于仓储的发展。因此仓储管理的变革需要有制度性的变革管理，通过科学论证，广泛吸取先进的管理经验，针对本企业的客观实际进行设计。

（7）从技术领域到精神领域提高员工素质

没有高素质的员工队伍，就没有优秀的企业。企业的一切行为都是人的行为，是每一个员工履行职责的行为表现，员工的精神面貌体现了企业的形象和企业文化。仓储管理的一项重要工作就是不断提高员工素质，根据企业形象建设的需要加强对员工的约束和激励。员工的素质包括技术素质和精神素质。通过不断的、系统的培训和严格的考核，保证每个员工熟练掌握其从事的劳动岗位应知、应会的操作以及管理技术和理论知识，且要求精益求精，跟上技术和知识的发展，保持不断更新；明白岗位的工作制度、操作规程；明确岗位所承担的责任。

良好的精神面貌来自企业和谐的气氛、有效的激励、对劳动成果的肯定以及有针对性开展的精神文明教育。在仓储管理中重视员工的地位，而不能将员工仅仅看作生产工具、一种等价交换的生产要素。在信赖中约束，在激励中规范，使员工人尽其才，既劳有所得，又有人格被尊重的感受，这样才能形成热爱企业、自觉奉献、积极向上的精神面貌。

7.1.2.3 仓储管理的基本原则

（1）效率原则

效率反映了一定劳动要素投入后产品产出量的多少。只有较少的劳动要素投入和较高的产品产出量才能实现高效率。高效率是现代生产的基本要求，高效率意味着产出量大，劳动要素利用率高。仓储的效率表现在仓库利用率、货物周转率、进出库时间以及装卸车时间等指标上，体现出“快进、快出、多存储、保管好”的高效率仓储。

仓储生产管理的核心就是效率管理，是以最少的劳动量的投入获得最大的产品产出的管理。效率是仓储其他管理的基础，高效率的实现是管理艺术的体现。仓储管理要通过准确核算，科学组织，妥善安排场所和空间，实现设备与人员、人员与人员、设备与设备、部门与部门之间的合理配置与默契配合，使生产作业过程有条不紊地进行。高效率还需要有效管理的保证，包括现场的组织调度，标准化、制度化的操作管理，严格的质量责任制的约束。

（2）经济效益、社会效益与生态效益相统一的原则

企业生产经营的目的是追求利润最大化，这是经济学的基本假设条件之一，也是社会现实的反映。利润是经济效益的表现，实现利润最大化则需要做到经营

收入最大化或经营成本最小化。作为市场经营活动主体的仓储企业，应该围绕着获得最大经济效益的目的进行组织和经营。同时，仓储企业也需要承担一定的社会责任，履行治理污染与环境保护、维护社会安定的义务，满足创建和谐社会所不断增长的物质文化与精神文化的需要，实现生产经营的综合效益最大化，实现仓储企业与社区的和谐发展，实现仓储企业与国民经济、行业经济和地区经济的同步可持续发展。

(3) 服务的原则

服务是贯穿于仓储活动中的一条主线，仓储的定位、具体操作、对储存货物的控制等，都要围绕着服务这一主线进行。仓储服务管理包括直接的服务管理和以服务为原则的生产管理。仓储管理要在改善服务、提高服务质量上狠下功夫。

仓储的服务水平与经营成本有着密切的相关性。服务好，成本高，收费就高；反之亦然。合理的仓储服务管理就是要在仓储经营成本和服务水平之间寻求最佳区域并且保持相互间的平衡。

7.1.2.4 企业仓储管理的具体要求

7.1.3 仓储在现代物流管理中的地位与作用

现代物流管理是从原材料的采购、产品生产到产品销售过程的实物流的统一管理，是促进产品销售和降低物流成本的管理。物流过程需要经过众多的环节，其中仓储过程是最为重要的环节，也是必不可少的环节。仓储从传统的物资存储、流通中心，发展到成为物流节点，作为物流管理的核心环节而存在并发挥着协调整体物流的作用。

仓储是物流体系中唯一的静态环节，因此被称为时速为零的运输。仓储的功能对于整个物流体系来说既有缓冲与调节作用，也有创值与增效的功能。

7.1.3.1 现代物流中仓储的必要性

(1) 降低运输和生产成本

仓储及相关的库存会增加费用，但也可能提高运输和生产效率，降低运输和生产成本。特别是在需求不确定的情况下，企业储备一定量的库存可以避免产出水平大幅度波动造成的生产忙闲不均现象，从而避免常常改变生产计划的情况出现，生产成本也可能会因此下降；同时，也可以通过储备实现更大、更经济的批量运输，降低运输成本。

(2) 调节供求

某些商品的生产具有季节性，但需求是连续不断的，因此需要商品的仓储活动。例如，对大米和水果罐头的储存就是为了在农作物和水果的非生长季节供应市场。

相反，一些商品的季节性很强，例如空调，如果使供求完全相符势必造成过高的生产成本，因此可通过储存来满足较短的热销季节的旺盛需求，同时也能实现全年的稳定生产，降低生产成本。

还有一些商品的市场价格波动非常大，如铜、钢材、石油等，当价格上的节省可以抵消仓储的成本时，企业可以提前购买，这时便需要进行仓储。

(3) 生产的需要

仓储可以被看作生产过程的一部分。有些商品（如奶酪、葡萄酒和白酒等）在制造过程中，需要储存一段时间使其变陈。仓库不仅在这一阶段储存产品，对于那些需要纳税的商品来讲，仓库还可以在出售前保护产品或对产品"保税"。利用这些方法，企业得以将纳税时间推迟到产品售出之后。

(4) 营销的需要

将产品近距离储存可以缩短运送时间，快速响应客户的需求，提高服务质量，增加销售量。在市场竞争日趋激烈的今天，仓储常用来增加产品这方面的价值。

7.1.3.2 仓储在物流中的作用

(1) 整合运输和配载

运输的平均费用会随着运量的增大而减少，因此尽可能大批量地运输是节省运输费用最直接的手段。将不断生产的产品集中成大批量进行运输，或者将多个供货商所提供的产品整合后进行运输等作业就需要通过仓储来实现。整合可实现大批量运输，轻重搭配还可以实现充分利用交通工具的运输空间的目的。整合服务可以由多个厂商共同使用，以减少仓储和运输成本。在运输整合中还可以对商品进行成组、托盘化等作业，使运输作业效率提高。

运输企业也可以通过整合众多小批量托运的货物，进行运输配载，以充分利用运输工具，降低运输成本。

(2) 分拣和组合产品

对于通过整合运达消费地的商品，需要在仓库里根据流出时间、流出去向的不同进行分类，分别配载不同的运输工具，配送到不同的目的地。

仓储的整合作用还适用于在不同产地生产的系列商品，将商品通过仓库加以整合，再提供给销售商。生产商要求分散的供货商把众多的零配件送到指定的仓库，由仓库进行虚拟装配组合，再送到生产线上进行装配。仓储的整合还包括将众多小批量的商品整合成大的运输单元，从而降低运输成本。

(3) 流通加工

流通加工是将商品加工工序从生产环节转移到物流环节中进行。由于仓储中商品处于停滞状态，因此在仓储中进行流通加工，既不影响商品的流通速度，又能及时满足市场不同客户的需要和消费变化的需要。流通加工包括包装、装潢、贴标签、上色、组装、定量以及成型等。

虽然流通加工通常比在生产地加工成本更高，但能够及时满足销售的要求，促进销售，还能降低整体物流成本。

（4）平衡生产和保证供货

很大一部分商品具有季节性销售的特性，在销售高峰前才组织大批生产显然不经济，而且根本不可能实现。通过一段持续的生产时间，将商品通过仓储的方式储存，在销售旺季集中向市场供货，并通过仓储点的妥善分布实现向所有市场的及时供货。也有部分集中生产而常年销售的商品，需要通过仓储的方式向市场提供稳定的货源。仓储可说是物流中的时间控制开关，通过仓储的时间调整，可以使商品按市场需求的节奏进行流动，满足生产与销售的需要。

对于一般的商品、生产原材料而言，适量地进行安全储备是保证生产稳定进行和促进销售的主要手段，也是应对偶发事件所造成破坏的主要手段，如交通堵塞、意外事故等。

（5）存货控制

除了大型的在现场装配的建筑设备外，绝大多数普通商品很难达到零库存，但存货就意味着停止运转资金，成本、保管费用也会随之上升，并会产生耗损、浪费等风险，因此控制存货、降低成本是物流管理的重要内容之一。存货控制就是对仓储中的商品存量进行控制，并且是对整个供应链仓储存量的控制。仓储存货控制包括存量控制、仓储点的安排、补充控制、出货安排等工作。

7.2 小麦制品的仓库

7.2.1 仓库的概念

在古代，由于囤积野果和粮食的需要，出现了“仓”的概念；由于打仗时需要存放兵器而出现了“库”的概念。之后，这两个表示存储功能的概念逐渐融合在一起形成了“仓库”一词。

在日常生活中，很多物品实际上都发挥了类似于仓库的作用，例如存放食品的冰箱、放置衣物的橱柜，甚至于小小的文具盒都相当于一个“仓库”。

仓库指的是用来保管、存储物品的建筑物和场所的总称，是按计划用来保管物品（包括原材料、零部件、在制品和产成品等各种生产资料、生活资料），并对其数量或价值进行登记，提供有关存储物品的信息以供管理决策的场所，也是物流过程中的一个空间或一块面积，甚至包括水面。

仓库作为连接生产者和消费者的纽带，是物流系统的一个中心环节，是物流网络的节点。现代的仓库已由过去单纯地作为“存储、保管商品的场所”，逐步向“商品配送服务中心”发展，不仅存储、保管商品，更重要的是还具有商品的分类、检验、计量、入库、保管、包装、分拣、出库及配送等多种功能。

7.2.2 仓库的作用

仓库作为物流服务的据点，其最基本的作用就是存储物品，并对存储的物品实施保管和控制。但随着人们对仓库概念深入理解，仓库也担负着挑选、配货、检验、分类、信息传递等功能，并具有多品种小批量、多批次小批量等配送功能，以及贴标签、重新包装等流通加工功能。一般来讲，仓库具有以下几个方面的作用。

（1）存储和保管

这是仓库最基本、最传统的作用。仓库具有一定的空间，它用于存储物品，并根据存储物品的特性配备相应的设备，以保持存储物品的完好性。例如，存储挥发性溶剂的仓库必须设有通风设备，以防止空气中挥发性物质含量过高而引起爆炸。存储精密仪器的仓库，须防潮、防尘、恒温，应设立空调、恒温等设备。仓库作业中要防止搬运和堆放时碰坏、压坏物品，使仓库真正起到存储和保管的作用。

（2）支持生产

大部分生产车间为完成加工任务需要各种原材料、半成品等，这些生产投入品来自不同的供货商。为了顺利有序地完成向生产车间发送原材料及其他生产投入品的任务，需要兴建现代化的仓库，将来自不同供货商的商品存放起来以保障生产活动的正常开展。

（3）调节供需

仓库可以有效地缓解供需之间的矛盾，使二者在时间与空间上得到协调，尤其以农产品最为突出。因为农产品的生产经常受到自然气候的制约，在大丰收的时候需要存放部分过剩的产品，一方面可以防止歉收时缺货的状况，另一方面也可以有效避免量多价低的情况发生。

（4）调节运输能力

各种运输工具的运输能力是不一样的。船舶的运输能力很大，海运船一般是万吨级的，内河船舶也有几百吨至几千吨的。火车的运输能力较小些，每节车皮能装运30～60t，一列火车的运量最多几千吨。汽车的运输能力更小，一般每辆车装4～10t。各种运输工具之间的直接运输衔接是很困难的，这种运输能力的差异，也是通过仓库进行调节和衔接的。

（5）商品加工

为了满足客户提出的特殊要求或者实现合理配送，在仓库内部可以对存储的物品进行一些辅助性的流通加工，比如再包装、重新标价，或者改变产品规格、尺寸以及形状等。因此，仓库需要适当增加一些加工设备以满足客户的要求。

(6) 配送商品

由于每个客户对商品的品种、规格、型号、数量、质量、到达时间和地点等的要求不同，仓库就必须按客户的要求对商品进行分拣和组配。这是现代仓储业区别于传统仓储业的重要特征之一。

(7) 信息处理

仓库内部每时每刻都会产生大量物流信息。在现代信息技术装备下，订单处理、库存管理、储位管理、拣货作业等工作全部可以实现无纸化操作。哪一个客户订多少商品，订购批量的峰值一般是多少，哪种商品比较畅销，这些资料都可以借助仓库内部的信息系统迅速获取。

8 小麦制品的配送管理

8.1 配送概述

8.1.1 配送的概念

在现代商品流通中，流通经济活动包含商流活动、物流活动以及资金流活动。其中，在物流活动过程中，人们通常把面向城市内和区域范围内需求者的运输称为“配送”。也就是说，“少量货物的末端运输”是配送。这是一种广义上的概念，是相对于城市之间和物流节点之间的运输而言的。然而随着物流业的发展，人们对配送的理解与认识也在发生变化，相应地，配送的内涵也在不断发生变化。

1985 年年底，日本政府颁布的《日本工业标准（JIT）物流用语》中将配送定义为“将货物从物流据点送交到收货人”。

1998 年 4 月，早稻田大学教授西泽修博士在专著《物流 ABC 指南》中对配送作了更为详细的解释：“从发货地到消费地之间，所有进货品、半成品、发货品及库存品都是有计划、统一地进行管理和实施。配送是费用最低、服务最好的送货方式，为了最有效地将原材料和产品送达，把采购、运输、仓库的功能有机地组合在一起”。

2001 年 4 月，我国国家质量技术监督局在颁布的《中华人民共和国国家标准——物流术语》中，对配送的定义为“在经济合理区域范围内，根据客户要求，对物品进行分拣、加工、包装、分割、组配等作业，并按时送达指定地点的物流活动”。

从配送定义的发展，可以看到配送涉及的活动越来越多，几乎包括了所有的物流功能要素，是物流在小范围内全部活动的体现，而且配送的范围越来越广，已不限于区域和距离。一般来说，配送集装卸、包装、储存、运输于一身，通过这一系列活动达到将物品送达客户的目的；而特殊的配送则还要进行加工活动，包含的面更广。

配送是“配”和“送”的有机结合体。配送与一般送货的重要区别在于，配送往往在物流据点有效地利用分拣、配货等理货工作，使送货达到一定规模，以利用规模优势取得较低的送货成本。同时，配送以客户为出发点，以满足“按客户的订货要求”为宗旨。为此，完善配送对于物流系统的提升、对生产企业和流通企业的发展，以及整个经济社会效益的提高，具有重要的作用。

8.1.2 配送的分类

在不同的市场环境下，为适应不同的生产需要和消费需要，配送是以不同的形式进行的，从而表现出不同的形态。

8.1.2.1 按结点差异进行分类

（1）配送中心配送

这类配送的主体是专门从事配送业务的配送中心。配送中心的专业性强，和客户有较稳定的配送关系，一般实行计划配送，很少超越自己的经营范围，需配送的商品通常有一定的库存量。配送中心的设施及工艺流程是根据配送需要专门设计的，所以配送能力强、配送品种多、配送数量大，可以承担企业主要物资的配送及实行补充性配送等。在实施配送较为普遍的国家，配送中心配送是配送的主要形式，不但在数量上占主要部分，而且是某些小配送单位的总据点，因而发展较快。

配送中心配送是一种大规模的配送形式，覆盖面广。配送中心必须有配套的，实施大规模配送的设施，如配送中心建筑、车辆和路线等，一旦建成就很难改变，所以灵活机动性较差、投资较高。因此，这种配送形式有一定的局限性。

（2）仓库配送

这类配送的主体是仓库，是以仓库为节点进行的配送，是传统仓库职能的扩大化。一般情况下，仓库配送是利用仓库原有的设备、设施（如装卸、搬运工具，库房、场地等）开展业务活动。由于传统仓库的设施和设备不是按照配送活动的要求专门设计和配置的，所以在利用原有设施和设备时，必须对其进行技术改造。仓库配送形式有利于挖掘传统仓库的潜力，所花费的投资不大，所以是发展配送起步阶段可选择的形式。

（3）商业门店配送

这种配送的主体是商业或物资的经营网点（即商店）。这些商店承担零售业务，规模一般不大，但经营品种比较齐全。除日常经营的零售业务外，还可以根据客户的要求将商店经营的品种配齐，或代客户外订、外购部分本商店平时不经营的商品，与商店经营的品种一起配齐送给客户。由于商业零售网点的数量较多，配送距离较短，所以比较机动灵活，可承担生产企业非主要生产物资的配送以及对客户个人的配送。

(4) 生产企业配送

这类配送的主体是生产企业，是以生产企业成品库为据点开展的配送活动。这些企业可以直接从本企业开始进行配送，而不需要将产品发运到配送中心进行配送。由于具有直接、避免中转的特点，节省了物流费用，故有一定的优势。但这种配送形式的适用范围有限，主要是需要量比较大的产品，在品种、规格和质量等要求相对稳定的条件下可运用此类配送。此外，其在一些地方性较强的生产企业中应用较多，例如就地生产、就地消费的食品、饮料、百货等；在生产资料方面，某些不适于中转的化工产品及地方建材也常常采用这种配送方式。

8.1.2.2 按配送对象的种类和数量分类

(1) 单品种大批量配送

一般来讲，客户需要量较大的商品，单独一个品种或几个品种就可以达到较大运输量时，实行整车运输。这种情况下往往不再需要与其他商品搭配，可由专业性很强的配送组织进行大批量配送。这样的配送活动即为单品种大批量配送。比如“工业配煤”就属于此类配送。

(2) 多品种、小批量配送

在现代社会，生产消费和市场需求纷繁复杂，不同的消费者的需求状况差别很大。有些生产企业，其产品所消耗的物资除了需要少数几种主要物资外，绝大多数属于次要物资，品种数量多，单品种需要量不大。此外，零售商店补充一般生活消费品时，也要求多品种、少批量的配送。因此，相应的配送体系要按照客户的要求，将所需要的各种物资选好、配齐，少量而多次地运达客户指定的地点。这种配送作业难度较大，技术要求高，使用的设备复杂，因而操作时要求有严格的管理制度和周密的计划进行协调。

(3) 配套、成套配送

这种配送方式是指按照企业的生产需要，尤其是装配型企业的生产需要，依照企业的生产计划，将各种零配件、部件、成套设备定时送达企业，生产企业随即可将这些成套的零部件送入生产线以装配出产品。在这种配送方式中，配送组织承担了生产企业大部分的生产供应工作，使生产企业专注于生产。这种方式与多品种、少批量配送效果相似。

8.1.2.3 按时间和数量差别分类

按照配送时间及数量的不同，可以把配送分为以下5种形式。

(1) 定时配送

这种配送方式是根据与客户签订的配送协议，按规定的时间间隔进行配送。

在物流实践中，定时配送的时间间隔长短不等，短的数小时配送一次，长的可间隔达数天一次。每次配送的品种及数量可按计划进行，也可在配送之前用已商定的联络方式进行通知。这种配送方式时间固定，对配送组织而言，便于安排工作计划，便于计划使用设备；对客户而言，易于安排接运人员和接运作业。但是，由于允许客户临时调整配送的品种及数量，在品种、数量变化较大的情况下，也会给配送作业带来一定的困难，如配货、装货难度大，运力安排出现困难。目前，一些国家的定时配送有两种表现形式，一种是日配，一种是看板供货。

① 日配。这是定时配送中广泛实行的一种方式，尤其是对城市内的配送，日配居多。日配的时间要求大体是：上午的配送订货下午送达，下午的配送订货第二天早上送达，即实现送达时间在订货的24h之内；或者是客户下午的需要保证上午送达，上午的需要保证前一天下午送达，即实现在实际投入使用前24h之内送达。对企业来说，日配方式广泛而稳定地开展，就可以使客户基本无须保持库存，以日配方式代替传统库存方式，满足生产或销售经营的需要。

② 看板供货。这是使物资供应与产品生产同步运转的一种方式。看板供货要求配送企业根据生产节奏和生产程序准时将货物运送到生产场地。这种配送方式比日配方式和其他定时配送方式更为精细、准确，每天至少配送一次，以保证企业生产的不间断。采用这种配送方式配送的货物无须入库，直接运往生产场地，供货时间恰好是客户生产所用之时，与日配方式比较，连货物“暂存”也可取消，可以绝对地实现“零库存”。

(2) 定量配送

这种配送方式按规定的批量在一个指定的时间范围内进行配送。这种配送方式计划性强，每次配送的品种及数量固定，因此备货工作较简单，可以按托盘、集装箱及车辆的装载能力规定配送的数量，配送效率较高，成本较低。由于时间限定不严格，可以将不同客户所需商品凑足整车后配送，提高车辆利用率。对客户来讲，每次接货都处理同等数量的货物，有利于人力、物力的准备。

(3) 定时定量配送

这种配送方式按规定的配送时间和配送数量进行配送。这种方式兼有定时、定量两种方式的特点，但特殊性强、计划难度大，对配送组织的要求比较严格，需要配送组织有较强的计划性和准确度，所以适合采用的对象不多。相对来说，该种配送方式比较适用于生产和销售稳定、产品批量较大的生产制造型企业和大型连锁商场的部分商品的配送，以及配送中心采用。

(4) 定时定路线配送

这种配送方式是指通过对客户的分布状况进行分析，设计出合理的运输路线，再根据运输路线安排到达站的时刻表，按照时刻表沿着规定的运输路线进行配送。这种配送方式有利于配送组织计划、安排运力，适用在配送客户较多的地区。

(5) 即时配送

即时配送是根据客户提出的时间要求和供货数量、品种及时地进行配送的形式，是一种灵活性很高的应急配送方式。这种配送方式对配送组织的要求比较高，通常只有配送系统完善、具有较高的组织能力和应变能力的专业化的配送中心才能开展这一业务。和看板配送一样，即时配送可以实现“零库存”管理，即从理论上讲，可以用即时配送代替保险储备，但在实践中，要注意因经常采用即时配送所带来的额外成本上升问题。

8.1.2.4 按配送组织的专业程度不同分类

(1) 综合配送

综合配送指在同一配送网点中组织不同领域和部门的产品配送，所配送的产品种类较多，由于综合性较强，故称这一类配送为综合配送。综合配送可以使客户在一次配送服务中获得所需的大部分甚至是全部产品，充分满足客户的需求，减少客户因组织进货所带来的成本负担，只需和少数几家甚至是一家配送组织合作就可以获得所需的全部物资。因此，综合配送是一种对客户服务意识较强的配送形式。

(2) 专业配送

专业配送是指按产品的性能和形状不同，对产品进行分类，借以划分业务范围，对某一产品领域进行专门配送。专业配送的优势在于便于配送组织针对配送产品的行业特点进行专业化配送，可以优化配送设施，优化配送机械及配送车辆，制定适应性较强的工艺流程，从而大大提高配送各环节的工作效率。生鲜食品的配送现已形成的专业配送形式，配送的产品包括各种保质期较短的食品。

8.1.2.5 按经营形式不同分类

(1) 销售配送

这种配送方式是指配送组织是销售型企业，或者是指销售型企业作为营销战略所进行的促销型配送。用配送方式进行销售是扩大销售量，扩大市场占有率从而获取更多利润的重要方式。由于是在送货服务前提下进行的活动，所以也容易受到客户的欢迎。各种类型的商店配送多属于销售配送。

(2) 供应配送

这种配送方式是指企业为了自己的供应需要所采取的配送，是由企业或企业集团组建配送据点，集中组织大批量进货，以便取得批量优惠，然后向本企业配送或本企业集团若干企业配送。用这种配送方式进行供应，可以保证供应水平，提高供应能力，降低供应成本。尤其是大型企业或企业集团或联合公司，由于一次配送量大，可以取得更多的优惠，因此更宜采用这种配送方式。例如，连锁商店就常常采用这种配送方式。

(3) 销售—供应—体化配送

这种配送方式是指对于基本固定的客户和基本确定的配送产品，企业可以在自己销售的同时，承担客户有计划地供应活动，企业既是销售者同时又成为客户的供应代理人。这样，某些客户就可以减少自己的供应机构，而委托销售者代理。采用这种配送方式，对销售者来说，可以获得稳定的客户和销售渠道，扩大销售量，有利于企业的持续稳定发展；对客户来讲，能够获得稳定的供应，而且可以大大节约本身为组织供应所耗用的人力、物力以及财力。

(4) 代存代供配送

这种配送方式是指客户将属于自己的货物委托给配送组织代存、代供，有时还委托代订，然后组织配送。这种配送在实施时不发生商品所有权的转移，配送组织只是客户的委托代理人，商品所有权在配送前后都属客户所有，所发生的仅仅是商品物理位置的转移。配送组织依靠提供代存、代供服务而获取收益，而不能获得商品销售的经营性收益。在这种配送方式下，商物是分流的。

8.1.2.6 按加工程度不同分类

(1) 加工配送

加工配送是指与流通加工相结合的配送，在配送据点中设置流通加工环节，或者是流通加工中心与配送中心建立在一起。当社会上现成的产品不能满足客户的需要，或者是客户根据本身的工艺要求，需要使用经过初步加工的产品时，可以在加工后通过分拣、配货再送货到户。通过加工配送，流通加工与配送相结合，减少了流通加工的盲目性。如此，配送组织不仅可以通过销售经营、送货服务赚取收益，还可以通过加工增值取得收益。

(2) 集疏配送

集疏配送是指不需要经过流通加工，而与干线运输相配合的一种配送方式，如大批量进货后的小批量、多批次发货，零星集货后以一定批量送货等。

8.2 配送模式

配送模式是企业对配送所采取的基本战略和方法。根据国外和我国配送发展的理论与实践，配送模式主要有以下几种。

8.2.1 自营配送模式

自营配送是指配送的各个环节由企业自身筹建并组织管理，实现对企业内部及外部的货物配送的模式。这是目前国内生产、流通或综合性企业所广泛采用的一种配送模式。其配送活动根据其在企业经营管理中的作用一般分为企业对外的分销配送和企业内部的供应配送。这种配送模式有利于企业供应、生产和销售的一体化作业，系统化程度相对较高。既可满足企业内部原材料、半成品及成品的配送需要，又可满足企业对外进行市场拓展的需要。但这种配送模式糅合了传统的“自给自足”和“小农意识”，形成了新型的“大而全”、“小而全”，从而造成了投资规模增加、资源浪费等问题。因此，这种配送模式一般只适用于规模较大的集团企业。目前较典型的自营配送模式是连锁企业的配送，这类企业基本上都是通过组建自己的配送中心来完成对内部各场、店的统一配送和统一结算的。

8.2.2 共同配送模式

这是一种配送组织间为实现整体的配送合理化，以互惠互利为原则，互相提供便利的配送服务的协作型配送模式。共同配送模式是一种现代化的、社会化的配送模式，可以实现配送资源的节约和配送效率的提高，是现代社会中采用较广泛、影响面较大的一种配送模式。

8.2.3 互用配送模式

互用配送模式是几家企业为了各自利益，以契约的方式达成某种协议，互用对方配送系统进行配送的模式。其优点在于企业不需要投入较大的资金和人力，就可以扩大自身的配送规模和范围，但需要各参与企业有较高的管理水平以及组织协调能力。

互用配送模式与共同配送模式都是一种协同配送，有一定的相似之处，但二者仍然有明显的区别。

8.2.4 第三方配送模式

第三方是为交易双方提供部分或全部配送服务的外部服务提供者。第三方配送模式是指交易双方把原本需要自己完成的配送业务委托给第三方来完成的一种配送模式。企业将其非优势所在的配送业务外包给第三方来运作，不仅可以享受到更为精细的专业化配送服务，而且还可以将精力专注于自己擅长的业务领域，充分发挥在生产制造领域或销售领域方面的专业优势，增强主业务的核心竞争力。但是，企业将配送业务外包后，对配送业务的控制力减弱，容易受制于第三方配送组织。特别是我国专业化、社会化配送还没有广泛形成，这使得企业在采用第三方配送模式时会承担一定的风险。但随着物流产业不断发展，以及第三方配送体系不断完善，第三方配送模式逐步得到社会各方广泛的关注，在配送领域发挥着积极的作用。

8.3 配送中心

8.3.1 配送中心的定义和种类

8.3.1.1 配送中心定义

配送中心是从事货物配备（集货、加工、分货、选货、配货）和组织对用户的送货，以高水平实现销售或供应的现代流通设施。配送中心是以组织和实施配送性供应或销售为主要职能的流通型节点，是构建配送业的最主要的组织形式之一。这种全方位、多功能的现代物流生产实体，聚合了物流、商流、信息流、资金流等诸多活动，以经济有效的运作模式，充分发挥社会资源的作用，为生产者和消费者提供高水平、低成本的服务，从而促进经济的良性循环。

8.3.1.2 配送中心的分类

不同种类与行业形态的配送中心，其作业内容、设备类型、营运范围可能完全不同，但是系统规划分析的方法与步骤有共同之处。配送中心的发展已逐渐由以仓库为主体向信息化、自动化的整合型配送中心发展。企业的背景不同，其配送中心的功能、构成和运营方式就会有很大区别，因此，在规划配送中心时应充分考虑到企业需求。随着经济发展和流通规模不断扩大，配送中心不仅数量增加，也由于服务功能和组织形式的不同演绎出许多新的类型。标准不同，分类的结果也不一样。

按照不同标准，配送中心可以分为以下几种类型。

（1）供应配送中心

这是专门为某个或某些客户（例如联营商店、联合公司）组织供应的配送中心。在实践中，这种类型的配送中心与生产企业或大型商业组织建立起相对稳定的供需关系，专门为其提供原材料、零部件和其他商品。这种类型配送中心的主要特点是：配送的客户数量有限且稳定，客户配送的要求范围也比较确定，属于企业型客户。

（2）销售配送中心

这是以销售经营为目的、以配送为手段的配送中心。销售配送中心大体有3种类型：第一种是生产企业为了将本身产品直接销售给客户，因此在一定的区域建立的配送中心，国外这种配送中心很多。第二种是作为流通企业本身经营的一种方式，企业建立配送中心，可以扩大销售，我国目前拟建的配送中心大多属于这种类型。第三种是流通企业和生产企业联合的协作性配送中心。比较起来，国外和我国的发展趋向都以销售配送中心为主要发展方向。

(3) 专业配送中心

专业配送中心大体上有两个含义。一是配送对象、配送技术属于某一专业领域，但在该专业范畴有一定的综合性，综合这一专业的多种物资进行配送，如多数制造业的销售配送中心。我国目前在石家庄、上海等地建的配送中心大多采用这一形式。二是，以配送为专业化职能，基本不从事其他经营活动的服务性配送。

(4) 柔性配送中心

这是在某种程度上与上一种专业配送中心相对的配送中心。这种配送中心不向固定化、专业化方向发展，能够随时变化，对客户要求有很强适应性，不固定供需关系，不断发展配送客户和改变配送客户。

(5) 城市配送中心

这是以城市范围为配送范围的配送中心。城市范围一般处于汽车运输的经济里程，汽车配送可直接送抵最终用户。由于运距短、反应能力强，这种配送中心往往和零售经营相结合，在从事多品种、少批量、多客户的配送上占有优势。

(6) 大区域型配送中心

这是以较强的辐射能力和库存准备，向相当广大的一个区域进行配送的配送中心。这种配送中心规模较大，客户和配送批量也较大，配送目的地既包括下一级的城市配送中心，也包括营业所、商店、批发商和企业客户，虽然也从事零星配送，但不是主体形式。该类型配送中心在国外十分普遍。

(7) 储存型配送中心

这是有很强储存功能的配送中心。一般来讲，买方市场下，企业成品销售需要有较大库存支持。卖方市场下，企业原材料、零部件供应需要有较大库存支持。大范围配送也需要较大库存支持。我国目前拟建的配送中心都采用集中库存形式，库存量较大，多为储存型配送中心。

(8) 流通型配送中心

这是基本上没有长期储存功能，仅以暂存或随进随出方式进行配货、送货的配送中心。这种配送中心的典型方式是，大量货物整进并按一定批量零出，采用大型分货机，进货时直接进入分货机传送带，分送到各客户货位或直接分送到配送汽车上，货物在配送中心里仅作少许停滞。

(9) 加工配送中心

从提高原材料利用率、提高运输效率、方便客户等多重目的出发，许多材料都需要配送中心的加工职能。

8.3.2 配送中心的配送流程

不同类型的配送中心的业务流程的方式也不同，通常可分为一般的作业流程、不带储存库的作业流程、加工配送型作业流程和批量转换型作业流程。

8.3.2.1 一般作业流程

配送中心的一般作业流程指的是配送活动的典型作业流程模式。在市场经济条件下，客户所需要的货物特性和配送服务形态不一样，使得配送中心的种类很多，因此内部结构和运作方式也不相同。一般来说，中、小件品种，规格复杂的货物具有典型的意义，所以，配送中心的一般作业流程多以中、小件杂货配送流程为代表。这种类型的配送活动服务对象繁多，配送作业流程复杂，因而将这种配送活动流程确定为通用的、一般的作业流程。

8.3.2.2 不带储存库的作业流程

这种类型的配送中心专以配送为职能，将存储场所，尤其是存储大量货物的场所转移到配送中心之外的其他地点，如专门设置补货型的存储中心。这种类型的配送中心不单设储存区，只有满足一时配送之需的备货暂存，而无大量库存。

配送中心的这种作业流程和一般作业流程大致相同，主要工序及主要场所都用于理货、配货。区别在于大量的储存位于配送中心外部而不在其中。这种类型的配送中心，由于没有集中储存的仓库，占地面积比较小，也可以节省仓库、现代货架等设施和设备的巨额投资。至于补货仓库，可以采取外包的形式及协作的方法来解决，也可以自建补货中心。在实际运作过程中，若干个配送中心可以联合，在若干配送中心的基础上共同建立一个更大规模的集中储存型补货中心。在当地信息台比较完善、信息资源丰富、市场比较发达的条件下，还可以采取虚拟库存的方法来解决。

8.3.2.3 加工配送型作业流程

伴随着加工方式的不同，加工配送中心的流程也有所区别。在这种类型的配送中心里，进货是大批量、单一品种的产品，根本无须分类存放。储存后按客户的要求加工，无特定加工标准。由于加工后便按客户要求分放、配货，所以这种类型的配送中心不单设分货、配货和拣货环节。有时候加工、分货、配货和拣货环节合并为一道工序。在加工配送型配送中心里，加工是主要作业环节，配送中心加工场地及加工后分放货物暂存区的区域面积较大。

8.3.2.4 批量转换型作业流程

批量转换型配送中心一般是将批量大、品种单一的进货转换成小批量发货的配货中心。在这种类型的配送中心里，产品换装、分包是主要作业环节。如不经加工的煤炭配送和不经加工的水泥、油料配送的配送中心大多属于这种类型。

配送中心的这种流程非常简单，基本不存在分类、拣选、分货、配货、配装等工序，但由于大量进货，储存能力较强，储存及装货作业是主要配送作业环节。

上述 4 种作业流程，由于配送服务对象和配送货物品质的不同，配送服务水平的目标定位和设施条件也存在差异，因此配送作业流程应根据具体情况进行设计。但总的原则是有利于实现这两个主要目标：一是降低企业的物流总成本；二是缩短补货时间，提供更好的服务。

8.4 配送中心的设置与管理

8.4.1 配送中心的布局

8.4.1.1 配送中心的影响因素

地址选择的好坏直接影响到企业物流系统的效率。配送中心的选址是一个复杂的过程，需要经过多次的反复过程，才能选出满意的地点。总的来说，影响配送中心选址的因素可分为两类，即成本因素和非成本因素。成本因素是指与直接成本有关的，可用货币单位衡量的因素；非成本因素是指与成本无直接关系，但能够影响成本和企业未来发展的因素。成本因素和非成本因素又包含若干内容。

(1) 成本因素

① 运输成本。对配送中心的上下游企业来讲，配送中心离他们的远近，配送中心与他们之间的运输手段、运输方式（整车运输还是零担运输）等对他们有直接的影响。合理选择地址，可以使运输距离最短；在靠近码头、铁路等交通网络比较发达的地方选址，可以使运输成本尽量降低，服务更好。

② 营运成本。营运成本是指配送中心建成后所需花费的各种可变费用，主要包括所选地区的动力和能源成本、劳动力成本、利率、税率和保险、管理费用和设备维修保养费等。

③ 建筑成本和土地成本。不同的选址方案在对土地的征用、建筑要求等方面有不同的要求，从而可能导致不同的成本开支，而且各个国家和地区对配送中心的土地征用有不同的规定。一般来说，在配送中心的选址过程中，应尽量避免占用农业用地和环保用地。

④ 固定成本。固定成本主要指配送中心进行运作所需的设备支出，包括装卸设备成本、仓储设备成本和运输设备成本等。

⑤ 租金。配送中心一般占地比较大，租金费用占去配送中心投资的很大一部分，而且每年都要支付。因此，在综合考虑其他条件时，还要考虑租金，如在黄金地段，各项条件均好但租金很高。

(2) 非成本因素

① 交通因素。在配送中心选址时，一方面，要考虑现有交通条件，如配送

中心是否靠近现有的交通枢纽；另一方面，交通也要同时作为布局的内容，只布局配送中心而不布局交通，有可能会使配送中心的布局失败。配送中心的进出货需要大量的运输过程，因此，配送中心的设立还要考虑是否会引起当地交通条件的恶化。

② 环保因素。有些商品具有很大的环境污染，这一类商品的配送中心应远离城镇居住区；配送中心的作业比较繁忙，容易产生许多噪声，所以应该远离闹市或居民区；同时也要考虑运输车辆对环境的污染。

③ 政策环境因素。政策环境条件也是配送中心选址的评估重点之一，主要包括企业优惠措施（土地提供、减税）、城市规划（土地开发、道路建设规划）以及地区产业政策等。同时，经营者建立配送中心之前，一定要到相关部门进行咨询，查清所选地区在未来是否会作为他用，因为有些地区出于改善交通或保护环境的目的，会立法限制配送中心的设立。

④ 气候因素。不同的货物对气候的要求不同，在考虑选址时除了详细了解当地的自然气候环境条件，例如自然环境中的湿度、盐分、降雨量、风向、风力、地震、山洪和泥石流等，还要充分考虑配送中心所储存的货物的特性，比如粮油配送中心应选择在气候比较干燥的地区。

⑤ 货流量情况。配送中心设立的根本目的是降低社会物流成本，如果没有足够的货流量，配送中心的规模效益便不能发挥出来，所以配送中心的建设一定要以足够的货流量为条件。同时建设也要考虑货物的流向。对于供向物流来说，配送中心主要为生产企业提供服务，应当选择靠近生产企业的地点，便于降低生产企业的库存，为其及时提供服务；对于销向物流来说，配送中心的主要职能是将产品集结、分拣、配送到客户手中，故应选择靠近客户的地方。

⑥ 客户需求。配送中心服务对象的分布及客户对配送服务的要求都是配送中心选址时需要考虑的，必须在对现有数据和信息进行充分分析的基础上，预测一段时间内这些因素的发展变化。因为客户分布状况的改变和客户对配送服务要求的提高都将会给配送中心的经营和管理带来影响。

8.4.1.2 配送中心布局形态

与配送中心的选址同时进行的另一项工作是配送中心宏观的合理布局。配送中心的布局一般情况下分为以下几种形式。

(1) 辐射形

配送中心位于众多客户中，商品由配送中心向四周配送，形成辐射状。以这种形式布局的配送中心要具备以下条件：

① 配送中心附近是客户相对集中的经济区域。

② 配送中心靠近主要运输干线，利用干线运输将货物运达配送中心，然后再配送到各个客户。

（2）扇形

商品从配送中心向一个方向配送，形成扇形。扇形配送中心的特点是：商品有一定的流向，配送中心位于主要运输干线的中途或终端，配送中心的商品配送方向与干线运输方向一致或在运输干线侧面。

（3）双向辐射形

当客户集中在配送中心的两侧时，商品从配送中心向两个相反方向配送，形成双向辐射形。以这种布局出现的配送中心要靠近主要运输干线，配送中心的商品向运输干线两侧配送。

8.4.2 配送中心的选址程序和方法

8.4.2.1 配送中心选址的基本流程

配送中心选址的基本流程包括确定选址任务、列出影响选址的因素、明确选址目标、确定多个备选地址、确定选址评价方法和最终确定配送中心的地址六个基本环节。

（1）确定选址任务

在一个新地点设置一个配送中心应该符合组织的发展目标和生产运作战略，能为企业带来收益。只有在此前提下，才能开始进行选址工作。

（2）列出影响选址的因素

影响配送中心选址的因素很多，组织必须对诸多因素进行主次排列、权衡取舍，寻找关键成功因素。关键成功因素指的是那些投资者必须坚持而绝对不能妥协的因素，这些因素决定了选址决策是否能够成功。

（3）明确选址目标

明确选址目标，即列出组织的选址要求。

（4）确定多个备选地址

配送中心的选址是在明确配送中心自身定位的基础上，对以上各类条件和因素进行充分论证与分析，根据选址要求和目标进行地址的预选，并确定多个备选地址以供选择。

（5）确定选址评价方法

确定选址评价方法以对初步拟定的候选方案进行分析，所采用的分析方法取决于各种要考虑的因素是定性的还是定量的，有时要综合多种评价方法以确定最佳评价方案。

（6）最终确定配送中心的地址

根据评价方法进行评价，确定最终方案并形成最终报告，提交企业最高决策层批准。

8.4.2.2 配送中心选址常用的方法

近年来，选址理论发展迅速，各种不同的选址方法层出不穷，特别是计算机的广泛应用，促进了物流系统选址问题的研究，为不同方案的可行性分析提供了强有力的手段。多种多样的选址分析方法概括起来有两大类。

(1) 优缺点比较法

优缺点比较法是一种最简单的配送中心选址的定性分析方法，尤其适用于非经济因素的比较。该方法的具体做法是罗列出各个方案的优缺点进行分析比较，并按照最优、次优、一般、较差、极坏五个等级对各个方案的优缺点进行评分，对每个方案的各项得分加总，得分最多的方案为最优方案。

优缺点比较法的比较要素可以从以下几个方面考虑：区域位置、面积及地形、地势与坡度、风向和日照、地质条件、地点、现在所有者情况、交通情况、与城市的距离、供电与给排水、地震、防洪措施、经营条件、协作条件、建设速度等。

优缺点比较法是我国传统的配送中心选址方法，曾在我国使用比较长的一段时期，也积累了较丰富的经验，至今仍在使用。但这种方法也存在着一些缺陷，例如缺乏量化的比较、科学性不足、对成本因素考虑较少，难以满足市场经济条件下的运作。但这种方法对各种选址因素的罗列分析，特别是调查研究的经验，对产生各种候选方案仍然有借鉴之处。

(2) 德尔菲法

德尔菲法又称专家意见法，起源于20世纪40年代末期，最初由美国兰德公司首先使用，很快就在全世界盛行起来。德尔菲法常常用于预测工作，也可用于对配送中心选址进行定性分析。

(3) 数值分析法

数值分析法是利用费用函数求出由配送中心至客户之间配送成本最小地点的方法，其计算公式为

$$x_0=\frac{\sum_{i=1}^{n}a_iw_ix_i/d}{\sum_{i=1}^{n}a_iw_i/d_i}$$

$$y_0=\frac{\sum_{i=1}^{n}a_iw_iy_i/d}{\sum_{i=1}^{n}a_iw_i/d_i}$$

式中：

a_i——从配送中心到客户 i 每单位运量、单位距离的运输费；

w_i——从配送中心到客户 i 的运输量；

d_i——从配送中心到客户 i 的直线距离。

8.5 配送的方法

客户需求不同，物流服务提供商采用的配送方法也不一样。根据配送的时间和配送货物的数量不同，配送活动分为定时配送、定量配送、定时定量配送、定时定线路配送和即时配送等几种不同的配送模式。

8.5.1 定时配送

物流服务提供商在提供配送时，每次配送的品种和数量既可以在协议中约定，按计划执行；也可采用特定的联络方式通知配送中心，配送中心根据通知中的品种和数量安排配送。

由于定时配送在时间上是固定的，对客户而言，便于按照自己的经营情况，在最理想的时间进货，也易于安排接货人员和设备。对配送中心来说，有利于安排工作计划，有利于实施共同配送，以降低成本。但定时配送也有不足之处，主要是当客户选定的时间比较集中时容易造成配送中心的任务安排不均衡。定时配送的方式主要有日配形式和看板供货形式。

(1) 日配形式

日配形式是定时配送中使用较为广泛的一种形式，尤其是在城市内的配送活动中，日配形式占绝大部分。一般日配的时间要求大体是，上午订货下午送达；或者下午订货第二天上午送达，即在订货发出后24h之内将货物送到客户手中。

广泛而稳定地开展日配方式，可使客户无须保持库存，做到以日配方式代替传统的库存来实现生产的准时和销售经营的连续性。

(2) 看板供货形式

看板供货形式是实现配送供货与生产企业同步的一种配送方式。与其他配送方式相比，这种配送方式更为精确，配送组织过程也更加严密。其配送要与企业生产节奏同步，每天至少一次，甚至几次，以保证企业生产不间断。这种配送方式的目的是实现供货时间恰好是客户生产之时，从而保证货物不需要在客户的仓库中停留，可直接运送至生产现场，确保客户实现准时化生产。

8.5.2 定量配送

定量配送是指按照规定的数量，在一个指定的时间范围内（对配送时间不严格限定）进行配送。这种配送方式数量固定，备货工作较为简单，可以根据托盘、集装箱及车辆的装载能力来确定配送数量，能够有效利用托盘、集装箱等集装方式，也可做到整车配送，配送效率较高。由于时间不严格限定，因此可以将不同客户所需的物品凑成整车后配送，这样可以提高运力的利用率。而对于客户来讲，每次接货都处理同等数量的货物，有利于组织接货工作。不足之处在于，由于每次配送的数量保持不变，有时会增加客户的库存，造成库存过高或销售积压。

8.5.3 定时定量配送

定时定量配送是按照所规定的配送时间和配送的数量来组织配送。这种形式兼有定时配送和定量配送两种形式的优点，配送的计划性较强，准确度高，比较适合生产稳定、产品批量大的情况。但缺点比较明显，由于同时要满足定时和定量两个条件，因而计划难度大，适合采用的范围较小，不是普遍的配送方式。通常情况下，其比较适合采用 JIT 物流系统的企业。

8.5.4 定时定线路配送

定时定线路配送是指在规定的运行线路上，制定到达时间表，按运行时间表进行配送，用户则可以按规定的路线及规定的时间接货以及提出配送要求。

这种方式对配送企业而言，有利于安排车辆运行及人员配备，比较适合于客户相对集中、客户需求比较一致的环境，并且配送的品种和数量不能太大，批量的变化也不能太大。对客户来讲，由于配送的时间和路线固定，可以根据需要有计划地安排接货，但也正因为配送的时间和路线不变，其对客户的适应性较差，灵活性和机动性也不强。因此，这种配送方式的应用领域也是有限的。

8.5.5 即时配送

即时配送是指完全按照客户提出的时间和送货数量，随时进行的配送组织形式。采用这种配送形式，对客户而言，可以用即时配送来代替保险储备，进而达到零库存。另外，这种配送方式对提高配送企业的管理水平和作业效率也有利。其缺点是，由于这种配送形式完全按照客户的要求来进行，因而配送的计划性较差，对配送企业的应变能力和快速反应能力要求也较高。

8.6 小麦制品运输管理

8.6.1 配送运输的概念

配送运输是指使用汽车或其他运输工具将需配送的货物从供应点送至客户手

中的活动。配送运输通常是一种短距离、小批量、高频率的运输形式。它可能是从工厂等生产部门的仓库直接送至客户；也可能通过批发商、经销商或由配送中心、物流中心转送至客户手中。单从运输的角度看，配送运输是对干线运输的一种补充和完善，属于末端运输、支线运输；主要通过汽车运输进行，具有城市轨道货运条件的可以采用轨道运输，对于跨城市的地区配送可以采用铁路运输进行，或者在河道水域通过船舶进行。它以高质量的服务为目标，以尽可能满足客户要求为宗旨。

8.6.2 配送运输的基本作业流程

(1) 划分基本配送区域

为使整个配送有一个可循的基本依据，应首先将客户所在地的具体位置作一系统统计，并将其作区域上的整体划分，将每一客户包括在不同的基本配送区域之中，以作为下一步决策的基本参考。例如，按行政区域或依交通条件划分不同的配送区域，在这一区域划分的基础上再作弹性调整来安排配送。

(2) 车辆配载

首先，由于配送货物品种、特性各异，为提高配送效率，确保货物质量，必须对特性差异大的货物进行分类。在接到订单后，将货物依特性进行分类，分别采取不同的配送方式和运输工具。其次，配送货物也有轻重缓急之分，必须初步确定哪些货物可配载于同一辆车，哪些货物不能配载于同一辆车，以做好车辆的初步配载工作。

(3) 暂定配送先后顺序

在考虑其他影响因素，做出确定的配送方案前，应先根据客户订单要求的送货时间将配送的先后作业次序做一个大概的预计，为后续工作做好准备。计划工作的目的是保证达到既定的目标，所以，预先确定基本配送顺序可以既有效地保证送货时间，又可以尽可能地提高运作效率。

(4) 车辆安排

车辆安排要解决的问题是安排什么类型、吨位的配送车辆进行最后的送货。一般企业拥有的车型有限，车辆数量亦有限，当本公司车辆无法满足要求时，可使用外雇车辆。在保证配送运输质量的前提下，是组建自营车队，还是以外雇车为主，则须视经营成本而定。但无论自有车辆还是外雇车辆，都必须事先掌握有哪些车辆可供调派并符合要求，即这些车辆的容量和额定载重是否满足要求。安排车辆之前，还必须分析订单上货物的信息，如体积、重量、数量、对于装卸的特别要求等，综合考虑各方面因素的影响，做出最合理的车辆安排。

(5) 选择配送线路

知道了每辆车负责配送的具体客户后，如何以最快的速度完成对这些货物的配送，即如何选择配送距离短、配送时间短、配送成本低的线路，需根据客户的具体位置、沿途的交通情况等做出选择和判断。除此之外，还必须考虑有些客户或其所在地点环境对送货时间、车型等方面的特殊要求，如有些客户中午或晚上不收货，有些道路在某高峰期实行特别的交通管制等。

（6）确定最终的配送顺序

做好车辆安排及选择好最佳的配送线路后，依据各车负责配送的具体客户的先后，即可确定客户的最终配送顺序。

（7）完成车辆积载

明确了客户的配送顺序后，接下来就是如何将货物装车以及以什么次序装车的问题，即车辆的积载问题。原则上，知道了客户的配送顺序先后，只要将货物依“后送先装”的顺序装车即可。但有时为了有效利用空间，可能还要考虑货物的性质（怕振、怕压、怕撞、怕湿）、形状、体积及质量等，做出某些调整。此外，对于货物的装卸方法也必须依照货物的性质、形状、重量、体积等来做具体决定。

8.6.3 配送运输车辆的调度

8.6.3.1 车辆调度工作的内容

车辆调度是配送运输管理的一项重要的职能，是指挥监控配送车辆正常运行、协调配送生产过程以实现车辆运行作业计划的重要手段。

（1）编制配送车辆运行作业计划

其包括编制配送方案、配送计划、车辆运行计划总表、分日配送计划表、单车运行作业计划等。

（2）现场调度

根据货物分日配送计划、车辆运行作业计划和车辆动态分派配送任务，即按计划调派车辆，签发行车路单；勘察配载作业现场，做好装卸车准备；督促驾驶员按时出车；督促车辆按计划送修进保。

（3）随时掌握车辆运行信息，进行有效监督

如发现问题，应采取积极的措施，及时解决和消除，尽量减少配送生产中断时间，使车辆按计划正常运行。

（4）检查计划执行情况

检查配送计划和车辆运行作业计划的执行情况。

8.6.3.2 车辆调度的方法

车辆调度的方法有多种，可根据客户所需货物、配送中心站点及交通线路的布局不同，采用定向专车运行调度法、循环调度法、交叉调度法等。运输任务较重、交通网络较复杂时，为合理调度车辆的运行，可运用运筹学中线性规划的方

法。这里介绍车辆调度的表上作业法、图上作业法和经验调度法。

(1) 表上作业法

运输问题是线性规划最早研究的问题，也是与交通运输行业密切相关的问题。

(2) 图上作业法

图上作业法是将配送业务量反映在交通图上，通过对交通图初始调运方案的调整，求出最优配送车辆运行调度方法。运用这种方法时，要求交通图上没有货物对流现象，以运行路线最短、运费最低或行程利用率最高为优化目标。

(3) 经验调度法

在有多种车辆时，车辆使用的经验原则为尽可能使用能满载运输的车辆进行运输。如运输 5t 的货物，安排一辆 5t 载重量的车辆运输。在能够保证满载的情况下，优先使用大型车辆，且先载运大批量的货物。一般而言，大型车辆能够保证较高的运输效率和较低的运输成本。

8.6.4 运输线路设计

8.6.4.1 线路设计的意义

对配送线路进行设计时，需要考虑很多因素，比如现有的道路网络分布、配送客户的地理分布等。除了考虑这些因素之外，还应考虑配送时遇到的本地流量、道路施工、政府对某些线路的管制等情况。各种因素互相影响，很容易造成送货不及时、服务水平下降、配送成本高等问题。配送线路设计就是整合影响配送运输的各因素，适时适当地利用现有的运输工具和道路状况，及时、安全、方便、经济地将客户所需的不同物资准确地送到客户手中，提供优良的物流配送服务。在运输线路设计中，需根据不同客户群的特点和要求，选择不同的线路设计，最终达到节省时间、缩短运行距离和降低运行费用的目的。

8.6.4.2 最短路径设计

由于配送中心每次配送活动一般都面对多个非固定客户，并且这些客户的地点各不相同，配送时间和配送数量也都不尽相同，如果配送中心不进行运输路线的合理规划，往往会出现不合理运输现象，如迂回运输、重复运输等。在对运输路线进行规划时，应根据不同的配送目标设计不同的配送路线。配送目标主要有：以成本最低为目标，以准时性最高为目标，以路程最短为目标，以吨公里最小为目标。

(1) 最短路径设计的适用范围

在配送路线设计中，当由一个配送中心向一个特定的客户进行专门送货，而客户的需求量接近或大于可用车辆的额定载重量时，需专门派一辆车一次或多次送货。如果送货成本和配送路线有较强的相关性，而与其他因素关联度不大，可以路程最短为设计目标。由于这种设计方法忽略了许多不易计算的影响因素，所以容易掌握。

(2) 常用的最短路径设计方法

计算网络中两点间最短路线的方法有许多种，目前公认的最好的方法是由 Dijkstra 于 1959 年提出来的，该种方法也称标号法。

参考文献

[1] 高新楼，邢庭茂.小麦品质与面制品加工技术［M］.郑州：中原农民出版社，2009.

[2] 齐兵建，苏东民.小麦粉品质改良与专用粉生产［M］.北京：中国商业出版社，2000.

[3] Iqbal S，Arif S，Khurshid S，et al. A combined use of different functional additives for improvement of wheat flour quality for bread making［J］. Journal of the Science of Food and Agriculture，2023，103（7）：1.

[4] 朱凤德，宋贤良，周乃如.面粉气流分级技术的研究［J］.粮食与饲料工业，1997（6）：1-6.

[5] Delatte S，Doran L，Blecker C，et al. Effect of pilot-scale steam treatment and endogenous alpha-amylase activity on wheat flour functional properties［J］. Journal of Cereal Science，2019，88：38-46.

[6] Lamacchia C，Landriscina L，D'Agnello P. Changes in wheat kernel proteins induced by microwave treatment［J］. Food Chemistry，2016，197：634-640.

[7] Qu C，Wang H，Liu S，et al. Effects of microwave heating of wheat on its functional properties and accelerated storage［J］. Journal of Food Science and Technology，2017，54（11）：3699-3706.

[8] 韩西西.超高压处理小麦粉面团对其结构和功能性质的影响［D］.天津：天津科技大学，2018.

[9] 牛康康.超声波辅助二氧化氯对发芽小麦微生物及品质特性影响研究［D］.郑州：河南工业大学，2023.

[10] 王小洁，蒿宝珍，谢艺可，等. ^{60}Co-γ辐照对小麦加工品质及终产品质构特性的影响［J］.食品工业科技，2022，43（11）：74-82.

[11] Zhang H，Yu F，Yi J，et al. Superheated steam technology：Recent developments and applications in food industries［J］. Comprehensive Reviews in Food Science and Food Safety，2024，23（6）：e70073.

[12] Ma Y，Xu D，Sang S，et al. Effect of superheated steam treatment on the structural and digestible properties of wheat flour［J］. Food Hydrocolloids，2021，112：106362.

[13] 李少斌，方婷，苏煌杰，等.过热蒸汽干燥技术研究进展［J］.食品与机械，2021，37（7）：219-226.

[14] 舒星琦，李波轮，任传顺，等.过热蒸汽处理对大米粉理化特性的影响［J］.中国粮油学报，2022，37（10）：68-75.

[15] Jensen A S. Latest developments in steam drying technology for beet pulp［J］. ZUCKERINDUSTRIE，2007 132（10）：748-755.

[16] Zzaman W，Bhat R，Yang T A，et al. Influences of superheated steam roasting on changes in sugar，amino acid and flavour active components of cocoa bean（*Theobroma cacao*）［J］. Journal of the Science of Food and Agriculture，2017，97（13）：4429-4437.

[17] Kwon S A，Song W J，Kang D H. Comparison of the effect of saturated and superheated steam on the inactivation of Escherichia coli O157：H7，Salmonella Typhimurium and Listeria monocytogenes on cantaloupe and watermelon surfaces［J］. Food microbiology，2018，72：157-165.

[18] Wang H，Cui S W，Wang A，et al. Influence of superheated steam treatment with tempering on lipid oxidation and hydrolysis of highland barley during storage［J］. Food Control，2021，127：108133.

[19] Chong W K，Mah S Y，Easa A M，et al. Thermal inactivation of lipoxygenase in soya bean using superheated steam to produce low beany flavour soya milk［J］. Journal of food science and technology，2019，56：4371-4379.

[20] Ma Y，Zhang W，Pan Y，et al. Physicochemical，crystalline characterization and digestibility of wheat starch under superheated steam treatment［J］. Food Hydrocolloids，2021，118：106720.

[21] 王瑞芳，王竟成，赵东海，等.香蕉低压过热蒸汽-真空组合干燥研究［J］.农业机械学报，2022，53（3）：392-399.

[22] 陈蒙，辛文才，陈屹林，等.低压过热蒸汽干燥研究进展［J］.食品工业，2021，42（6）：378-382.

[23] Kozanoglu B，Mazariegos D，Guerrero-Beltrán J A，et al. Drying kinetics of paddy in a reduced pressure superheated steam fluidized bed［J］. Drying Technology，2013，31（4）：452-461.

[24] 赵东海.过热蒸汽-真空组合干燥高含水率水果研究［D］.天津：天津科技大学，2020.

[25] 李占勇，刘建波，徐庆，等. 低压过热蒸汽干燥青萝卜片的逆转点温度研究 [J]. 农业工程学报，2018，(1)：279-286
[26] 李岩. 水稻低压过热蒸汽干燥机理及参数优化研究 [D]. 大庆：黑龙江八一农垦大学，2023.
[27] 井玉龙，曹世锋，刘君彦. 过热蒸汽携湿在褐煤干燥中的应用 [J]. 干燥技术与设备，2012，(1)：10-14.
[28] Ma Y，Zhang H，Xu D，et al. Wheat flour superheated steam treatment induced changes in molecular rearrangement and polymerization behavior of gluten [J]. Food hydrocolloids，2021，118：106769.
[29] Ma Y，Sang S，Wu F，et al. Insight into the thermal stability，structural change and rheological property of wheat gluten treated by superheated steam during hydration [J]. Food Structure，2023，36：100319.
[30] Ma Y，Hong T，Chen Y，et al. The conformational rearrangement and microscopic properties of wheat gluten following superheated steam treatment [J]. Food Control，2022，137：108924.
[31] Ma Y，Zhang H，Jin Y，et al. Impact of superheated steam on the moisture transfer，structural characteristics and rheological properties of wheat starch [J]. Food Hydrocolloids，2022，122：107089.
[32] 白丽青，马晓建. 过热蒸汽干燥及其在食品干燥中的应用 [J]. 农机化研究，2008，(9)：158-161.
[33] 魏思凡，朱堃华，皮东楷，等. 过热蒸汽技术在食品加工中的应用研究进展 [J]. 食品与发酵工业，2023，49 (4)：335-344.
[34] 刘海波. 过热蒸汽处理对麸皮中 DON 降解效果及全麦粉品质的影响研究 [D]. 郑州：河南工业大学，2021.
[35] Ma Y S，Pan Y，Xie Q T，et al. Evaluation studies on effects of pectin with different concentrations on the pasting，rheological and digestibility properties of corn starch [J]. Food chemistry，2019，274：319-323.
[36] Moon Y，Kweon M. Potential application of enzymes to improve quality of dry noodles by reducing water absorption of inferior-quality flour [J]. Food Science and Biotechnology，2021，30 (7)：921-930.
[37] Ma Y，Sang S，Xu D，et al. The contribution of superheated steam treatment of wheat flour to the cake quality [J]. LWT，2021，141：110958.